불완전성

쿠르트 괴델의 증명과 역설

그림 출처
P. 25 The American Institute of Physics/Emilio Segré Visual Archives
P. 277 Leonard McCombe/Timepix

THE GREAT DISCOVERIES SERIES: INCOMPLETENESS by Rebecca Goldstein
Copyright ⓒ 2005 by Rebecca Goldstein
All rights reserved
Printed in the United States of America
First published as a Norton paperback 2006

Korean translation copyright ⓒ 2007 by Seung San Pulishers.
Korean translation rights arranged with W.W. NORTON & COMPANY, INC.
through EYA(Eric Yang Agency).

이 책의 한국어판 저작권은 EYA(Eric Yang Agency)를 통한 W. W. NORTON&COMPANY, INC. 사와의 독점계약으로 한국어 판권을 '도서출판 승산 '이 소유합니다. 저작권법에 의하여 한국 내에서 보호를 받는 저작물이므로 무단전재와 복제를 금합니다.

불완전성 : 쿠르트 괴델의 증명과 역설 / 레베카 골드스타인 지음 ;
고중숙 옮김. -- 서울 : 승산, 2007
    p. ; cm

원서의 총서명: Great discoveries
원서명: Incompleteness : the proof and paradox of Kurt Gödel
원저자명: Goldstein, Rebecca
참고문헌과 색인수록
ISBN 978-89-6139-008-8 03410 : \15000
ISBN 978-89-6139-005-7(세트)

410.99-KDC4
510.92-DDC21
                                    CIP2007003785

불완전성

쿠르트 괴델의 증명과 역설

레베카 골드스타인 지음 | 고중숙 옮김

INCOMPLETENESS
THE PROOF AND PARADOX OF KURT GÖDEL

승산

『불완전성』에 대한 찬사

골드스타인은 엄청난 일을 해낸다.

— 앤터니 도어Anthony Doerr, 〈보스턴 글로브Boston Globe〉

속임수처럼 마음을 빼앗는다. … 『불완전성』은 독자들의 가슴속에 홀리는 듯한 목소리로 수수께끼와 같은 과학적 천재를 그린 또 다른 책 『경도Longitude』처럼 마음에 와 닿는다. … 골드스타인은 드높은 이론적 탐구를 낮은 땅으로 안착시키는 데에 뛰어난 재주를 가졌다. … 그녀의 영예로운 노력 덕분에 … 우리는 괴델의 탁월함은 물론 그가 나중에 겪는 처절한 신경증을 절감하면서 『불완전성』을 덮게 된다.

— 데이빗 키펜David Kipen, 〈샌프란시스코 크로니클San Francisco Chronicle〉

대단하다. … 골드스타인의 책은 노턴출판사의 〈GREAT DISCOVERIES〉를 빛낼 뛰어난 선택이다. 그녀의 철학적 배경은 바탕을 이루는 아이디어에 대한 믿을 만한 안내자이며, 성격과 분위기에 대한 소설적 깊이를 지닌 묘사는 논리적 패턴을 향한 쉴 새 없는 탐구 속에서 고통 받다가 점차 어두운 편집증으로 빠져 드는 논리학자의 심상에 공감하는 자세를 잘 드러내 준다.

— 〈퍼블리셔스 위클리Publishers Weekly〉

골드스타인은 괴델의 머릿속으로 들어가 어찌 돌아가는지를 보여 준다. 그녀는 괴델의 수학을 그의 넓은 철학적 탐사의 한 귀결로 그린다. 그녀가 보기에 괴델은 우선적으로 철학자이며, 수학을 통해 그의 생각을 펼칠 따름이다. 중요하지만 잘 알려지지 않았던 괴델과 라이프니츠 사이의 강한 연대는 특히 잘 묘사되어 있다. 극력 추천할 만하다.

— 그레고리 채틴Gregory J.Chaitin, 『초수학: 오메가의 의문』의 저자

이것은 인간 지식의 변경을 탐색하는 어려운 주제이다. 지은이는 괴델, 비트겐슈타인, 아인슈타인의 작품과 우정, 그리고 그 셋의 차이를 교묘하게 인간적으로 그려 내고 있다. 아마 소설가만이 이런 일을 해낼 수 있을 텐데, 어쨌든 골드스타인은 탁월하게 해냈다.

— 존 더비셔John Derbyshire, 『리만 가설』의 저자, 〈뉴욕선New York Sun〉

골드스타인의 가벼운 터치는 독자들이 충분히 즐길 만하다.

— 마틴 데이비스Martin Davis, 〈네이처Nature〉

아마존 독자 서평

일반인을 위한 괴델 이야기

내가 가르치는 '지식의 이론'이란 강좌에서 나는 해마다 괴델의 불완전성에 대해 다루려고 했다. 그 큰 이유는, 괴델의 업적이 매우 중요하다는 점을 잘 알기는 하지만, 그것에 대해 나 스스로부터 썩 잘 이해하지 못하기 때문이었다. 그런데 괴델의 증명에 대한 골드스타인의 비유는 바로 내가 이해할 수 있는 종류의 것이었다.

Peter Payne

좋은 책이다!

나는 수학자도 논리학자도 철학자도 아니지만 이 세 분야에 모두 관심이 있는 평범한 사람이다. 컴퓨터를 전공했기에 괴델이 나중에 튜링이 나아갈 길의 기초를 닦았다는 사실을 이미 알고는 있었다. 그러나 괴델의 정리와 그 의의에 대해서는 잘 몰랐는데, 이 주제를 다룬 것으로 처음 읽은 이 책은 흥미로울 뿐 아니라 이해하기에도 편했다. …골드스타인은 괴델의 증명을 명료한 필치로 끈질기게 설명하고 있다. 비록 그 요체를 모두 확연히 이해했다고는 못하겠지만 더욱 깊이 공부해야겠다는 동기를 얻기에는 충분했다.

Srikanth Meenakshi (Virginia, USA)

이제 괴델을 알겠다!

1999년 〈타임〉지가 20세기에 가장 많은 영향을 끼친 100인 가운데 한 사람으로 쿠르트 괴델을 꼽을 때까지 심지어 지식인들 중에서도 그는 생소한 인물이었다. 더글러스 호프스태터가 『괴델, 에셔, 바흐』를 통해 할 말을 마치고 떠난 자리에서 레베카 골드스타인은 우아하고도 편안하게, 때로 어쩔 수 없이 심원해지기는 하지만, 이 위대한 수학자이자 논리학자의 생애와 업적을 차분히 그려 내고 있다.

A. R. Cellura (Abbeville, SC)

역사상 가장 흥미로운 증명에 대한 꼭 읽어야 할 책

정신을 홀리는 이 책은 탁월하지만 기이한 수학자에 대한 전기로서 또 다른 『뷰티풀 마인드』라고 말할 수 있다. 이 책은 수학 역사상, 나아가 어쩌면 인류의 지성사 가운데 가장 중요한 발견에 내포된 심오한 의미를 찾는 길로 우리를 안내해 준다.

Cogs

PUBLISHED TITLE IN THE GREAT DISCOVERIES SERIES

『아인슈타인의 우주: 알베르트 아인슈타인의 시각은 시간과 공간에 대한 우리의 이해를 어떻게 바꾸었나』
미치오 카쿠 지음, 고중숙 옮김

FORTHCOMING TITLES IN THE GREAT DISCOVERIES SERIES

David Quammen
The Reluctant Mr. Darwin: An Intimate Portrait of Charles Darwin and the Making of his Theory of Evolution

David Leavitt
The Man Who Knew Too Much: Alan Turing and the Invention of the Computer

Barbara Goldsmith
Obsessive Genius: The Inner World of Marie Curie

야엘에게
자식은 어머니의 스승이다.

차례

들어서면서 15

망명객들 15

제1장_ 실증주의자들 중의 플라톤주의자

첫 사랑 59 | 혼돈의 과거를 벗어나 새 터전을 찾는 도시 75
빈서클 81 | 빈서클의 주역들 88 | 재선포: 인간은 만물의 척도 93
비트겐슈타인과 빈서클 99 | 말할 수 없는 것 113
빈서클의 괴델: 침묵의 반대자 120 | 괴델과 비트겐슈타인 124

제2장_ 힐베르트와 형식주의자들

수학자의 직관 135 | 형식화되는 수학 151
힐베르트의 둘째 문제: 산술의 무모순성(있을 수 없는 가장 중요한 증명) 155

제3장_ 불완전성의 증명

쾨니히스베르크의 괴델 163
간과된 괴델의 위대한 첫 순간: 사소하지 않은 사소함 166

가장 조용한 폭발: 괴델이 그의 결과를 발표하다 171
폰 노이만이 암시를 붙잡다 178
제1불완전성정리: 전반적 전략 182 | 제1단계: 형식체계의 수립 186
제2단계: 괴델기수법 187
제3단계: 증명불능이라 하기 때문에 참인 명제 만들기 195
제2불완전성정리 202 | 비트겐슈타인과 불완전성 207
퍼져 가는 불완전성 213

제4장_ 괴델의 불완전성

홍학 227 | 커피가 맛을 잃다 240 | 구제불능의 논리 256
"나는 부정적 결정밖에 할 수 없다" 268 | 불완전성 (모두 다시 한 번) 277

참조 자료 286

참고 문헌 303

감사의 글 308

옮긴이의 글 310

찾아보기 322

모든 오류는 (감정이나 교육과 같은) 외부 요인 때문이다.
이성 자체는 오류를 범하지 않는다.

—쿠르트 괴델(Kurt Gödel), 1972년 11월 29일

일러두기 이 책에 나오는 외국 인명이나 지명은 '국립국어연구원 외래어 표기법'을 따라 표기하되 이미 굳어진 인명 등 몇 가지 경우에 한해서는 관용에 따랐다. 이는 타 한글 자료 및 정보들을 상호 참조할 경우에 독자들의 이해와 편의를 돕기 위함이다.

INCOMPLETENESS

들어서면서

망명객들

늦은 여름, 뉴저지 교외의 외딴 길을 따라 뒷짐을 진 두 사람이 조용히 이야기를 나누며 걷고 있었다. 그들의 머리 위로는 나뭇잎이 무성히 우거져 하늘을 가렸다. 웅장한 옛 건물들이 길 뒤쪽 먼 곳에 서 있고, 길 한쪽으로는 느릅나무들 너머 바로 푸른 잔디가 양탄자처럼 굽이치는 골프장이 펼쳐져 있는데, 골프를 치는 사람들의 나지막한 목소리가 마치 아주 멀리서 들려오는 듯했다.

이런 풍경의 교외 지역에는 흔히 도시로 통근하는 풍족한 사람들이 거주하며 컨트리클럽들이 들어차 있다. 하지만 겉보기와 달리 이곳은 그와 같은 교외 지역이 아니다. 뉴저지의 프린스턴에 있는 이곳은 세계 일류의 대학 가운데 하나가 자리 잡고 있으며 언뜻 생각하기보다 훨씬 다양한 사람들이 살고 있다. 두 사람이 그들 거주지의 조용한 뒷길을 거닐고 있는 이 시기에 프린스턴의 주민들은 히틀러를 피해 유럽으로부터 건너온 수많은 고급 인력들 때문에 더욱 세계화되었다. 미국의 어떤 교육자는 "히틀러가 나무를 흔들고 나는 사과를 줍는다"라고 말했는데, 그 가운데 가장 탐스러운 몇몇 사과들은 지구의 한 좁은 구석에 지나지 않는 이곳으로 굴러 들어오게 되었다.

따라서 한적하게 거닐고 있는 두 사람이 독일어로 이야기하는 것도 그다지 놀랄 일은 아니다. 둘 가운데 말쑥한 하얀 면 옷에 잘 어울리는 펠트felt제(製) 중절모를 쓴 사람은 아직 30대이며, 헐렁한 바지를 옛 스타일의 멜빵으로 붙들어 매서 입은 사람은 70대를 바라보는 나이였다. 많은 나이 차에도 불구하고 두 사람은 마치 동료처럼 굴었지만 나이 든 사람의 곱게 늙은 얼굴은 가끔씩 그 어떤 놀라움 때문에 주름 잡혔고 머리를 하릴없이 흔들면서 젊은 친구가 방금 뭔가 아주 기가 막히는 말을 했다는 뜻을 나타냈다.

나뭇잎이 우거진 길에서 두 사람이 걷는 방향과 반대쪽의 끝에는 고등과학원 Institute for Advanced Study으로 쓰이는 붉은 벽돌로 된 조지왕조풍 Georgian의 멋들어진 새 건물이 광활한 잔디밭 위에 자리 잡고 있다. 고등과학원은 지난 10여 년 동안 프린스턴대학교의 고딕풍 수학과 건물 일부를 빌려 써 왔다. 하지만 유럽에서 고급두뇌들이 흘러 들어오면서 명성이 높아졌고, 이에 따라 대학교에서 몇 마일 떨어진 곳의 독자적인 넓은 공간으로 옮겨 왔다. 여기에는 연못과 작은 숲이 있고, 오솔길들이 종횡으로 교차하여 사람들의 아이디어가 자연스럽게 떠돌 수 있었다.

미국식 변종이라 할 고등과학원은 1940년대 초에 이미 몇몇 뛰어난 두뇌를 선발했다. 고등과학원이 어떤 한 사람의 선견지명에 의해 설립되었다는 사실도 그 독특한 점들 중 하나로 꼽을 수 있을 것이다. 1930년대에 에이브러햄 플렉스너Abraham Flexner라는 교육개혁가는 뉴저지의 백화점 상속자 루이스 뱀버거Louis Bamberger와 누이 펠릭스 펄드Felix Fuld 부인을 설득하여 "무용한 지식의 유용성"에 바칠 새로운 유형의 학술기관을 설립하도록 했다. 유통업계의 두 거물은 박애주의적 심성의 자극을 받아 자신들의 사업체를 대공황 바로 몇 주 전에 메이시회사R. H. Macy and Co.에 팔아넘겼다. 이로써 3천만 달러를 거머쥔 두 사람은 인류의 정신을 드높이는 데에 어떻게 기여할 수 있는지에 대해 플렉스너에게 자문을 구했다.

동유럽 이민자의 아들인 플렉스너는 몇 년 전에 미국 의학교육기관들의 부실함을 폭로할 책임을 홀로 떠맡은 적이 있었다. 20세기로 들어설 무렵 의과대학은 넘쳐 났으며, 졸업장은 단지 등록금을 납부했다는 사실을 보여주는 데에 지나지 않은 것으로 여겨졌다. 미주리 주에만 42개, 시카고에만 14개의 의과대학이 있을 정도였다. 카네기교육진흥재단Carnegie Foundation for the Advancement of Teaching의 후원으로 이 부끄러운 실태를 고발한 플렉스너의 보고서가 출판되자 상황은 바뀌었다. 최악의 의과대학들은 문을 닫았고 밤을 틈타 슬며시 사라져 갔다.

뱀버거/펄드 집안은 뉴저지의 옛 고객들에게 감사하는 마음으로 뭔가 보답하고 싶었다. 처음 떠오른 생각은 의과대학을 설립하는 것이었기에 그들은 의학을 어찌 가르쳐야 하는지에 대해 잘 알고 있는 사람에게 대리인을 보냈다(플렉스너의 형은 록펠러의대의 학장이었는데, 플렉스너는 이 의대를 귀감으로 삼았다). 하지만 플렉스너는 미국의 의사들이 약에 대해 잘 알도록 하는 것보다 더욱 이상적인 꿈을 품었다. 교육개혁에 대한 그의 사상은 그로 하여금 실용적인 응용과학으로부터 단호히 돌아서도록 했다. 그는 가장 순수한 사색가들을 위한 꿈의 안식처를 창조하고자 했으며, 마침내 이는 그 유명한 붉은 벽돌의 상아탑으로 결실되었다. 곧 고등과학원이라고 알려진 곳이 창조되었던 것이다.

존경받으며 이곳으로 모셔진 학자들은 마치 순수이성의 왕자들인 양 대우받았다. 그들은 충분히 많은 보수를 받았고(이 때문에 어떤 사람들은 고액과학원 Institute for Advanced Salaries이라 부르기도 했다), 무제한의 사색 시간이라는 귀중한 사치를 누릴 수 있었다. 학생들을 위해 강의노트를 준비하거나 시험답안을 정정해 줄 필요도 없었으며, 한마디로 학생들과 관련된 일체의 부담으로부터 완전히 자유로웠다. 대신 나중에 '방문연구원'이라 불리게 된 재능 있는 젊은 학자들이 끊임없이 찾아와 한두 해 동안 머물면서 이곳 대가들의 몸을 타고 흐르는 영액(靈液)에 그들의 에너지와 젊음과 열정을 주입하곤 했다. "이곳은 학자들의 자유로운 사회여야 한다"라고 플렉스너는 썼다. "자유로워야 하는데, 왜냐하면 성숙한 인간은 지성적 목표에서 활기를 얻으며, 나름의 방식으로 나름의 목적을 추구해야 하기 때문이다." 이곳은 단순하면서도 넓은 공간, 그 가운데서도 "무엇보다도 세상사나 어린 학생을 돌봐야 하는 보호자적 책임 때문에 흐트러져서는 안 될 고요함을 제공해야 한다." 뱀버거/펄드 집안은 처음에 고등과학원을 뉴저지 주의 뉴어크Newark에 두고 싶어했다. 하지만 플렉스너는 몇 세기에 걸친 학문적 전통과 여러 겹의 고요함으로 둘러싸인 프린스턴이야말로 아무것에도 얽매이지 않은 천재들로부터 원하는 결과를 이끌어 내는 데에 훨씬 유리한 장소라고 그들을 설득했다.

플렉스너는 자신의 계획을 수학이라는 견고한 기반 위에 세우기로 결정했다. 그의 말에 따르면 수학은 "모든 학문 가운데 가장 엄밀"하며, 수학자들은 어떤 의미로 볼 때 "실제 세계"에 대한 생각으로부터 가장 멀리 떨어진 학자들이다. 이 말은 문맥상 단지 일상생활의 실용적 측면만을 가리키지는 않으며, 관념과 개념과 이론, 곧 정신세계를 떠나 물리적으로 존재하는 모든 것들을 포괄한다는 취지를 담고 있다. 물론 정신세계는 일반적으로 실제 세계에 관한 것이며 원한다면 그렇게 구성할 수 있다는 것은 확실하다. 하지만 적어도 수학에서는 일반적으로 그렇지 않다. 수학자들은 아주 외딴 곳에 머물기에 통상 대중의 인기를 누리지 못하지만 이 때문에 괴롭힘을 당하지도 않는다. 그러나 정신적 삶을 영위하는 사람들이 볼 때 그들은 과정의 엄밀성과 결론의 확실성으로부터 특별한 종류의 환희를 느끼는 무리들이다. 다만 바로 이런 특성들 때문에 그것들은 대개 아무 쓸모가 없다고 여겨지기도 한다(여기서 "쓸모없다"고 함은 수학적 지식이, 본질적 및 자연적으로, 아무런 실용적 결론에 이르지 못하며, 그에 따라 우리 삶의 물질적 조건을 더 낫게도 나쁘게도 만들지 못한다는 점을 뜻한다).

수학자들이 추구하는 엄밀성과 확실성은 **선험적으로** 이루어진다. 이는 그들이 수학적 통찰을 얻는 동안 어떤 관찰에도 의존하지 않으며[1] 그렇게

---

[1] 하지만 이런 믿음이 선천적이란 뜻은 아니다. "5+7=12"가 옳다고 믿으려면 먼저 관련된 개념들과 이를 표현할 언어를 익혀야 한다는 점은 분명하다. 선천성은 심리학적 관념임에 비하여 선험성은 일체의 경험에 앞서서, 인식론적 관념으로 이런 믿음이 어떻게 정당화되는지에 관련되는데, 찬성과 반대의 양측 모두에 대한 증거로 원용된다. (참조: 이 책에는 두 종류의 주석이 있다. 각주는 본문의 논의를 보완하며, 미주는 자료의 출처를 보여 준다.)

얻은 통찰들 또한, 본질적 및 자연적으로, 아무런 관찰도 수반하지 않기 때문이다. 그러므로 우리가 경험적으로 얻은 그 어느 사실도 수학적 통찰에 대한 기반을 훼손할 수 없다. 예를 들어 어떠한 경험도 "5 + 7 = 12"라는 결론을 뒤엎는 데 사용될 수 없다. 만일 5개와 7개의 물건을 셌는데 13개라는 결과를 얻었다면 우리는 다시 센다. 다시 셌는데도 역시 13개라면 12개의 물건 중 하나가 둘로 나뉘었다든지 둘로 보였다든지 꿈을 꾸었다든지 등으로 생각하며, 심지어 미쳐 가고 있는 건 아닌지 의심할 것이다. "5 + 7 = 12"라는 진리는 헤아리기를 판단하는 준거이며, 이 역할은 결코 뒤바뀔 수 없다.

수학의 선험적 본질은 복잡하고도 혼란스런 특성이다. 수학은 이 때문에 교정불능의 결정적 성격을 가진다. 어떤 정리가 한번 증명되면 실험을 통한 개정이란 있을 수 없다. 일반적으로 수학은 바로 선험적이라는 이유로 인해 난공불락의 요새가 되어 간다. 순수이성의 금자탑에서 수학자들은 최고의 위치를 차지한다. 진리를 찾기 위해 그들은 사고라는 방법을 사용하며, 사실 오직 사고뿐인 바, 이는 곧 플렉스너가 수학을 가장 엄밀한 학문이라고 부르는 이유 가운데 하나이다.

이와 같은 지성적 지위에도 불구하고 수학자들을 보좌하는 데에는 그다지 많은 비용이 들지 않는다. 다시 플렉스너의 말에 따르면 그들은 단지 "몇 사람의 직원과 몇몇 학생들과 몇 개의 방, 책, 칠판, 분필, 종이, 연필만 있으면 된다". 값비싼 실험실이나 관측소는 물론 온갖 설비 같은 것도 필요 없다. 수학자들은 필요한 것을 모두 머릿속에 담고 있으며, 이는 수학이 선험적이란 사실의 또 다른 표현이기도 하다. 플렉스너의 실용적 추론에 포함된 또 하나의 사실은 수학이 최고의 학자가 누구인지에 대해 거의 만장일치의 합의가 이루어지는 보기 드문 분야 가운데 하나라는 점이었다. 수많은 학문들 가운데 수학만이 선험적 추론을 통해 누구도 허물 수 없는 최종적 결론들을 확립해 가듯, 그에 종사하는 학자들의 능력 순위도 거의 수학적 확실성에 빗댈 정도로 정확하게 매겨진다. 이에 따라 고등과학원을 구상했을 뿐 아니라 초대 원장으로도 활약한 플렉스너는 누구를 끌어들여야 할지 명확히 파악할 수 있었다.

하지만 플렉스너는 곧 요건을 완화하여 물리학자들 중 이론적인 분야 그리고 경제학자들 중 수학적인 분야에 가장 치우친 사람들도 영입 대상에 포함시켰다. 1932년 말 플렉스너는 승리감을 만끽하며 첫 두 사람의 영입자를 발표했다. 한 사람은 프린스턴대학교의 최상급 수학자인 오스월드 베블렌Oswald Veblen이며, 다른 사람은 바로 독일 출신의 물리학자 알베르트 아인슈타인Albert Einstein이었다. 아인슈타인은 거의 우상처럼 받들어졌고 그에 따라 나치가 쫓는 주요 표적이 되었다. 독일 과학자들은 그의 혁명적인 특수 및 일반 상대성이론special and general theory of relativity을 추상수학에 몰두한 병적인 '유태계 물리학'의 대표 격이라고 공격했다. 실제로 나치의 대량학살 계획이 본격적으로 추진되기 전부터 물리학자들은 제3제국의 특별한 암살 목록에 올라 있었다.

예상할 수 있었듯, 수많은 대학들이 기꺼이 문을 열고 이 탁월한 망명자를 영입하려고 나섰으며, 그 가운데서도 캘리포니아 패서디나Pasadena에 있는 캘리포니아공과대학California Institute of Technology은 매우 적극적이었다. 하지만 아인슈타인은 프린스턴을 택했는데, 이에 대해 어떤 사람은 프린스턴이 미국 대학들 중 그의 연구에 처음으로 관심을 보였기 때문이라고 말했다. 국제적 시야를 가진 그의 친구들은 시골티가 완연한 뉴저지의 배움터를 바라보면서 "자살이라도 할 작정인가?"라고 물었다. 그러나 조국이 돌변하여 미친 듯한 적의를 드러냄에 따라 프린스턴이 일찍부터 변함없이 보여 준 우정은 거부할 수 없는 느낌으로 다가왔을 것이다. 아인슈타인은 플렉스너에게 3,000달러의 연봉을 요구했는데 플렉스너는 오히려 16,000달러를 제시했다. 얼마 뒤 정전기를 띤 듯 푸석한 머리로 유명한 그의 모습이 교외의 보도에서 사람들의 눈에 띄게 되었다. 한번은 어떤 사람이 차를 몰고 가다가 홀로 걷고 있는 아름다운 노인의 얼굴을 알아차렸는가 싶더니 정신이 팔린 나머지 가로수를 들이받은 적도 있었다.

아인슈타인의 뒤를 이어 유럽에서 뉴저지로 건너온 유명인들 가운데는 헝가리 출신의 눈부신 석학 존 폰 노이만John von Neumann이 있다. 그는 고등과학원에 있는 동안 세계 최초의 컴퓨터를 제조하려 함으로써 고등과학원이 모든 "유용한" 일로부터 자유로워야 한다는 플렉스너의 설립 취지에 공감하는 사람들을 심란하게 만들었다.[2] 한편 아인슈타인은 아직 살아 있는 동안에 이미[3] 그 천재성이 신격화의 대상이 되어 불멸의 지위에 올랐다. 그

---

[2] 이 연구는 순수하게 이론적인 분야를 떠난 첫 모험이었는데, 고등과학원 수학부의 공식 문서에 따르면 이 연구 자체에 대해 높이 평가하는 구성원들조차 이것이 "고등과학원에 어울리지 않는다"고 비판했다. 폰 노이만이 죽은 뒤 그가 만든 컴퓨터는 조용히 프린스턴대학교로 이전되었다.

[3] 당시 많은 사람들은 아인슈타인이 강의실이나 세미나실에 들어설 때 나타나는 현상, 곧 이른바 '경외(敬畏)의 침묵awed hush'(헬렌 두카스Helen Dukas 등의 표현)에 대한 이야기를 남겼다. 아인슈타인이 프린스턴에서 지낼 무렵 대학원생이었던 프린스턴대학교의 철학자 폴 베너세러프Paul Benacerraf는 내게 아인슈타인이 금요일마다 열리는 철학세미나에 참석하곤 했는데, 대개 아무 말도 하지 않았지만 오직 그가 있다는 사실만으로도 그의 존재를 느끼게 했다고 말했다.

리하여 이곳 주민들은 그가 온 것에 거의 때맞추어 플렉스너가 설립한 이 기관을 "아인슈타인연구소The Einstein Institute"라고 불렀다.

과학원으로부터 뻗어 나온 나뭇잎이 무성한 길을 따라 한적하게 거니는 두 사람 가운데 나이 든 쪽은 바로 프린스턴의 가장 유명한 거주자였는데, 그의 얼굴은 다시금 동반자가 심각하고도 진지하게 제시하는 그 무엇에 대한 경이로움으로 묘하게 주름이 잡혔다. 수리논리학자인 젊은 동반자는 이와 같은 아인슈타인의 반응에 대해 엷게 비뚤어진 독특한 자신만의 미소로 응답하더니 곧이어 자신이 내놓은 아이디어의 귀결들을 차분히 계속 풀어헤쳐 갔다.

그들의 일상 대화는 물리학과 수학을 넘어 철학과 정치까지 넘나들었는데, 이 모든 분야에서 젊은 논리학자는 독창적이고도 심오하면서 어이없을 정도의 기이한 아이디어를 거침없이 쏟아 내어 아인슈타인을 놀라게 하곤 했다. 1944년부터 1947년까지 아인슈타인의 조수로 일했던 에른스트 가보르 슈트라우스Ernst Gabor Straus는 언젠가 그의 모든 생각이 한 가지 "흥미로운 공리"의 지배를 받는다고 표현했다. 이에 따르면 모든 사실에는 그것이 왜 사실인가, 나아가 왜 사실이어야만 하는가에 대한 이유가 존재한다. 이 신념은 세상만사에 우격다짐이란 것은 없으며 불필요하게 주어진 것도 없다고 단언하는 것과 같다. 바꿔 말하면 이 세상은 격노한 부모가 반항적인 청소년들에게 단 한 번이라도 내뱉는 것과 같은 말, 곧 **"왜냐고? 왜 그런지 말해 주마. 왜냐면 내가 그렇게 말했기 때문이다!"** 라는 말을 하지 않는다는 뜻이다. 이 세상은 언제나 그 안에 답을 담고 있다는 뜻인데, 아인슈타인과 함께 거니는 사람은 이에 대해 "세상은 이해할 수 있도록 되어 있다"

라고 말했다. 이 "흥미로운 공리"를 육체와 영혼의 관계로부터 넓게는 전 세계의 정치 그리고 좁게는 바로 고등과학원 안의 정치에 이르기까지 이 논리학자의 마음속에 떠오르는 모든 주제에 엄밀하고도 일관성 있게 적용했을 때 뿜어져 나오는 결론들은 가끔씩 상식적 견해에서 유래한 것들과 현격한 차이를 보였다. 하지만 이런 차이는 그에게 아무런 의미가 없었으며, 이런 점에서 그의 사고과정은 마치 다음과 같은 불문율을 따르는 듯 보였다. "만일 이성과 상식이 차이를 보인다면, ……, 그만큼 잘못된 것은 이성이 아니라 상식이다! 상식이란, 멀리 내다볼 때, 통상적이란 것 외에 무엇이란 말인가?"

이 젊은 논리학자는 그의 생전에는 물론 지금까지도 훨씬 소수의 사람들에게만 알려져 있다. 하지만 그의 업적은 내재적 가치가 아인슈타인의 업적과 맞먹을 정도로 혁명적이며, 각자의 해당 분야를 훨씬 뛰어넘어 우리의 뿌리 깊은 선입관에까지 침투해 오는 지난 세기의 가장 근본적이고도 엄밀한 소수의 성과들 가운데 하나로 꼽힌다. 적어도 수리과학 분야에 한정해 보자면 20세기의 첫 30여 년 동안은 관념적 혁명들이 거의 습관처럼 펼쳐졌다. 이 논리학자의 정리는 삼각대의 셋째 다리라고 말할 수 있는데, 다른 두 가지는 베르너 하이젠베르크Werner Heisenberg의 불확정성원리 uncertainty principle와 아인슈타인의 상대성이론theory of relativity이다. 이때 이론적 대격변을 초래한 이 세 이론은 "정밀과학"의 기반을 송두리째 뒤흔들었으며, 그 결과 우리는 아주 생소한 세상으로 인도되었다. 여기서 펼쳐지는 상황은 너무나 기이하여 그때까지 지녀 왔던 가정과 직관에 들어맞지 않으며 거의 한 세기가 흐른 오늘날에도 우리가 정확히 어떤 땅에 이르렀는지 밝혀내려고 힘겨운 투쟁을 벌이고 있다.

  이 논리학자의 인간적 면모와 업적이 통상적 범주에서 아주 동떨어져 있다는 점은 이 두 측면이 이곳 프린스턴에서 같이 거닐고 있는 사람은 물론 이 역사적 시기에 독일에서 나치를 위해 원자폭탄을 만들려고 노력하고 있을 것이 거의 확실한 불확정성원리의 제창자에도 결코 미치지 못할 것이라는 예상의 주요 배경을 이룬다. 아인슈타인의 산책 동반자는 가려진 얼굴의 혁명가이다. 그는 여러분이 알지 못하는 수학자들 가운데 가장 유명한 사람일 것이다. 또는 어쩌면 이미 알고 있다 하더라도 여러분의 잘못은 아니지만 부정적인 의미로 기억하고 있을 가능성, 곧 그의 이름은 이성과 객관성과 진리의 행로를 뒤엎으려는 적개심과 결부되어 있으며, 이 때문에

프린스턴의 고등과학원을 매일같이 오가던 어느 날에 찍은 논리학자와 물리학자의 모습

극렬히 배격될 뿐 아니라 **수학적**이란 말과 견줄 만큼 확정적으로 치욕스런 존재가 되었다고 알고 있을 가능성이 높다.

그의 이름은 쿠르트 괴델Kurt Gödel이다. 그는 스물세 살에 수리논리학 분야에서 불완전성정리incompleteness theorem라고 불리는 경이로운 증명을 완성했는데, 실제로 이 정리는 논리적으로 연결된 두 가지의 불완전성정리들로 구성되어 있다.

대부분의 수학적 결론들과 달리 괴델의 불완전성정리는 숫자나 상징적 기호체계로 표현되어 있지 않다. 증명의 본질적인 세부 사항들은 엄청나게 전문적이지만 전반적인 전략은 반갑게도 그렇지 않다. 정식의 화려한 증명 끝에 떠오르는 두 결론은 대략 평범한 말로도 충분히 표현할 수 있다. 『철학사전Encyclopedia of Philosophy』에서 '괴델의 정리'라는 항목을 찾아보면 이 두 정리에 대해 다음과 같은 명료한 설명을 읽을 수 있다.

괴델의 정리라 함은 일반적으로 다음 사실을 뜻한다.
수론에 적합한 어떤 형식체계에나 결정불능의 식, 곧 그 자체는 물론 그 부정도 증명할 수 없는 식이 존재한다. (이 명제를 때로 괴델의 제1정리라고 부른다).
이로부터 수론에 적합한 어떤 형식체계의 무모순성은 그 체계 안에서는 증명할 수 없다는 따름정리corollary가 나온다. (때로 이 따름정리를 괴델의 정리라고 부르며, 괴델의 제2정리라고 부르기도 한다).
위 서술들은 1931년 쿠르트 괴델이 빈에서 발표한 결과를 다소 모호하게 일반화해서 표현한 것이다. (「『수학의 원리』및 관련 체계들의 형식적 결정불능명제들에 대하여 I」, 1930년 11월 17일, 출판가(可)로 접수)("Über formal unentscheidbare

Sätze der Principia Mathematica und verwandter Systeme I," received for publication on November 17, 1930.)

이 간략한 서술만으로는 알아차리기 어렵겠지만 불완전성정리는 (여러 이유들 가운데서도) 이를 토대로 할 이야기가 매우 풍부하다는 점에서 특히 경이롭다. 이런 내용들은 수학에서 형식논리학formal logic 또는 수리논리학mathematical logic이라고 알려진 분야에 속한다. 그러나 형식적인 좁은 영역을 훨씬 뛰어넘어 진리와 지식과 확실성의 본질이라는 방대하고도 복잡한 주제를 다룸에도 불구하고 이 분야는 괴델의 업적이 있기 전까지만 해도 수학적으로 미심쩍게 여겨졌다.[4] 지식에 대해서 이야기할 경우 은연중에 지식의 소유자에 대해서도 이야기할 수밖에 없다는 점에서 인간의 본질은 이런 주제들의 논의와 밀접하게 관련되어 있으므로 괴델의 정리들은 우리의 정신이 무엇인지 또는 무엇이 아닌지를 밝혀 줄 중요한 사실을 품고 있을 것으로 여겨졌다.

어떤 사색가들은 괴델의 정리들에 진리와 확실성 그리고 객관성과 합리성에 대한 낡아 빠진 절대주의적 사고방식을 빻아 뭉개는 포스트모던 방앗간에 알맞은 고품질의 곡식이 들어 있음을 알아차렸다. 한 작가는 포스트모던적인 감상주의를 종말론적 용어로 다음과 같이 생생하게 담아냈다.

---

[4] 괴델이 등장하기 전에 논리학자들은 철학과에 속하는 게 통례였다. 프린스턴대학교의 논리학자 사이먼 코첸Simon Kochen은 내게 "괴델이 논리학을 수학의 영역으로 옮겨 왔습니다. 오늘날 유명 대학의 수학과들은 교수진에 논리학자를 포함시키고 있습니다. 어쩌면 단지 한 사람 또는 두 사람일 수도 있습니다. 하지만 적어도 누군가는 꼭 있습니다"라고 말했다(2002년 5월).

"그(괴델)는 수학에 대한 악마이다. 괴델 이후에는 수학이 신의 언어일 뿐 아니라 우리가 우주와 만물을 이해하기 위해 해독해야 할 언어라는 생각은 더 이상 성립할 수 없게 되었다. 이는 우리가 살고 있는 방대한 포스트모던적 불확실성의 일부이다." 우리의 형식적 사고체계에도 불완전성이 필연적이란 사실은 어떤 체계가 안주할 확고부동한 근거는 있을 수 없다는 뜻이다. 참으로 확실하여 어떤 개정 가능성도 없을 것처럼 보이는 진리들도 본질적으로는 모두 만들어진 것들이다. 실제로 객관적 진리라는 관념 자체도 사회적으로 구축된 신화에 지나지 않는다. 우리의 인식 기능은 진리에 근거해 있지 않다. 오히려 진리라는 관념 전체가 우리의 정신에 근거를 두고 있으며, 잘 의식되지는 않지만 정신은 다시 영향력의 유기적 형태에 대한 충복일 따름이다. 이런 점에서 인식론은 권력의 사회학에 지나지 않는다. 괴델 논리의 포스트모던적 버전은 대략 말하자면 바로 이런 식으로 전개된다.

다른 사색가들은 인간 정신의 본질과 관련하여 괴델의 정리에 내포된 암시를 완전히 다른 방향으로 이끌어 간다. 예를 들어 로저 펜로즈Roger Penrose는 베스트셀러가 된 두 권의 저서 『황제의 새 마음The Emperor's New Mind』과 『마음의 그림자Shadows of the Mind』에서 우리의 마음은 그 본질이 무엇이든 결코 디지털 컴퓨터가 될 수 없다는 자신의 논리를 뒷받침하는 핵심적 근거로 불완전성정리를 활용했다. 펜로즈에 따르면 괴델의 정리는 가장 정교하게 법칙에 따라 진행하는 사고과정, 곧 수학이란 학문에서도 우리는 컴퓨터 프로그램이라는 기계적 절차로 결코 환원될 수 없는 진리발견의 과정을 동원해야 한다. 펜로즈의 논의는 앞 문단에서 이야기한 포스트모던적 해석과 정반대인데, 이와 같은 그의 논의는 괴델의 결론이 우리가 가진 수학적 지식의 대부분을 전혀 훼손하지 않는다는 식으로 이해하고 있다는 점을 주목할 필요가 있다. 괴델의 정리들은 인간 정신의 한계를 보여 주는 게 아니며, 오히려 인간 정신의 **계산적 모델**, 곧 모든 사고를 규칙전개rule-following로 보는 모델에 내포된 한계를 보여 준다. 그 정리들은 우리를 포스트모던적 불확실성에 빠뜨리는 게 아니라 인간 정신에 대한 특정의 환원적 이론을 배격하는 것이다.

그러고 보면 괴델의 정리들은 희귀한 창조물 가운데서도 가장 희귀한 것으로 보인다. 본래 수학적 진리이면서도 이것들은, 비록 모호하고 논쟁의 여지가 많기는 하지만, 인간의 본질에 관한 핵심적 질문, 곧 "우리가 인간이라 함은 무엇을 뜻하는가?"라는 질문을 제기한다. 수학 역사상 이 정리들만큼 장황한 논란을 이끌었던 것도 없다. 과연 이것들이 정확히 무엇을 그리고 얼마나 이야기하는지에 대해서 합의가 이뤄진 적은 없지만, 참으로 많은 이야기를 남겼을 뿐 아니라 수학의 영역을 넘어 초수학(超數學)metamathematics에도 침투했다는 데에는 의문의 여지가 없고, 어쩌면 그것마저도 훨씬 뛰어넘었을 것으로 여겨진다. 사실 『철학사전』이 이 정리들을 대략 평범한 말로 서술한 것도 그 초수학적 본질과 밀접하게 관련되어 있다. "형식체계", "결정불능", "무모순성" 등의 개념은 준(準)전문적 용어이므로 자세한 설명이 필요하다고 하겠다(따라서 독자들은 이 간결한 서술로부터 거의 아무런 이해도 얻지 못하더라도 그다지 염려할 필요가 없다). 하지만 이것들은 초수학적 용어들이기도 하므로 그 설명은(언젠가 할 예정인데) 수학적 용어로 할 필요가 **없다**. 이처럼 괴델의 결론은 수학적 정리이면서도 단순한 수학을 넘어서며, 수학의 안은 **물론** 밖에서도 이야기한다.

이는 이 정리의 눈부시게 빛나는 측면 가운데 하나인데, 더글러스 호프스태터Douglas Hofstadter는 퓰리처상을 받은 인기 저작 『괴델, 에셔, 바흐: 영원한 황금 노끈Gödel, Escher, Bach: An Eternal Golden Braid』에서 바로 이 측면을 활용했다.

초수학metamathematics의 'meta'는 '~뒤에'나 '~너머'를 뜻하는 그리스어에서 유래했으며, 이로부터 알 수 있듯, 외부적 관찰이란 뜻도 갖고 있다. 인식론 분야에서 외부적 관찰은 다음과 같은 질문을 제기한다. "어떤 지식 분야가 무엇을 하고 있는지를 어떻게 알 수 있는가?" 수학은 가장 엄밀한 학문, 곧 선험적 방법을 써서 가끔씩 경이로우면서도 수정이 불가능한 결론을 내놓는 학문이라는 독특한 성격 때문에 인식론자들이라고 알려진 지식에 대한 이론가들로 하여금 "도대체 수학에서 이뤄지는 일들은 과연 어떻게 이뤄지는 것일까?"라는 초질문을 던지지 않을 수 없게 해 왔다. 수학이 그 지식의 소유자들에게 신의 무류성(無謬性: 잘못이 없음)과도 같은 확실성을 수여한 것은 다음의 두 가지를 제시한 것으로 여겨져 왔다. 첫째는 하나의 패러다임으로서, 이와 같은 확실성이 수학에서 운용되는 이상 다른 곳에서도 운용될 수 있도록 해 보자는 것이다.[5] 둘째는 숙고해 볼 수수께끼로서, 도대체 이 패러다임을 이곳과 저곳 등에서 어떻게 운용할 수 있을 것인가 하는 것이다. 맹목적이고 무자비한 진화 과정에서 두드러

---

[5] 이러한 이상적 인식론은 데카르트René Descartes(1596~1650), 스피노자Benedictus Spinoza(1632~1677), 라이프니츠Gottfried Wilhelm Leibniz(1646~1716)와 같은 17세기 합리주의자들의 특징이다. 특히 스피노자와 라이프니츠는 수학자들의 기준과 방법을 적절히 변형하고 일반화하면 과학과 윤리는 물론 신학에 이르기까지 우리가 품은 모든 문제들에 대답할 수 있을 것이라고 믿었다. 그럴 경우 예를 들어 오랜 유혈 분쟁을 초래한 신학적 견해차에 대해 합리주의자들은 다음과 같이 말할 수 있을 것이다: "자, 우리 한번 선험적으로 추론해 봅시다."

게 떠오른 우리 인류와 같은 존재가 어떻게 이런 무류성까지 획득할 수 있었을까? 이 수수께끼를 파악하는 데에는 "나와 같은 사람을 받아들이는 컨트리클럽에는 가입하지 않겠다"는 취지를 담은 그루초 마르크스Groucho Marx의 유명한 말을 돌이켜 볼 필요가 있다. 이와 비슷한 맥락에서 어떤 사람들은 수학이 그토록 확실한 것이라면 어떻게 우리와 같은 존재에게 알려질 수 있는가 하는 의문을 두고 골머리를 앓았다. 과연 우리는 어떻게 그 엄밀한 인식클럽에 가입할 수 있었을까?

어떤 분야에 대한 초질문, 예컨대 과학이나 수학이나 법학에 관한 질문은 대개 그 분야에 한정된 질문이 아니며, 과학적이거나 수학적이거나 법학적인 질문도 아니다. 이것들은 철학적 질문으로 분류되며, 각각 과학철학, 수리철학, 법철학의 영역에 속한다. 괴델의 정리는 수학적이면서도 초수학적이므로 이 일반적 규칙의 중요한 예외이다. 이 정리는 선험적 증명으로서의 엄밀성을 갖추었을 뿐 아니라 초수학적 결론을 확립했다. 이는 마치 누군가가 그린 그림이 미학의 근본 의문에 대한 답을 제시하는 것과 같다. 곧 아름다움의 일반적 양상을 보여 주는 풍경화나 초상화가 왜 우리가 거기에 표현된 방식에 따라 감동을 느끼는지 함께 설명해 줄 수도 있다는 뜻이다. 이처럼 괴델의 정리는 어떤 수학적 결론이 수학적 진리의 일반적 본질에 대해 이야기할 내용을 가진다는 점에서 매우 특이하다.

괴델의 두 정리는 수학에서 언제나 두드러지는 주제들을 본격적으로 다루는데, 확실성, 교정불능성, 선험성이 바로 그것들이다. 과연 이 정리들은 적어도 수학 분야에서만은 완벽한 확실성을 얻을 수 있으리라는 우리의 주장을 뒤엎지는 않을까? 나아가 인식론에서 우리가 누리는 가장 특별한 인식클럽의 지위를 빼앗지는 않을까? 아니면 여전히 우리를 높은 신분에 머물게 할 것인가? 앞으로 보겠지만 괴델 자신은 이 초질문에 대해 강한 신념들을 품었지만, 이는 그의 업적에 관한 일반적 해석들과는 첨예하게 대립했다.

괴델과 아인슈타인은 각자 수학과 물리학에서 "이 강력한 지적 형태가 실제로 무엇을 그리고 어떻게 행하는가?"라는 초질문을 제기했고 이는 그들의 연구에 핵심적 영향을 미쳤다. 아인슈타인도 물리학에 관해 극히 강한 초신념들을 가졌다. 좀 더 구체적으로 말하면, 아인슈타인과 괴델은 각자의 연구 분야가 객관적 실체, 곧 사회적으로 공유된 지성적 구도로서의 인간적 투영에 종속되는 게 아니라 우리의 생각에 무관한 독립적 존재인지에 대한 의문을 가졌고, 나아가 이에 대해 어떤 초신념을 가져야 하는가 하는 문제에 맞닥뜨렸다.

아인슈타인과 괴델이 이런 초질문을 강조한 자세는 그들 분야에 종사하는 다른 많은 사람들과 대조를 이룬다. 두 사람은 이 질문들의 초수준에 특히 관심을 가졌는데, 더욱 보기 드물게도, 각자의 연구 성과에도 초암시가 담겨 있기를 바랐다. 사실 괴델은 빈대학교의 학부시절에 이미 철학적으로 넓은 영향력을 가진 수학 분야에만 매진하겠다는 야망을 품었다. 이는 참으로 드높은 목표이며 어떤 의미로는 역사적인 야심이기도 한데, 괴델에 관한 이야기 중 가장 놀라운 것 하나는 바로 그가 이 목표를 끝내 이루었다는 점이다. 괴델이 평생 간직했던 이 드높은 야망은 한편으로 그의 연구를 제한했을지도 모르지만 다른 한편으로 그가 하는 무엇이든 심오한 것이 되도록 이끌었다. 아인슈타인은 괴델만큼 자신에게 엄격하지는 않았다. 그러나 그 또한 진정으로 훌륭한 과학은 모두 넓은 철학적 조망을 가진다는 신념을 공유했으며, "인식론 없는 과학은, 정녕 그런 게 있기라도 한다면, 원시적일 뿐 아니라 혼란스런 것이다"라고 말했다.

아인슈타인과 괴델 사이의 전설적 우정은 아직도 흥미로운 탐구 대상이다. 두 사람은 날마다 고등과학원에 이르는 길을 함께 거닐었고 다른 사람들은 무슨 할 말이 저리 많을까 하는 호기심과 의아함으로 그들을 쳐다보았다. 한 예로 에른스트 가보르 슈트라우스는 다음과 같이 썼다.

프린스턴에서의 아인슈타인에 관한 어떤 이야기도 쿠르트 괴델과 나눈 참으로 따뜻하고도 긴밀한 우정을 빼놓고서 마무리될 수는 없다. 두 사람은 너무나 다르다. 하지만 어떤 이유에서인지 그들은 서로를 잘 이해했을 뿐 아니라 한껏 존경하기도 했다. 아인슈타인은 가끔씩 수학자가 되지 않기를 잘했다고 말했다. 수학에는 흥미롭고도 매력적인 문제가 너무나 많아 그 안에서 정신을 잃고 헤매다가 정작 참으로 중요한 것은 하나도 이루지 못할 가능성이 있기 때문이란 게 그 이유였다. 물리학에서는 문제의 중요성을 잘 파악할 수 있었으며, 강하고도 집념 어린 성격 덕분에 흔들리지 않고 추구할 수 있었다. 그러던 그가 어느 날 내게 이런 말을 했다. "하지만 괴델을 만나고 나서 수학도 마찬가지임을 알게 되었습니다." 물론 괴델은 세상을 보는 특유의 흥미로운 공리를 갖고 있다. 세상의 어떤 것도 우연이나 어처구니없는 일의 결과가 아니라는 게 그것이다. 이 공리를 정말로 진지하게 숙고해 보면 괴델이 믿었던 기이한 이론들이 모두 절대적으로 필요하다. 나는 몇 번인가 그에게 도전해 보았지만 아무 결점이 없었으며, 실제로 괴델의 공리로부터 그 모든 게 이끌어져 나왔다. 아인슈타인은 이를 별로 개의치 않았는데, 사실은 오히려 퍽 경이롭게 여겼다.

하나의 예외는 1953년 마지막 만났을 때에 나왔다. 아인슈타인은 "괴델이 완전히 미쳤다는 것을 아시나요?"라고 말하기에 나는 "아니, 지금까지보다 더 나쁠 수도 있나요?"라고 되물었다. 그러자 아인슈타인은 "그가 아이젠하워에게 투표했단 말입니다"라고 답했다.

슈트라우스의 이야기는 두 사람이 서로를 어떻게 보았는지, 특히 이 지혜로운 물리학자가 신경과민의 논리학자를 어찌 생각했는지에 대해 묘한 궁금증을 자아낸다. 슈트라우스는 아인슈타인에 대해 "사교적이고 명랑하며 건전한 상식과 웃음으로 가득하다"라고 썼다. 반면 괴델에 대해서는 "극도로 엄숙하고 매우 진지하며, 사뭇 고립적인 가운데 진리에 이르는 수단으로서의 건전한 상식에 대해 혐오감을 갖고 있다"라고 썼다.

부스스한 머리칼, 공허한 눈빛, 세계단일정부라는 돈키호테적 정치관 등으로 구성된 아인슈타인의 전설도 대체로 세속적이라거나 상식적인 내용으로 여겨지지는 않는다. 하지만 괴델에 비하면 분명 그렇다. 대부분의 프린스턴 사람들은 물론 수학 분야의 동료들까지도 '흥미로운 공리'를 갖춘 괴델이 모든 토론과 일상적 결정을 지수함수적으로 복잡하게 만들 뿐 아니라 도무지 말도 나누지 못할 상대란 점을 깨닫게 되었다. 수학자 아르망 보렐Armand Borel은 자신이 쓴 고등과학원 수학부의 역사에 대한 이야기에서 때로 그와 다른 사람들은 "아리스토텔레스Aristoteles 후계자의 논리가 …… 사뭇 황당함을 발견했다"라고 썼다. 결국 이 수학자들은 그들의 모임에서 괴델을 추방함으로써 그들이 품었던 '괴델의 문제'를 해결했다. 이렇게 하여 괴델은 '1인 학부'가 되었으며, 엄밀히 논리에 관계된 어느 것에

든 유일한 결정자가 되었다.

프린스턴의 사람들은 주름진 얼굴로 광대한 시공을 공허하게(또는 공허한 듯이) 응시하는 기인을 의혹의 눈초리로 바라보지 않도록 하는 데에 충분히 익숙해져 있었다. 하지만 쿠르트 괴델은 거의 모든 사람들에게 너무나 기이하게 비쳤고, 그와 대화를 나누는 것은 힘겨운 도전으로 여겨졌다. 괴델은 평소 과묵했는데, 일단 말을 꺼내기만 하면 상대가 더 이상 말을 잇지 못하게 할 말을 내뱉기 일쑤였다.

어느 날 저녁의 작은 식사 모임에서 유망한 젊은 천문학자 존 바콜John Bahcall이 괴델에게 소개되었을 때의 일이었다. 그는 괴델에게 자신이 물리학자라고 밝혔는데, 이에 괴델은 "나는 자연과학을 믿지 않소"라고 대답했다.

철학자 토마스 네이글Thomas Nagel도 고등과학원의 작은 저녁 식사 모임에서 괴델의 옆자리에 앉아 해묵은 철학적 문제로 두 사람 모두의 탐구 주제인 심신관계문제mind-body problem에 대해 논의했던 기억을 떠올렸다. 네이글은 괴델이 가진 극단적 이원론(이에 따르면 영혼과 육체는 완전히 분리된 존재이며, 사람이 태어날 때 결합했다가 죽음으로 다시 나뉠 때까지 일종의 동반자 관계를 이룬다고 한다)은 진화론과 어울리기가 어려울 것 같다고 말했다. 이에 괴델은 진화론을 믿지 않는다고 밝히면서 마치 다윈주의에 대한 그의 반대를 뒷받침하는 보강증거라도 내놓는 듯 다음과 같이 말했다. "스탈린도 진화론을 믿지 않는다는 사실을 아시겠지요. 하지만 그도 매우 지성적인 사람입니다."

"그 이후로 저는 그냥 포기했습니다"라고 가볍게 웃으며 네이글은 내게 말했다.[6]

언어학자인 노암 촘스키Noam Chomsky도 자신의 언어적 궤적이 이 논리학자에 의하여 꽉 틀어 막혔던 경험을 털어놓았다. 언젠가 촘스키는 괴델에게 요즘에는 무얼 연구하는지 물어보았는데, 17세기의 라이프니츠 이래 아무도 제기하지 못했을 대답을 들었다. "나는 지금 자연의 법칙들이 선험적이란 점을 증명하고자 합니다."

지구상의 모든 사람은 물론 순수한 사고의 세계에 사는 위대한 세 지성들까지도 괴델과의 토론에서 극복할 수 없는 장애에 부딪혔다고 말했으며, 이런 사례는 이밖에도 많다.

아인슈타인도 날마다 괴델과 함께 고등과학원에 이르는 길을 왕복하면서 괴델의 기이한 직관과 뿌리 깊은 '반경험주의'에 계속 마주쳤다. 하지만 그럼에도 아인슈타인은 어찌해서든 괴델과 어울릴 길을 모색했다. 빈에 있을 때부터 괴델을 알았던 경제학자 오스카 모르겐슈테른Oskar Morgenstern은[7] 한 편지에서 다음과 같은 사실을 털어놓았다. "아인슈타인은 만년에 들어 괴델과 토론하기 위하여 계속 어울릴 길을 찾아 왔다고 내게 말하곤 했다. 한번은 이제 그 자신의 연구는 별로 큰 의미가 없고 고등과학원에 온 이

---

[6] 진화론에 대한 괴델의 적개심은 그의 내심을 헤아려 볼수록 그럴 만하다고 수긍된다. 괴델과 같은 이성론자들은 우연이나 임의적 요소를 도려내고자 함에 비하여 자연선택은 이런 요소들을 궁극적 원인으로 여긴다. 세대와 세대 사이의 변화에 주목하는 미시적 진화의 수준에서는 돌연변이와 우연적인 유전자 재결합에 핵심적 역할을 부여한다. 반면에 생명의 역사적 패턴에 주목하는 거시적 진화의 수준에서는 기후와 지질의 변덕이나 운석충돌 같은 우연적 사건에 핵심적 역할을 부여한다. 특히 운석충돌의 경우 막대한 양의 먼지가 해를 가려 공룡을 멸종시켰으며, 이 와중에 쥐와 비슷한 포유류가 비어 있는 생태학적 틈바구니에서 살아남게 되었다. (이 통찰은 스티븐 핑커Steven Pinker에게서 얻었다.)
[7] 모르겐슈테른도 나치 치하의 오스트리아에서 고등과학원으로 피해 왔다. 그는 경제학자였지만 연구 내용이 충분히 수학적이어서(그는 폰 노이만처럼 게임이론의 창시자 가운데 한 사람이다) 플렉스너가 차린 이 기관으로 들어올 수 있었다.

유는 오직 괴델과 함께 거닐 특권을 누리기 위한 것이라는 말도 했다." 두 사람이 각자의 연구 분야에 대해 공유하는 초수준적 관심을 고려하더라도 이처럼 충심 어린 아인슈타인의 공언은 어딘지 지나치다는 느낌을 준다.

한편으로 괴델이 유럽에 머무른 어머니 마리안느Marianne에게 보낸 편지를 보면 아인슈타인에 대한 넘치는 경의를 엿볼 수 있다(1966년 그녀가 죽을 때까지 계속된 이 서신 교환에서 괴델의 생애에 대한 약간의 정보를 얻을 수 있다). 아인슈타인이 만년에 오직 괴델과 거니는 특권을 누리기 위해 고등과학원에 갔다고 한다면, 반면에 괴델은 이 세상 누구와도, 적어도 아인슈타인과 나누었던 방식의 대화를 하지 못했다고 말할 수 있다(괴델에게 아내가 있었다는 점을 고려하면 이는 참으로 첨예한 상호 독점적 관계라고 할 것이다). 예를 들어 1947년 7월 4일 어머니에게 괴델은 아인슈타인이 의사로부터 휴식을 취하라는 지시를 받았다고 전하면서 "이제 저는 개인적으로 대화를 나눌 사람이 없어 더욱 외로워졌습니다"라고 썼다.

둘 사이의 강한 우정은 보는 사람에게 하나의 작은 미스터리였고 지금도 그렇다. 스위스 출신의 수학자 아르망 보렐은 괴델보다 조금 늦게 고등과학원으로 왔다. 내가 그의 연구실을 방문했을 때 그는 "나는 두 사람이 펄드홀Fuld Hall에서 올든팜Olden Farm 사이의 길을 날마다 오가는 것을 자주 보았습니다. 하지만 무엇에 대한 이야기를 나누는 지는 모르겠습니다. 아마 거의 물리학에 관해서라고 여겨지는 듯합니다. 왜냐하면 아시다시피 괴델도 물리학에 관심이 많았거든요[8]"라고 말했다. 보렐은 두 손을 벌리고

---

[8] 괴델은 아인슈타인의 일반상대성이론에 나오는 장(場)방정식field equation에 대한 매우 독창적인 해를 하나 얻어 내어 70세 생일을 맞이한 아인슈타인을 놀라게 했다. 이 괴델의 해에 따르면 시간은 순환적이다(4장 참조).

어깨를 으쓱거리면서 "그들은 다른 사람들과 말하고 싶어 하지 않았습니다. 그저 둘이서만 이야기했지요"라는 말로 마무리했다.

아인슈타인과 괴델 사이의 관계를 이해하고, 슈트라우스가 "하지만 어떤 이유에서인지 그들은 서로를 잘 이해했다"라고 말한 배경을 잘 살펴보려면 흔히 주어지는 안이한 설명에 만족해서는 안 된다. 예를 들어 두 사람은 서로 유일무이한 지적 동료였다는 식의 설명이 그것인데, 논리학자 하오 왕Hao Wang[9] 식의 표현, 곧 "20세기의 선도적인 자연철학자들로 구성된 2인 1조의 자연스런 결합"이란 표현도 마찬가지이다. 그토록 배타적 집합을 이루었다는 것을 넘어 과연 무엇이 이들을 한데 엮었는지에 대해서는 훨씬 많은 이야깃거리가 남아 있다.

물론 겉보기에 비슷한 점들도 있다. 예를 들어 둘 다 독일어를 사용하는 중부 유럽에서 각자의 가장 중요한 업적을 이룩했으며, 그곳으로부터 미국으로 피난해 왔다. 하지만 이런 점에서라면 아인슈타인과 괴델만이 프린스턴에서 독특한 존재라고 말할 수는 없다. 빈과 괴팅겐과 부다페스트 등에서 수많은 학자들이 꼬리를 물고 패서디나Pasadena와 프린스턴과 같은 곳으로 몸을 피해 왔다. 같은 언어를 사용하는 정치적 망명객으로 극히 우연스럽게도 뉴저지의 교외를 함께 거닐게 되었다는 사실만으로는 둘 사이의 특별한 유대를 설명할 수 없으며, 사실 이 점은 동료 망명객들마저도 의아하게 여기던 터였다.

---

[9] 록펠러대학교의 논리학자인 하오 왕(1921~1995)은 수학적 직관의 본질에서 영혼의 윤회에 이르는 모든 것에 관한 괴델의 견해를 이해하는 데에 전념해 왔으며 이와 관련하여 세 권의 책을 펴냈다.

한편으로 둘 사이에는 놀랄 정도로 닮은 점도 있다. 예를 들어 둘 다 사뭇 젊은 나이에 가장 중요한 업적을 성취했다는 사실이 그것이다. 아인슈타인은 '기적의 해annus mirabilis' (영어로는 'miracle year' 라고 한다: 옮긴이)라고 불리는 1905년에 베른Bern의 이름 없는 특허사무원으로 근무하면서 스물여섯의 나이로 박사학위논문과 함께 특수상대성이론, 광양자가설, 브라운운동에 대한 논문을 펴냈다. 괴델은 아인슈타인과 비교해 세 살 어린 나이에 역시 세 가지의 업적을 이뤘는데, 다만 이 가운데 제1불완전성정리가 다른 모든 것을 압도한다.[10]

이와 같은 자서전적 공통점보다 더 중요한 것은 두 사람이 어린 시절 서로 상대방의 영역으로 진학할 생각을 품었다는 점이다. 아인슈타인은 처음에 수학자가 되고자 한 반면 괴델은 빈대학교에 들어가면서 물리학을 전공하려고 했다. 따라서 나중에 두 사람은 서로 상대방의 모습에서 자신이 다른 성향을 가졌을 때 성취했을 모습을 발견했다고 볼 수 있고, 의심할 바 없이 이런 점에서 서로 상대에게 열광했으리라고 여겨진다.

그러나 이보다 훨씬 더 중요한 결합요소는 따로 있다. 나는 '매우 매우 다른 두 사람'이 그토록 심원한 이해와 경의로 엮인 이유는 그들이 제기한 혁명적 아이디어의 가장 깊은 부분에 자리 잡고 있다고 본다. 이 두 사람은 사색가들이 동료가 될 이유 중 가장 깊은 의미에서의 동료 관계를 이루었다. 두 사람은 모두 실체의 이해에 전력을 기울였으며, 그에 관한 자신들의 연구에서 고통스럽지만 전 세계의 다른 수많은 사색가들과 불일치를 이룰

---

[10] 다른 두 업적인 제2불완전성정리와 술어논리학predicate calculus의 완전성에 대한 증명은 1929년에서 1930년 사이에 이뤄졌다.

수밖에 없었다.

어쩌면 그들의 업적은 아주 독특한 변혁 능력을 가졌으므로 각자의 분야에서 이것들을 그 핵심으로 삼지 **않을 수 없도록** 할 것이고, 이에 따라 아인슈타인과 괴델은 변방으로 밀려날 가능성이 거의 없을 것이라고 여길 수도 있다. 소외, 멸시, 추방, 고립 등의 느낌은 영향력이 없거나 실패한 사람들의 몫이기 때문이다. 하지만 그들이 바로 멸시받고 추방되는 듯한 느낌을 받았으며 그것도 비슷하게 심원한 의미, 곧 각자의 영역에서 자신들의 업적들이 갖는 모든 의미가 해석되는 초수준에서 그랬다.

그러므로 적어도 주위 사람들을 의아하게 만들었던 그들 우정의 핵심을 파고들어 가고자하는 관점에서 보자면 그들은 더 큰 망명객 사회 안의 또 다른 망명객들이라고 말할 수 있으며, 여기에는 그들을 이곳 프린스턴으로 내쫓은 지정학적 조건을 훨씬 뛰어넘는 의미가 담겨져 있다. 나는 그들이 가장 깊은 의미, 곧 어떤 사색가가 망명객이 될 수도 있는 그런 의미에서의 동반자적 망명객이라고 믿는다. 기여도로 볼 때 그토록 축복 받았던 사람들이었다는 점을 생각한다면 기이한 일이지만 사실 그들은 지적 망명객이었던 것이다.

아인슈타인과 괴델의 동반자적 고립감, 그리고 이 때문에 그 유명한 우정을 맺도록 결합시킨 유대감을 충분히 이해하기 위해서는 그들을 동료들로부터 멀어지게 했던 초신념들을 검토해 볼 필요가 있다. 과연 우리는, 더 넓은 철학적 견지에서, 아인슈타인의 상대성이론과 괴델의 불완전성정리를 어떻게 풀이할 수 있을까? 인간사고의 걸작을 이룬 이 거장들 스스로는 어떻게 풀이했으며, 다른 사람들은 또 어떻게 풀이했을까?

괴델의 불완전성정리. 아인슈타인의 상대성이론. 하이젠베르크의 불확정성원리. 우리는 이 이론들 이름 자체로부터 이미 이것들이 견고한 학문들에게 부드러운 인간적 요소를 주입하는 듯한 감질난 암시를 느끼게 된다. 그리하여 수학이나 이론물리학과 같은 엄격하고 정확하기 그지없는 학문들조차 우리 인간 자신들의 모호함과 주관적 관념에 뒤덮여 어디서부턴가 문드러져 가는 듯한 느낌을 받게 된다. 객관성을 포용하는 주관성, 곧 "모든 것은 생각에서 나온다"라든지 "인간은 만물의 척도"라는 사고방식은 20세기의 지성과 문화의 장에서 뚜렷할 뿐 아니라 지배적인 흐름이었다. 누구나 혁명적으로 여기며 그에 어울리는 시사적 이름이 붙여진 괴델과 아인슈타인의 업적은 하이젠베르크의 불확정성원리와 함께 '객관성의 신화'를 물리칠 가장 강력한 현대적 근거로 한데 엮어졌다. 나아가 이러한 삼위일체식 해석은 그 자체가 현대적, 더 정확히 말하자면 포스트모던적 신화의 일부가 되었다.

따라서 예를 들어 1998년에 절찬을 받은 연극 〈코펜하겐Copenhagen〉에서 극작가 마이클 프라인Michael Frayn은 물리학자 닐스 보어Niels Bohr와 베르너 하이젠베르크가 물리학은 객관적인 물리적 실체를 기술한다는 생각을 거부했다고 옳게 평가한 반면, 아인슈타인의 상대성이론을 이와 같은 궁극적 거부로 나아가는 현대물리학에서의 첫 시도라고 그르게 묘사했다.

보어 : 이것(양자역학)은 분명 성공적입니다. 그런데 더 중요한 점은 따로 있습니다. 하이젠베르크 교수님, 그 3년간 우리가 했던 일을 잘 아시니까 하는 말이지만, 우리가 세상의 안팎을 뒤집어 놓았다고 해도 지나친 말은 아닙니다. 자, 들어 보세

요, 이제, 이야기하지만 말입니다 ……, 우리는 인간을 다시 우주의 중심에 세웠습니다. 역사를 돌이켜 보면 우리는 계속 옮겨졌음을 알게 됩니다. 만물의 변방으로 자꾸 쫓겨났던 것이죠. 처음에 우리는 스스로를 헤아리지 못할 신의 목적에 쓰일 단순한 부속물로 여겼습니다. 위대한 창조의 성당에서 무릎 꿇은 미미한 존재였지요. 그런데 르네상스 때 자신을 회복하자마자 인간은 프로타고라스Protagoras가 말했듯 만물의 척도가 되었습니다. 하지만 그것도 잠시, 우리는 우리 자신의 이성적 산물에 의해 다시금 밀려납니다. 물리학자들이 새로이 경외롭고도 위대한 성당을 지어 또 다시 우리를 왜소하게 만들어 버렸는데, 그것은 바로 고전역학의 법칙들로서, 이는 우리 이전의 아득한 시원으로부터 우리가 더 이상 존재하든 않든 간에 영원토록 이어질 것들입니다. 이런 일이 20세기가 되도록 지속되었지만, 이제 우리는 돌연 새롭게 일어설 수 있게 되었습니다.

하이젠베르크: 이는 아인슈타인으로부터 시작되었지요.

보어 : 예, 아인슈타인으로부터 시작되었지요. 그는 측정, 곧 과학의 모든 가능성이 달려 있는 측정은 공정한 보편성에 따라 일어나는 비인간적 사건이 아니란 점을 보였습니다. 이는 어떤 관찰자에게 가능한 시간과 공간상의 한 특수한 관점에서 행해지는 인간적 행위입니다. 그런 뒤 이곳 코펜하겐에서 20세기 중반의 그 3년 사이에 우리는 정확히 결정할 수 있는 객관적 우주란 없다는 사실을 발견했습니다. 다시 말해서 우주는 일련의 어림으로 존재할 따름이란 뜻입니다. 오직 우리와 우주 사이의 관계로부터 결정되는 한계 안에서 그리고 인간의 머릿속에 자리 잡은 이해를 통해 존재할 뿐이지요.

아인슈타인의 상대성이론처럼 괴델의 불완전성정리도 객관성과 합리성에 항거하는 20세기의 지적 반란에서 두드러진 지위를 차지하는 것으로 여겨졌다. 예를 들어 괴델이 아직 살아 있을 때인 1962년 윌리엄 배럿William Barrett이 펴낸 대중적 철학책 『비이성적 인간: 실존주의 철학의 한 연구 Irrational Man: A Study in Existentialist Philosophy』를 보면(이 책은 내가 대학 입학 전의 여름에 읽어야 할 과제였다) 괴델은 마르틴 하이데거Martin Heidegger(1889~1976)나 프리드리히 니체Friedrich Nietzsche(1844~1900)와 함께 우리가 품은 합리성과 객관성이라는 환상의 파괴자로 자리 매김 되어 있다.

피타고라스와 플라톤 이래의 서구 전통에서 이성의 표상으로서의 수학이 합리주의의 핵심적 보루로 여겨져 왔음을 돌이켜 볼 때 괴델의 발견에는 하이젠베르크의 불확정성원리나 보어의 상보성원리complementarity principle보다 훨씬 원대한 귀결이 담긴 것으로 보인다. 이에 따르면 인간은 인간의 이성이 전능의 위력을 발휘하는 것처럼 보이는 가장 정밀한 학문들에서조차 본질적인 한계를 벗어날 수 없다. 수학의 모든 체계는 궁극적으로 불완전할 수밖에 없기 때문이다. 괴델은 수학이 해결불능의 문제를 안고 있으며 어떤 식으로도 완전한 체계를 가질 수 없다는 사실을 보였다. …… 이제 수학은 반석과 같은 기초에 결코 이르지 못하게 되었는데, 사실 말하자면 그런 반석 자체가 없다. 수학은 수학자들이 수행하는 인간적 행위와 무관한 고유의 실체를 전혀 갖지 못하기 때문이다.

배럿은 제1불완전성정리의 내용이 수학은 결코 완전한 체계로 구성될 수 없다는 것이라고 정확히 기술했다. 그리고 이로부터 그가 이끌어 낸 철학적 결론은 20세기의 가장 일반적인 지성적 흐름에 잘 부합한다. 따라서 아마 독자들은 괴델 자신이 그런 결론을 제시한 적이 없다는 사실을 알면 사뭇 놀랄 것이다. 위의 마지막 구절을 "수학은 고유의 실체를 '전혀' 갖지 못한다"가 아니라 "수학은 '어떤' 고유의 실체를 가진다"라는 내용을 담도록 고치면 괴델 자신의 초수학적 관점과 정확히 일치하는 기술이 된다. 괴델은 이 관점을 토대로 그 유명한 불완전성정리를 포함한 그의 모든 수학적 위업을 성취해 냈다.

지성의 거장들은 어쩌면 괴델이 20세기의 사상적 경향을 특징짓는 객관성과 합리성에 항거하는 위대한 반란의 길로 발걸음을 내딛었다고 풀이할 수도 있지만 이는 괴델이 자신의 혁명적 업적에 대해 품은 해석과는 거리가 멀다. 또한 아인슈타인에 대해서도 이와 똑같이 말할 수 있다. 사실 이 두 사람은 객관성의 충실한 신봉자였으며, 자신들의 유명한 업적도 갈수록 사람들의 관심에서 사라져 가는 이 관점에 대한 확고한 버팀목으로 여겼다. 그들의 수많은 지적 동료들이 주관주의로 전향하면서 상대성이론과 불완전성정리라는 위대한 성취가 자신들을 그 방향으로 이끌었다고 생각했지만 아인슈타인과 괴델은 전혀 그렇지 않았다.

아인슈타인과 괴델 모두 "인간은 만물의 척도"라는 고대 소피스트Sophist들의 주장에 조금도 동조하지 않았다(어쩌면 그들의 주장이 옳을지도 모르지만). 왜냐하면 이들 두 사람의 연구 분야는 직관과 연역을 포함한(물리학은 선험적이 아닌 '관찰'도 포함한다) 이성적 논리가 복잡하게 얽힌 것이어서 임의적인 규칙들이 끼어들 여지가 없기 때문이다. 이에 비해 정교하게 꾸며진 심리전 또는 언어유희에서는 임의적인 규칙들이 지배하며, 이것들을 새롭게 꾸밀 경우 전체적으로 전혀 다른 실체를 구성하게 된다. 하지만 아인슈타인과 괴델은 이런 규칙들을 원하지 않았다. 그것들은 우리로 하여금 다른 방법으로는 얻을 수 없는 실체적 측면에 대한 개인적 경험의 한계를 초월하는 곳으로 나아가게 하기 때문이다.

아인슈타인이 과학적 동료들과 근본적 결별을 한 사실은 그의 축복 받은 다른 측면의 생활만큼이나 잘 알려져 있지만 그만큼 잘 이해된 것은 아니다. 흔히 그 이유는 양자역학의 혁명적 발전에 대한 심술궂은 반발심이라고 하는데, 특히 그 가운데서도 양자역학의 확률론적 본질, 곧 어떤 요소를 순수하게 분리해 낼 수 없다는 점을 못마땅하게 여겼기 때문이라고 한다. 아인슈타인에 대해 전해 오는 친숙한 이야기는 이렇다. 젊은 나이에 특수 및 일반상대성이론이라는 지적 혁명을 성취한 뒤 그는 나이가 들면서 노인들 특유의 보수적 성향에 빠져 들었고, 그 결과 다음 세대가 펼쳐 내는 혁명을 포용할 수 없게 되고 말았다. 다음 세대의 혁명 또한 사실은 그 자신의 업적에 대한 논리적 확장이었는데도 말이다. 아인슈타인을 둘러싼 이런 이야기는 바로 20세기 지적 신화의 한 부분이기도 하다.

그러나 이는 옳지 않다. 위에서 언급한 연극의 대본은 한 배역으로 하여금 "아인슈타인으로부터 모든 게 시작되었다"라고 외치게 하지만 아인슈타인의 과학적 소외의 핵심은 바로 이와 같은 주관주의적 전향의 거부에 있다. 아인슈타인은 그의 상대성이론이 물리학의 주관주의적 해석을 가리키는 게 아니며, 오히려 정확히 그 반대 방향을 가리킨다고 보았다. 아인슈타인의 이론에 나오는 '상대성' 이란 말은 측정(따라서 결국 모든 것)이 인간적 관점에 달려 있다는 해석보다 훨씬 엄밀하면서도 전문적인 개념이다.[11]

---

[11] 길이와 같은 물리량에 대한 측정은, 상대성이론에 따르면, 특정의 좌표계 또는 기준계에

만일 아인슈타인이 베르너 하이젠베르크나 닐스 보어와 같은 사람들을 따라 주관주의로 나아가려 했다면 그의 상대성이론에 내포된 가장 근본적인 초암시에 대한 자신의 생각을 부정해야 했을 것이다. 아인슈타인은 자신의 이론이 시공간의 **객관적** 본질을 묘사한다고 여겼으며, 따라서 이는 시간과 공간에 대한 인간적이면서도 주관적인 관점과 매우 **다른** 것이다.[12] 모든 것이 실험적 관점에 대해 상대적이라고 하면서 인간을 우주의 중심으로 되돌린 것과는 전혀 반대로 아름다운 수학 속에서 펼쳐진 아인슈타인의 이론은 진정 경이로운 물리적 실체의 어렴풋한 모습을 우리에게 전해 준다. 그런데 그게 그토록 경이로운 이유는 그 진정한 모습이 우리가 경험적 이해를 통해 얻는 그 어떤 것과도 같지 않기 **때문**이다.

때로 아인슈타인은 객관적 실체를 '저 너머'에 있다고 말했으며, 쉴프 P. A. Schilpp가 아인슈타인의 70세 생일을 기리면서 펴낸 『기념논문집 Festschrift』에 기고한 '자서전적 노트 Autobiographical Notes'에서[13] 특유의 자조하는 듯한

대해 상대적이다. 그러나 좌표계나 기준계와 같은 전문적 개념을 인간적 관점의 개념으로 바꾼다는 것은 난센스이다. 우리는 어떤 물체의 운동을 여러 좌표계를 이용하여 기술할 수 있는데, 상대성이론에 따르면 모든 좌표계는 동등하고 어느 것도 특별하지 않다. 어떤 좌표계에서 관찰자는 정지상태일 수 있고, 다른 좌표계에서는 운동상태일 수 있다(여기서 말하는 관찰자는 반드시 의식이 있는 존재일 필요는 없으며, 나아가 말 그대로 관찰하고 있을 필요 또는 심지어 관찰할 능력이 있을 필요도 없다). 흔히 관찰자가 있는 좌표계를 정지상태로 보는 것이 자연스럽기는 하지만 반드시 그래야 하는 것은 아니다. 따라서 예를 들어 지구를 품고 있는 좌표계를 정지상태로 보는 게 (반드시 그래야 하는 것은 아니지만) 자연스러울 때가 많은데, 그럴 경우 지상에 흩어져 있는 수많은 주관적 관점들은 지구가 정지상태로 있는 좌표계에 대해서 상대적으로 기술된다.
[12] 예를 들어 상대성이론에 따르면 시간은 흐르지 않으며, 4차원의 한 축으로서, 공간과 마찬가지로 정지해 있다. 이와 선명한 대조를 이루지만, 우리의 경험상 시간의 가장 극적이면서도 뚜렷한 양상은 과거로부터 미래라는 오직 하나의 방향으로 쉬지 않고 흐른다는 것이다.
[13] "내 나이 67세에 이 자리에 앉아 나의 부고와 같은 글을 쓴다. 이는 쉴프 박사가 요청해서이기도 하지만 실은 내가 지금도 우리의 길에서 분투하고 노력하는 사람들에게 이미 오랜 길을

선한 품성을 드러냈는데, 거기서 그는 이 객관적 실체에 대한 자신의 믿음이 과학자로 살아온 일생 동안 영적 핵심이었다고 명확히 밝혔다.

젊은 시절의 종교적 낙원은(따라서 이미 잃어버린 것이지만) '단순히 인간적인' 삶의 굴레, 곧 희망과 소망과 원시적 감정들이 지배하는 삶으로부터 내 자신을 해방하고자 하는 첫 시도였다는 점은 아주 분명합니다. 저 너머에는 그 웅대한 세계가 있는데, 이는 우리 인간들과는 상관없이 위대하고도 영원한 수수께끼처럼 서 있지만 적어도 부분적으로나마 탐구와 사고를 통해 다가설 수 있습니다. 이 세계에 대한 명상은 마치 해방의 손길처럼 우리를 유혹합니다. …… 주어진 가능성의 틀 안에서 이 초인간적 세계를 정신적으로 붙드는 일은 절반은 의식적 절반은 무의식적인 내 마음의 눈앞에 가장 드높은 목표로 헤엄쳐 다닙니다. …… 이 낙원에 이르는 길은 종교적 낙원으로 가는 길보다 안락하지도 매혹적이지도 않습니다. 하지만 믿음직스런 것으로 밝혀졌으며, 나는 이 길로 나아가는 선택을 단 한 번도 후회한 적이 없습니다.

이는 과학자로서의 아인슈타인이 가진 신조의 우아한 표현이지만, 당시 그를 둘러싼 과학계의 저명한 사람들이 대부분 공유했던 생각과는 가장 동떨어진 것이기도 하다.[14] 아인슈타인은 물리학이 하는 일을 우리의 경험 '저 너머'에 자리 잡은 객관적 본질을 어렴풋이나마 그려 낼 이론을 찾는

걸어온 사람이 그 길을 어떻게 돌이켜 보는지 이야기하는 것도 좋을 것이라고 여겼기 때문이다."(쉴프 책, p.3).
[14] 이것과, 예를 들어, 다음과 같은 베르너 하이젠베르크의 말을 비교해 보자. "우리가 관측하든 하지 않든, 그 가장 조그만 끝자락들이 마치 돌이나 나무가 존재하는 것과 똑같은 의미에서 객관적으로 존재한다고 보는 객관적 실체의 아이디어는 …… 불가능하다."

것이라고 보았다. 양자역학의 코펜하겐해석의 선도적 옹호자인 덴마크의 닐스 보어 및 독일의 막스 보른 Max Born과 함께 베르너 하이젠베르크는 '실증주의 positivism'로 알려진 지적 운동을 통해 이런 견해를 물리쳤다. 이에 따르면 우리의 경험을 넘어선 곳에 이르려는 어떤 시도도 결국 터무니없는 결과를 초래할 따름이다.

우리는 다음 장에서 뉴저지의 프린스턴에서 오스트리아의 빈으로 옮겨 가면서 실증주의에 대해 더 깊이 생각해 볼 기회를 가질 것이다. 그리고 실증주의에 대한 더할 나위 없는 지적 반란이라 할 형태로 괴델의 두 가지 불완전성정리가 탄생하게 된 상황도 함께 살펴보게 될 것이다.

실증주의, 특히 카리스마에 넘치는 빈 출신 철학자 루트비히 비트겐슈타인 Ludwig Wittgenstein의 강한 영향력 아래 뭉친 유명한 빈학파의 과학자, 수학자, 철학자의 지지를 받은 이론으로서의 실증주의는 '의미'에 대한 엄밀한 이론으로서 이에 따르면 자유로운 언어의 사용은 무의미하게 되고 만다. 그 가운데서도 특히 원칙적으로 우리의 경험적 사실들을 통해 증명될 수 없는 기술적 명제 descriptive proposition들은[15] 모두 무의미한 것으로 치부된다. 어떤 명제의 의미는 오직 경험적 검증 수단에 의해 주어질 뿐이다 (검증주의적 의미기준 the verificationist criterion of meaning).

아인슈타인과 마찬가지로 괴델도, 실증주의자에게는 미안한 일이지만,

---

[15] **기술적 명제**라 함은 그 자체의 의미로는 참인지 거짓인지 구별할 수 없는 문장을 말한다. 진리값(참 또는 거짓)이 오직 의미만의 함수인 명제는 '분석적' 또는 '자명한' 명제라고 부른다. 예를 들어 "이중국적자는 적어도 두 국적을 가진다"는 문장은 분석적 명제이다. 반면 기술적 명제는 문장 자체로는 참인지 거짓인지 구별할 수 없고, 그와 관련된 사실의 진위 여부를 따져 봐야 한다. 예를 들어 "나는 이중국적자이다"라는 문장의 진리값을 알려면 자체의 의미는 물론 이와 관련된 사실의 진실성도 확인해 봐야 한다.

우리의 경험을 벗어나 '저 너머'에 자리 잡은 세계를 기술할 가능성을 찾는 데에 헌신하기로 마음을 다졌다. 하지만 괴델의 분야는 수학이었으므로 그가 흥미를 가진 '저 너머'는 추상적 실체의 영역이었다. 이처럼 수학적 실체의 객관적 존재를 추구하는 관점을 일컬어 '관념적 실재론' 또는 '수학적 실재론'이라고 부른다. 또한 '수학적 플라톤주의'라고도 부르는데, 이는 소피스트로서 "인간은 만물의 척도"라는 말을 남긴 프로타고라스에 극렬히 반대하는 형이상학을 펼쳤던 고대 그리스의 철학자 플라톤을 기리기 위한 이름이다.

플라톤주의는 수학의 진리들이 예컨대 공리와 정의와 추론규칙과 증명으로 형식체계를 구축하는 것과 같은 인간적 행위와 무관하다는 관점이다. 플라톤주의에 따르면 수학적 진리는 수학적 실체성, 곧 추상적이기는 하지만 그 실체를 구성하는 (수, 집합과 같은) 실체적 요소들의 성질에 의하여 결정된다. 수학적 실재론자들은 예를 들어 대상을 세는 데 쓰이는 자연수의 구조가 우리와 독립적으로 존재한다고 보며, 물리적 실재론자들은 시공간의 구조도 이와 마찬가지라고 한다. 또한 물리적 실재론자들은, 예를 들어 4와 25를 두고 볼 때 하나는 짝수이고 다른 하나는 홀수이지만 모두 완전제곱수라는 사실과 마찬가지로, 빛이나 중력과 같은 물리적 성질들도 객관적이라고 여긴다.

아인슈타인에게 물리학이 객관적인 물리적 실체의 모습을 드러내게 하는 수단이었던 것과 마찬가지로 괴델에게 수학은 객관적인 수학적 실체의 모습을 드러내게 하는 수단이었다. 우리가 수학을 할 때 과연 무엇을 하는지에 대한 괴델의 생각은 아인슈타인의 신조를 메아리쳐 울려 보게 하는 방식으로 헤아려 볼 수 있을 것이다. "저 너머에는 그 웅대한 세계가 있는데, 이는 우리 인간들과는 상관없이 위대하고도 영원한 수수께끼처럼 서 있지만 적어도 부분적으로나마 탐구와 사고를 통해 다가설 수 있습니다." 다만 여기서의 '저 너머'는 그의 독특한 인간적 관점에 비춰 볼 때, 경험적 세계로부터 훨씬 더 멀리 떨어져 있다고 이해해야 할 것이다. 여기서의 '저 너머'는 물리적 시공간마저도 넘어선 곳으로, 순수한 추상적 실체와 보편적이면서도 필연적인 진리의 세계이다. 그런데 참으로 신비롭게도 우리의 선험적 이성의 기능은 이 궁극적인 '저 너머', 다시 말해서 (〈극한의 생존 Extreme Survival〉, 〈극한의 변화 Extreme Makeover〉, 〈지고의 극한 The Most Extreme〉 등처럼 최근 유행하는 TV쇼 제목들을 따라 부른다면) '극한의 실체'라고 부름직한 그 세계의 한 끝이나마 어렴풋이 볼 수 있는 데로 나아갈 길을 제시해 준다.

괴델의 수학적 플라톤주의 자체는 유별난 것이 아니다. 많은 수학자들이 수학적 실재론자들이었으며, 심지어 자신을 그렇게 묘사하지 않은 사람들조차 그들의 초수학적 입장이 무엇인가 하는 단도직입적 질문을 받는 궁지에 몰리면 자기의 연구 성과를 '발견'이라고 말함으로써 무의식적으로 수학적 실재론에 빠져 들곤 했다.[16] 영국의 뛰어난 수학자들 가운데 한 사람인 하디 G. H. Hardy(1877~1947)는 그의 고전적 저술 『어느 수학자의 변명 A Mathematician's Apology』에서 실제로는 아무런 변명도 없이 자신의 플라톤주의적 신념을 펼쳤다.

---

[16] 흥미롭게도 플라톤주의와 예리하게 대립하는 형식주의를 펼친 다비드 힐베르트 David Hilbert도 이런 예에 속한다.

나는 수학적 실체가 우리를 벗어나 있으며, 우리의 수학적 기능은 그것을 발견하거나 관찰하는 것일 따름이라고 믿는다. 따라서 우리가 '창조' 했노라고 호언하는 것들도 사실은 우리가 관찰한 것에 대한 기술에 지나지 않는다. 이런 견해는 플라톤 이래 수많은 저명한 철학자들을 통해 여러 다른 모습을 띠면서 전해 내려왔는데, 어쨌든 나는 이런 신념을 가진 사람들이 자연스럽게 느끼는 용어를 사용하도록 하겠다.

이와 같은 실재론은 물리적 실체보다 수학적 실체에서 더욱 그럴 듯하게 보인다. 알고 보면 수학적 대상이 훨씬 더 실체적이기 때문이다. 의자나 별은 언뜻 보기에는 실체적이지만 실제로도 그렇지는 않다. 이것들을 깊이 고찰하면 할수록 그 윤곽은 이를 둘러싼 감각의 안개 속에서 뿌옇게 흐려지고 만다. 그러나 '2'나 '317'과 같은 수들은 감각과 아무 관련이 없으므로 우리가 이에 대해 깊이 고찰하면 할수록 그 특성들이 더욱 뚜렷이 드러난다. 어쩌면 현대물리학은 어떤 이상적인 철학의 틀에 더 잘 맞아 들어갈 수도 있다(나는 이를 믿지 않지만 저명한 물리학자들 가운데 그렇게 말하는 사람들이 있다). 반면 순수수학은 오히려 그 위에 모든 이상주의의 창시자들이 올라설 반석과도 같다. 317은 소수이다. 그런데 이는 우리가 그렇게 생각해서도 아니고 우리의 마음이 이런저런 방식으로 형성되어 있기 때문도 아니다. 317은 소수이기 때문에 소수이며, 수학적 실체가 본래 그렇게 구축되어 있기 때문에 그럴 뿐이다.[17]

플라톤 이후 거의 3,000년이 지나는 동안 수많은 새롭고도 놀라운 수학적 업적들이 쏟아져 나왔지만 플라톤주의를 이 고대 그리스의 철학자 자신보다 더 굳게 믿어야 할 이유에 대해서는 별다른 진전이 없었다. 꼬리에 꼬리

---

[17] 하디가 이 고전적인 책을 쓴 정황은 심금을 울리는 예외적인 것이었다. 당시 하디는 수학적 창의력을 잃어 갔는데, 수학자들의 경우 대체로 사뭇 젊은 나이 때부터 그런 경향이 있다. 흔히 40세에 이른 수학자들은 전성기를 넘겼다고 보며, 이는 수학자에게 가장 영예롭게 여겨

를 물고 하디와 같은 수많은 수학자들이 수학적 진리는 창조되는 게 아니라 발견되는 것이라는 플라톤주의적 신념을 증언해 왔다. 하지만 괴델에 이르도록 이것들은 오직 증언에 머물렀을 뿐이다. 수학적 실재론을 지지하는 초수학적 결론임과 동시에 수학적 결론이기도 한 것을 얻고자 하는 괴델의 대담한 야망은 그의 불완전성정리를 얻게끔 한 소망 바로 그것이었다.

수학적 실체의 독립적이고도 객관적인 존재성을 확신하는 괴델의 초수학적 관점은 어쩌면 그의 삶의 정수(精髓)를 이룬다고 말할 수 있는데, 이는 다시 말해서 그가 참으로 기인이라는 의심의 여지가 없는 사실을 말해 주는 것이기도 하다. 그의 철학적 조망은 그의 수학에 대한 표현이 아니며, 오히려 그의 수학이 그의 철학적 조망에 대한 표현이다. 나아가 이는 그의 플라톤주의에 대한 표현이며, 따라서 괴델이라는 인간 자신의 가장 깊은 내면에 대한 표현이기도 하다. 그럼에도 아인슈타인의 업적과 마찬가지로 괴델의 업적도 일반적으로 객관성에 대한 반란임은 물론 이 반란에 대한 가장 강한 추진력으로 해석되는 것은 결코 사소한 아이러니라고만 볼 수는 없다.

지는 필즈상Fields Medal이 40세 이하의 사람들에게만 수여되는 이유이기도 하다(수학 분야의 노벨상은 없다).[필즈상의 수여 대상은 40세 '미만'인데, 본래 이 규정을 마련한 취지는 "뛰어난 수학적 업적을 이룬 사람들 가운데 앞으로 수학의 발전에 기여할 가능성이 많은 사람에게 수여한다"는 것이었다. 실제로 이 상을 제정한 필즈John Charles Fields Jr.(1863~1932)는 이런 취지만 밝혔을 뿐 이 규정 자체는 나중에 만들어졌다. 따라서 40세가 넘으면 뛰어난 수학적 업적을 이룰 가능성이 현저히 떨어지기 때문이라는 속설은 적어도 이 규정과 관련해서 볼 때는 사실이 아니다. 이런 점에서 노벨상은 과거의 업적에 대한 '사후 평가'의 성격이 강한 반면, 필즈상은 (과거의 업적에 대한 사후 평가는 물론) 미래의 업적에 대한 '사전 평가'의 성격도 그에 못지않게 강하다고 말할 수 있다: 옮긴이] 하디는 자살을 시도했지만 살아났고, 스노C. P. Snow의 권유에 따라 수학자로서의 삶에 대한 책을 쓰게 되었다. 그 결과가 『어느 수학자의 변명』이라는 걸작인데, 이를 마친 얼마 뒤 하디는 다시 자살을 시도하여 삶을 마치고 만다.(하디의 자살 시도는 1947년 여름이었고 숨을 거둔 때는 12월이었다. 따라서 이 자살 시도 자체가 직접적인 사인은 아니라고 보는 견해가 있으며 이게 타당하다고 여겨진다: 옮긴이)

아인슈타인은 불안하고 변덕스럽기는 하지만 괴델이라는 철학적 동료를 만난 덕에 만년에 들어 추방감을 많이 덜 수 있었다. 모르겐슈테른이 인용한 아인슈타인의 말, 곧 그가 고등과학원의 연구실에 나가는 이유는 오직 괴델과 함께 거닐 특권을 누리기 위한 것이라는 말은 이와 같은 미묘한 초암시적 측면에서 볼 때 그다지 놀라운 것은 아니다.

1955년 아인슈타인이 세상을 뜬 뒤 괴델의 지적 추방감은 더욱 깊어졌다. 괴델은 죽은 지 거의 300년이 다 되는 초합리주의자 라이프니츠와 자신을 동일시했다. 그리고 자신의 '흥미로운 공리'를 엄격하게 적용하여 얻는 설명들은 갈수록 어두운 색깔로 변해 갔다. 말쑥한 하얀 옷차림의 젊은이는 점점 수척해졌으며, 뉴저지의 무더운 여름철에도 두꺼운 오버코트와 스카프에 파묻혀 살았다. 그는 도처에서 음모가 벌어지는 것을 목격했는데, 이는 아주 광범위하게 몇 세기 동안 진행되어 온 것으로, 진리를 억압하고 "인간을 어리석게 만드는 것"이 그 목적이라고 믿었다. 그의 생각에 따르면 17세기의 라이프니츠나 20세기의 괴델 자신처럼 선험적 이성의 궁극적 위력을 발견한 사람들이 요주의 인물이었다. 근본적 차원에서 동료들로부터 고립되고 심지어 소외되기까지 하자 그의 이성은 미쳐 날뛰었고, 마침내 과대망상의 편집증으로 치달았다.

아리스토텔레스 이후 가장 위대한 논리학자의 이성이 그토록 비이성적인 결론에 이르는 것을 보고 많은 사람들이 충격적인 역설로 받아들였다. 그러나, 앞으로 이어지는 장들에서 한층 분명해지기를 바라지만, 괴델의 성격 내면에서 자란 역설은 적어도 부분적으로는 그의 위대한 업적에 대한 바깥세상의 모순적 반응에 그 원인이 있다. 괴델의 불완전성정리는 축복 받았으면서도 무시되었다. 이 정리의 전문적 내용은 논리학과 수학을 변혁시켰다. 특히 그가 사용한 증명법 및 증명 도중에 정의한 관념들은 재귀론recursion theory이나 모델론model theory과 같은 완전히 새로운 연구 분야를 이끌어 냈다. 하지만 다른 분야의 핵심 영역은 버림받았는데, 그 가운데서도 괴델보다 바로 한 세대 앞서 위대한 수학자로 추앙 받았던 다비드 힐베르트David Hilbert(1862~1943)의 주요 업적은 불완전성정리의 논리에 의하여 쓸모없는 것으로 여겨지게 되고 말았다.

이런 와중에 불완전성정리의 초수학적 의의는, 괴델에게는 가장 중요한 측면이었음에도 불구하고, 무시되었다. 더욱 역설적인 것은 성급한 문화적 조류와 완강한 포스트모던적 불확실성 그리고 모든 절대적 관념들에 대한 그릇된 신화들이 괴델의 불완전성정리와 아인슈타인의 상대성원리를 한데 엮어 이 두 추방객들이 그토록 열정적으로 외치고자 했던 신념을 정면으로 부정하는 새로운 해석을 꾸며 냈다는 사실이다.

전문적 관점에서 볼 때 역설이라 함은 논리 자체에 따라 모순적 결론이 이끌어짐으로써 초래되는 이성의 붕괴 현상이다. 역설 가운데 많은 것들은 자기언급에서 유래하는데, 다시 말해서 어떤 기술이나 문장에 그 자신을 가리키는 내용이 담겨 있을 때 문제가 발생한다는 뜻이다. 이런 역설들 가운데 가장 오래된 것은 이른바 '거짓말쟁이역설liar's paradox'로 알려져 있다. 그 기원은 고대 그리스까지 거슬러 올라가지만[18] 핵심은 다음 문장을

---

[18] 신약 디도서 1장 12절에서 13절에도 거짓말쟁이역설이 나온다: "그레데 인 중에 어떤 선지자가 말하되 그레데 인들은 항상 거짓말쟁이며 악한 짐승이며 배만 위하는 게으름뱅이라 하니 이 증거가 참되도다."

통해서 쉽게 이해할 수 있다. "이 문장은 거짓이다." 이 문장은, 다른 모든 문장들처럼, 참 아니면 거짓이다. 그런데 만일 이 문장이 참이라면, 이 문장 자체가 스스로 거짓이라 선언하는 이상, 결론적으로 거짓 문장이 된다. 하지만 반대로 이 문장이 거짓이라면, 스스로 거짓이라고 선언하는 게 거짓이란 뜻이므로, 결론적으로 참 문장이 된다. 요컨대 이 문장은 **참이면서도 거짓이라는 심각한 문제를 낳으며**, 이에 따라 우리의 이성은 허물어진다.

거짓말쟁이역설과 같은 역설들은 괴델의 경이로운 제1불완전성정리의 증명 과정에서 기술적으로 중요한 역할을 한다. 괴델은 "이 문장은 거짓이다"라는 문장을 생각할 때 초래되는 것과 비슷한 방식으로 우리의 이성을 무너뜨리는 자기언급적 역설의 구조를 수학사상 가장 놀라운 결론을 얻기 위한 특출한 증명으로 탈바꿈시켰다.[19] 따라서 언뜻 이 자체가 거의 역설적으로 보인다. 모든 역설들은 우리로 하여금 거기 담긴 내용이 무엇이든 우리의 이성이 이를 충분히 소화하지 못한다는 사실을 납득시키려고 특별히 고안된 것으로 보인다. 그런데 괴델은 이처럼 이성을 마비시키는 역설을 비틀어 진리와 지식과 확실성의 본질에 대한 깊은 통찰로 이끄는 증명을 이룩했다. 괴델 자신의 플라톤주의적 관점에 따르면 그의 증명은 수학을 이해하는 우리의 마음은 인간이 구축한 체계의 한계를 벗어나 독립적으로

---

[19] 수학적 결론들이 우리를 놀라게 할 수 있다는 사실 자체도 역설적이라 할 수 있다. 현실 세계는 때때로 그렇듯 우리의 예상을 뒤엎고 놀라운 모습을 보여 주곤 한다. 하지만 순수한 선험적 이성으로 유도된 결론들은 과연 어떻게 그럴 수 있을까? 정의에 따라 선험적 진리는 경험적 수정을 받지 않는다고 보면 이 충격의 원천은 현실 세계에서 겪는 예기치 못한 일들이 아니다. 그러므로 우리는 이 혼란을 유도해야만 하는데, 우선 보기에 이는 사뭇 기이하다. 괴델은 논란 많은 제1불완전성정리에서 이 초수학적 문제도 다루었다. 그에 따르면 우리가 내세우는 공리는 수학의 독립적 실체성에 대한 불완전한 기술인데, 그 실체성에 담긴 놀라움은 바로 수학의 불가사의성에서 나온다.

존재하는 추상적 실체에 이를 수 있음을 보여 준다.

고대의 역설을 사용하여 괴델이 이룬 증명의 구조는, 비록 은유적이기는 하지만, 전해 오는 이야기 속의 역설들에게 20세기도 스스로에게 괴델의 불완전성정리와 같은 위대한 지적 성취들에 대하여 이야기한다고 적절한 수준에서 말한다. 언젠가 사상사가(思想史家)들은 철학자들 뿐 아니라 하이젠베르크나 보어와 같은 핵심적 과학자들까지 포함된 수많은 20세기의 영향력 있는 사상가들이 주관주의자로 전향한 것에 대하여 설명하게 될 것이다. 하지만 그런 일은 이 책이 다루고자 하는 범위를 훨씬 벗어난다. 나는 다만 객관성에 대한 반란이 20세기의 위대한 사색가 가운데 한 사람에게 미친 효과, 곧 이 반란은 어떻게 그를 자극하여 불완전성정리의 증명으로 이끌었는지 그리고 그 정리를 어떻게 재해석하여 스스로를 확인시켰는지에 대해 기술하고자 한다.

괴델과 그의 세계와 그의 업적에 담긴 풍부한 귀결과 역설을 제대로 이해하려면 프린스턴의 그늘진 길을 아인슈타인과 함께 거니는 아련한 모습으로부터 두 단계를 과거로 거슬러 올라갈 필요가 있다. 우리는 먼저 그가 젊은 시절을 보낸 1920년대의 빈으로 돌아가는데, 이때는 수많은 젊은 지성들이 전통에 대해 문화적 습격을 감행하고 있었다. 다음으로 우리는 20세기에 접어들 시점으로 한 단계 더 거슬러 올라간다. 이때의 수학적 사조는 수학을 완결할 계획을 세우고자 했지만 나중에 이는 웅대한 수학적 야망을 품은 과묵한 젊은 논리학자의 업적에 의하여 붕괴되고 만다.

제1장
실증주의자들 중의 플라톤주의자

첫 사랑

　　　　　　　　　　　괴델이 대학 공부를 시작하려고 빈에 도착했을 때는 열여덟 살이었다. 그가 태어난 모라비아Moravia는 현재 체코슬로바키아에 속해 있지만 당시에는 합스부르크왕국Hapsburg Empire의 지배를 받았으므로 빈에서는 오히려 귀향한 듯한 느낌을 받았을 것이다. 그는 고향에서부터 자신을 망명객으로 여겼던 것이다.

　　괴델은 1906년 4월 28일 브르노Brno에서 태어났는데, 독일과 오스트리아 사람들은 아직도 브륀Brünn이라고 부른다. 부모인 루돌프Rudolf와 마리안느Marianne는 체코가 아니라 독일계였으며 브르노의 대부분을 차지하는 수데텐 독일인Sudeten German들과만 어울렸다. 이 도시는 합스부르크왕국에서 섬유산업의 중심지였다.[1] 루돌프는 초등 과정에서 학업성적이 신통치 않자 열두 살 때 방직학교에 들어가 천직을 찾았다. 이 학교를 뛰어난 성적으로 졸업한 그는 프리드리히 레들리히Friedrich Redlich의 직물공장에서 일자리

---

[1] 흥미롭게도 이 도시는 그레고르 멘델Gregor Mendel(1822~1884)이 완두콩으로 중요하지만 매우 지루한 실험을 했던 아우구스티누스Augustinus 계열의 수도원이 있는 곳이기도 하다. 멘델은 이 실험을 통해 유전에서의 독립, 분리, 우열의 법칙을 발견했다.

를 얻었고 죽을 때까지 거기서 일했다. 루돌프는 빠르게 승진하여 지배인 겸 동업자의 지위까지 올랐다. 이에 따라 그의 가족은 상류층의 동네에 집을 마련하여 안락하게 살게 되었다.

괴델의 어머니 마리안느는 아버지보다 훨씬 많은 교육을 받은 교양인이었는데, 이는 합스부르크왕국의 중산층 사이에 그리 보기 드문 일은 아니었다. 또한 이들처럼 낭만보다 실속을 좇아 결혼하는 일도 흔했으며 나중에 괴델의 결혼도 마찬가지였다. 그런데 이런 경우에서 자주 보듯 어머니의 가장 강한 정서적 유대감은 자식과의 사이에서 발견된다. 마리안느의 경우 결혼 후 1년 뒤에 태어난 루돌프Rudolf가 그 대상이었으며, 우리의 주인공인 쿠르트는 다시 4년 뒤에 태어났다. 쿠르트는 세례를 받을 때 대부가 된 아버지의 고용주를 기리는 뜻에서 프리드리히Friedrich라는 가운데 이름을 얻었다. 하지만 어떤 이유에선지 1948년 미국 시민이 될 때는 이 이름을 떼어 버렸다.

쿠르트 괴델의 어린 시절에 대해 알려진 것은 별로 없는데, 그 대부분은 형 루돌프에게서 얻어졌다. 루돌프는 간단한 『괴델의 가족사History of the Gödel Family』를 썼으며, 쿠르트 괴델의 어린 시절에 대한 논리학자 하오 왕과 존 도슨John Dawson의 질문에 답변을 제공했다. 외과의사였던 루돌프는 오스트리아에 남아 미혼으로 살았으며, 1992년 90세의 나이로 세상을 떴다.

루돌프에 따르면 쿠르트는 매우 많은 질문을 퍼부어 '왜요 씨(氏)'('der Herr Warum' 영어로는 'Mr. Why'에 해당)'라는 별명을 얻었다고 한다. 어린애들과 상당한 시간을 함께 보내 본 사람이면 다 알겠지만 어린애들은 "왜?"라는 질문을 아주 끈질기게 제기하는 경향이 있다. 우리는 일종의 존

1910년 무렵 괴델의 가족. 왼쪽부터 어머니 마리안느, 쿠르트, 아버지 루돌프, 형 루돌프.

재론적 의문을 품고 태어나지만 차츰 주변의 지형에 익숙해지면 어느덧 망각의 세계로 빠져 들고 만다. 그러나 어린 시절 괴델의 강력한 호기심은 나이가 들어서도 지속되었고, '왜요 씨'라는 꼬마는 "세계는 합리적이다"라는 것으로 시작되는 개인적 신념이 서린 14개의 원리를 품은 어른이 되었다. 영재성을 타고난 많은 수학자들처럼 괴델도 이른 나이에 이미 상당히 조숙한 모습을 보였는데, 일단 그 수준에 이른 뒤에는 거기에 머물렀다. 나중에 '아리스토텔레스의 후계자'라고[2] 불리게 된 천사 같은 아기 어른이 손을 정확한 균형이 잡히도록 자신의 앞에 놓고 약간 구부정하게 숙인 채

---

[2] 아리스토텔레스는 흔히 '논리의 아버지'로 일컬어진다. 논리에 대한 그의 업적은 『오르가논Organon』이라 불리는 사후 종합 유고집의 일부인 『분석론전서(分析論前書)Analytica Priora』를 근간으로 한다. 아리스토텔레스는 예리한 통찰력을 발휘하여 연역적 논증에서 어떤 말들은 논리적으로 타당하지만 다른 어떤 말들은 그렇지 않다는 점을 보였다. 이때 논리적

사진기를 똑바로 진지하게 응시하는 네 살 때의 가족사진에 나타난 그의 모습으로부터 우리는 미래의 경건한 명상에 대한 암시를 읽을 수 있다.

루돌프가 논리학자 하오 왕에게 보낸 편지를 보면 다섯 살 때 괴델은 가벼운 불안신경증을 겪었고 여덟 살 때는 고열을 동반한 관절류머티즘으로 한바탕 크게 앓았다고 한다. 그런데 이 꼬마 환자는 혼자서 여러 자료를 뒤진 끝에 이 류머티즘이 심장에 영구적인 손상을 남길 수 있다는 사실을 알게 되었으며, 바로 자신이 그런 경우에 해당한다고 여겨 버렸다. 괴델은 이후 아무런 증거가 없음에도 불구하고 평생 자신의 심장이 손상을 입었다고 믿었는데, 이처럼 여덟 살 꼬마 때 홀로 얻은 결론은 살아 있는 동안 내내 우울증에 시달리게 하는 한 원인이 되었다.

유전적 특성이 무작위로 섞여서 부모를 훨씬 뛰어넘는 지적 능력을 가진 자식이 태어나면 그 자식은 일종의 특이한 곤경에 처한다. 아직 어린 자식은 삶을 전적으로 부모에게 의존해야 하는 반면, 부모의 심각한 지적 한계를 분명히 깨닫기 때문이다. 대부분의 사람들은 후자의 깨달음을 청소년기에 들어서야 얻게 되므로 통상적인 반응은 오만과 경멸, 분노 등의 폭발적인 결합으로 나타난다(어쩌면 저렇게도 우둔할까?). 그러나 아직 어린애

으로 부적절한 말들은 이를 변수variable로 바꿈으로써 제거할 수 있다. 예를 들어 "모든 사람은 죽는다. 소크라테스는 사람이다. 따라서 소크라테스는 죽는다"는 삼단논법에서 '사람', '죽는다', '소크라테스'라는 말들은 제거될 수 있다. 이 특정의 삼단논법은 더 일반적인 삼단논법 구조, 곧 "모든 X가 Y이다. i는 하나의 X이다. 따라서 i는 하나의 Y이다"의 개별 사례에 지나지 않는다. 논리적으로 부적절한 말들을 변수로 나타내려는 시도는 일반화로의 발걸음이며 이는 바로 논리의 과학으로 나아가는 발걸음이다. 그런데 아리스토텔레스는 지나치게 일반화하여 모든 연역적 추론은 삼단논법적이라고 단언했다. 19세기에 이루어진 현대적 연구, 특히 독일의 고틀로프 프레게Gottlob Frege(1848~1925)의 업적에 따라 연역적 논증의 더욱 광범위한 변종들이 밝혀졌다.

일 경우 이 반응은 무차별적인 공포로 나타나기가 쉽다(과연 나를 잘 보호해 줄 수 있을까?). 다섯 살 때 가벼운 불안신경증을 겪은 일은 조숙한 괴델이 그 나이에 부모로서 가져야 할 전반적 능력의 한계를 감지했다는 표지로 볼 수 있다. 이와 같은 파멸적 결론은 특히 이로부터 몇 년 뒤에 훨씬 더 심하게 앓은 병으로 더욱 보강되는데, 이런 상황에서 그는 다음과 같은 부가적 결론을 내림으로써 스스로 마음의 평화를 도모했다고 볼 수 있다. "세상만사는 모두 논리적 설명이 가능하며 나는 바로 그런 설명들을 이끌어 낼 수 있는 능력을 지닌 사람이다. 내 주위의 어른들은 열등한 부류일지도 모르지만 다행히 나는 그들에게 의지할 필요가 없다. 내게 필요한 모든 것을 나 스스로 파악할 수 있기 때문이다. 세계는 철저히 논리적이고, 나의 지성 또한 그러하며, 이야말로 완전한 짝이다."

이처럼 괴델이 아주 이른 시기에 자신이 부모보다 지적으로 훨씬 뛰어나다는 사실을 발견함으로써 스며드는 공포를 억누르기 위해 다양한 생각을 품었을 가능성은 사뭇 높다고 하겠다. 그리고 이는 바로 나중에 어떤 사람이 될 것인지에 대해서도 잘 설명해 준다. 아이들은 어른의 아버지라고 하는데, 아마 수학적 천재들의 경우에는 훨씬 더 그럴 것이다.

괴델은 'K.-K. Staatsrealgymnasium mit deutscher Unterrichtssprache'라는 이름의 학교에서 초등 과정의 교육을 받았다.[3] 분명 독일어를 사용한

---

[3] 'K.-K.'는 '제국-왕립'을 뜻하는 'Kaiserliche-Köngliche'에서 따온 것으로 오스트리아왕국에 속한다는 점을 가리킨다. 'Kaiserliche und königliche'란 수식어는 오스트리아와 헝가리가 함께 통치하는 곳에 붙여졌고, 'königliche'만 쓰면 헝가리의 통치만 받는 곳을 뜻한다. 제국의 통치를 이런 약어로 나타낸 것은 아마도 풍자에서 유래한 것으로 보이는데, 로버트 무질 Robert Musil은 그의 소설 『부적격자The Man Without Qualities』에서 거만한 표현으로 이를 사용했다.

것으로 보이는 이 과정 동안 그는 모든 과목에서 뛰어난 성적을 거둠으로써 평생 그를 특징짓는 경건함과 초연함의 조짐을 드러내기 시작했다. 동창생이었던 하리 클레페타르Harry Klepetař는 존 도슨John Dawson에게 보낸 편지에서 "시작할 때부터 괴델은 …… 대체로 자신만의 세계 속에서 대부분의 시간을 자신의 연구에 바쳤습니다"라고 썼다. 그는 또한 괴델의 흥미가 다양했다고 하면서 "수학과 물리학에 대한 그의 흥미는 (일찍이) 열 살 때부터 두드러졌습니다"고 썼다.

하지만 괴델은 그가 살고 있는 공화국의 언어로 가르치는 과목은 모두 듣지 않으려고 했다(대부분의 학생들은 독일어를 모국어처럼 사용했다). 클레페타르는 도슨에게 보낸 편지에서 동창생들 가운데 괴델만이, 특히 체코슬로바키아공화국이 독립을 선언한 1918년 이후 체코어를 전혀 입에 담지 않았다고 회상했다. "괴델은 언제나 자신을 오스트리아인이라 생각했으므로 체코슬로바키아의 치하에서는 스스로 망명객이라 여겼습니다." 이처럼 그의 추방감은 아주 이른 시기부터 형성되었고, 다른 감정들보다 나쁜 쪽으로 다양한 모습을 띠면서 평생 그에게서 떠나지 않았을 것으로 보인다.

1924년 괴델은 빈대학교에 들어가면서 물리학을 전공하고자 했다. 그러나 그는 후일 하오 왕에게 "정확성에 대한 흥미에 이끌려 물리학으로부터 수학으로 그리고 다시 수리논리학으로 옮아갔다"고 말했다. 괴델이 물리학에 흥미를 가진 것은 열다섯 살 때의 일인데, 뉴턴 물리학에 대한 일반적 반격의 한 내용을 이루는 괴테의 색 이론에 대한 책을 읽은 게 계기가 되었다. 다시 하오 왕에 따르면 수학으로 흥미가 쏠린 것은 빈대학교 몇몇 교수들의 탁월한 강의에서 감명을 받았기 때문이라고 한다. 한 예로 필리프 푸르트뱅글러Phillip Furtwängler 교수의 수론 강의는 400명에 이르는 학생들을 끌어들일 만큼 인기가 높아 하루씩 교대로 듣도록 하는 좌석표를 나눠 줘야 할 정도였다. 괴델도 이 열광적인 학생들 가운데 하나였으며, 나중에 그는 이게 그가 들은 강의 중 가장 경이로운 것이었다고 말했다.

수론에 전념하기 위하여 괴델은 1926년에 전공을 수학으로 바꾸었고, 1928년부터는 수리논리학을 공부하기 시작했다. 그는 1926년 물리학에서 수학으로 옮겨 올 때 이미 플라톤주의자가 되어 있었다. 괴델의 형이상학적 토대는 하인리히 곰페르츠Heinrich Gomperz 교수의 철학사 강의를 들으면서 형성되었는데, 그의 아버지 테오도르Theodore는 고대철학 분야의 저명한 교수였다.

괴델의 내면세계를 파고들기란 쉬운 일이 아니다. 그의 내면세계가 일반인들과 두드러지게 다르리란 점은 충분히 예상할 수 있으며, 따라서 오직 논리적 유추를 따라 나아갈 수밖에 없다. 게다가 그는 가장 과묵한 사람의 하나로 수학 외의 모든 것에 대해서는 아무런 논증도 드러내지 않았는데, 알다시피 수학에서의 논증이란 아주 특별한 의의를 가진다. 괴델의 생애가 증언하듯, 그는 깊은 열정을 지닌 사람이었다. 하지만 그의 열정은 주도면밀하게 감춰졌으며 극히 지성적인 모습을 띠었다.

그렇지만 나는 우리들 중 많은 사람들처럼 괴델도 대학생 시절에 사랑에 빠졌다고 말하는 게 공평할 것으로 여겨진다. 그는 사랑이 가져다 주는 황홀한 변화를 겪었으며, 이 때문에 우선순위가 급격히 바뀜으로써 삶에 새로운 초점과 의미가 주어졌다. 사람은 한번 사랑에 빠지면 이전과 사뭇 다른 사람이 된다.

괴델은 플라톤주의와 사랑에 빠졌고, 이로 인해 이전과 사뭇 다른 사람이 되었다.

하지만 그처럼 불투명한 내면을 가진 논리학자 속에 그토록 변화무쌍한 열정이 흐르고 있었다는 사실의 증거는 무엇인가? 다시 말해서, 불완전성 정리 자체를 제외한 다른 증거는 과연 무엇일까?

이에 대한 약간의 증거들은 프린스턴의 파이어스톤도서관Firestone Library에 보관된 괴델의 유품 문서들에서 찾을 수 있다. 이 문서들은 존 도슨에게 괴델의 문서관리인이 되는 힘겨운 임무가 주어질 때까지 고등과학원의 지하실에 마냥 방치되었다(괴델은 고교 시절에 배운 가벨스베르거Gabelsberger라는 속기를 사용했는데, 따라서 도슨은 이 작업에서 무엇보다 앞서 일상어로의 번역이라는 어려움에 맞서야 했다). 괴델은 평생 그의 생활에서 나오는 거의 모든 서류를 보존한 것으로 보인다. 거기에는 논문, 의류비청구서, 원고, 가족사진, 숙제, 빈과 프린스턴의 도서관에서 빌린 책들에 대한 도서관대출증 등 온갖 것들이 있다. 나는 고등과학원이 수집한 괴델의 자료 속에서 여호와의 증인들이 펴낸 작은 성경공부책도 발견했는데, 이는 어쩌다 한낮에 집에 있는 동안 주위를 돌아다니는 그 신도들이 문을 두드렸을 때 열어 주면 애써 권하는 그런 책들이다. 그런데 이런 자료들도 이 논리학자의 조심스런 밑줄과 방주(旁註)들을 담고 있었다.

더욱 많은 암시들은 보내지지 않은 편지들과 발표되지 않은 논문의 원고들에서 찾아볼 수 있다. 논문 원고의 경우 투고하기로 약속하고 여러 차례의 힘겨운 수정을 거듭했지만 끝내 출판되지 않은 것들이다. 그런데 여기에서 우리는 히스테리적인 조심성을 엿볼 수 있다. 다시 말해서 이는 심사

숙고하는 차원의 조심성이 아닌데, 왜냐하면 괴델의 야망은 대담한 것이고, 그의 직관은 격렬하여, 그것들을 논리적으로 더할 나위 없이 완벽한 경지까지 몰아붙이려고 했기 때문이다.

한편으로 바깥세상에 그의 생각을 드러낼 때 그는 히스테리적인 분별력을 드러냈다. 괴델이 고심해서 작성했으면서도 보내지 않은 문서들 가운데는 사회학자 부르크 그랜진Burke D. Grandjean이 보내온 질문서에 대한 답변들이 있다. 그랜진은 괴델과 인터뷰하려고 여러 번 시도한 끝에 괴델이 죽기 4년 전인 1974년 하나의 질문서를 만들었다. 괴델이 남긴 문서에는 답이 채워진 질문서 두 종류가 발견되는데, 그 내용은 거의 동일하다. 괴델은 또한 그랜진에게 보낼 편지도 썼는데, 타자기로 작성되었지만 서명도 없고 보내지지도 않은 채 1975년 8월 19일이라는 날짜가 적혀 있는 이 편지는 다음과 같이 다소 거친 말투로 시작한다. "친애하는 그랜진 씨께, 귀하의 질문서에 답하면서 나는 먼저 내 연구를 '20세기 초반의 지적 분위기의 한 국면'이라고 생각하지 않으며, 오히려 그 반대로 여긴다는 점을 말씀드리고자 합니다." 우리는 이로부터 이처럼 성마른 반박을 초래한 한 사회학자의 공손한 편지를 상상할 수 있다. 그토록 과묵한 성격의 맥락에서 볼 때 두 종류의 답변과 이 편지는 뭔가를 드러내고 있다. 그랜진에게 썼지만 보내지지 않은 이 편지에 스며든 괴델의 거친 말투는 그의 생애와 함께 깊어 간, 특히 아인슈타인의 죽음 이후에 더욱 악화된 근본적인 지적 고립감을 강하게 드러내는데, 이는 바로 그의 유명한 업적을 잘못 해석하는 데서 초래되는 고립감이었다.

그랜진은 여러 사상가들을 늘어놓고 괴델이 그 가운데 누구의 영향을 받앉는지 표시해 달라고 요청했다. 하지만 괴델은 그랜진의 생각이 얼마나 멀리 빗나갔는지 분명히 지적했다. 이 응답에는 괴델이 평생 품은 분노가 표출되어 있는 듯한데, 라이프니츠는 아예 목록에도 오르지 않았다.

"귀하의 철학을 발전시키는 데에 특별한 의의를 가진 영향으로는 어떤 게 있습니까?"라는 그랜진의 질문에 대해 괴델은 "빈대학교의 하인리히 곰페르츠 교수"라고만 답했다. 이는 언뜻 이상한 답변인 것 같지만 다시 보면 결코 그렇지 않다. 괴델의 마음속에 변화무쌍한 지적 사랑이 싹트게 한 것은 곰페르츠 교수의 강의였다. 비록 푸르트뱅글러 교수의 수론 강의에 열광하기는 했지만 진정한 열광이 발산되어 나오도록 한 것은 곰페르츠 교수의 철학사 입문 강의였던 것이다.

플라톤은 수학적 성향을 가진 사람들에게 강하게 이끌렸을 뿐 아니라 그 자신도 수학적 성향을 가진 사람이었다. 그는 스스로 아테네에 세운 고등교육기관으로 사실상 유럽의 첫 대학에 해당하는 아카데미아$_{Academia}$의 입구에 "기하학을 모르는 자는 들어서지 말라"는 간판을 내걸었다.

이 고대 그리스의 철학자는 소피스트, 특히 프로타고라스와 같은 사람들을 경멸했으며, 이에 따라 세상을 편력하는 이 무리들의 말에 대하여 부정적인 주석을 달았다(소피스트의 어원은 고대 그리스의 '지식'이란 말이고, '지식에 대한 사랑'을 뜻하는 **철학**의 어원과 같다). 프로타고라스는 "인간은 만물의 척도"라는 그의 언명을 윤리의 세계에 가장 직접적으로 적용했다. 그는 오늘날 우리가 '윤리적 상대주의$_{moral\ relativism}$'라고 부르는 논리를 펼쳤는데, 이에 따르면 옳고 그름에는 어떤 객관적 차이도 없고 오직 견해 차이, 곧 어떤 개인 또는 대략 같은 가치를 공유하는 집단(다시 말해서 사회)에 따라 상대화된 차이만 있을 뿐이다. 그러므로 윤리적 견해에 '참'이라는 표지가 붙으면 이는 'x에 대해 참'이란 뜻으로 받아들여야 하며, 여기서 x는 개인 또는 윤리적으로 비슷한 생각을 가진 사회를 가리킨다.

플라톤은 상대주의자들에게 반격을 펼쳤고 이는 그의 평생 과제가 되었다. 그는 윤리적 진리의 객관성을 논증했을 뿐 아니라 객관적 진리에 대한 그의 주장을 추상적 실체의 객관성 위에 정립했다. 플라톤은 이 추상적 실체는 감각이 아닌 이성을 통해 파악할 수 있다고 말했으며, 이런 체계를 윤리 이외의 다른 분야에도 확대 적용했다.

플라톤주의가 가장 완강하고도 튼튼하게 성립하는 것으로 드러난 분야는 수학, 더 정확히 말해서 추상수학 분야이다. 어떤 체계를 구축한다기보다 객관적 진리를 발견해 낸다고 보는 수학자의 생각은 플라톤주의에 대한 서약과 같다. 수나 집합과 같은 것들이 우리가 품은 체계의 모델로 기능한다고 보는 신념 그리고 어떤 체계는 수나 집합과 같은 대상의 본질을 기술하는 것일 때만 참이라고 보는 신념 또한 플라톤주의에 대한 서약과 같다.

(내 경우에 비춰 볼 때) 추상에 대한 열정을 지닌 사람이 플라톤의 철학을 처음 접하게 되면 극도로 들뜬 경험을 하게 될 수 있다. 이는 일종의 황홀경이라고 말해도 좋을 지경이다. 플라톤은 모든 개개의 특정 대상을 가늠할 수 없을 정도로 초월하는 추상적 세계의 아름다움은 그 어떤 미인이 촉발하는 것보다 훨씬 큰 열정을 도출할 수 있을 뿐 아니라 도출해야 한다고 주장했다(미인은 변덕스럽고 불완전한 창조물로서, 우리의 사랑에 대한 보답을 믿음직스럽게 기대할 수 없으며, 그 아름다움은 시간이 흐름에 따라 퇴

색하므로 초월적인 아름다움과는 도무지 견줄 도리가 없다). 괴델의 대학 시절 경험과 관련하여 "사랑에 빠졌다"는 표현을 쓴 것은 플라톤 자신이 추상적 객관성의 아름다움에 접근하고 소유하는 마음을 가장 에로틱한 말로 표현한 데 대한 메아리라고 할 수 있다.

"내 친구 소크라테스여, 인생에서 인간은 아름다움 자체를 추구하며 살아야 합니다"라고 만티네이아Mantineia에서 온 방문객이 말했다. "만일 그것을 보게 된다면, 그것은 금이나 옷이나 아름다운 소년이나 젊은이 등과는 같은 수준이 아니란 점을 느끼게 될 것입니다. 놀랄 정도로 아름다운 사람들을 보면 우리는 정신없이 쳐다보고 싶어하면서 언제까지나 함께 있게 되기를 바랍니다. 할 수만 있다면 먹고 마시는 것도 그만두고 마냥 그들을 쳐다보면서 함께 지내겠지요"라고 말하면서 그녀는 계속 말을 이었다. "하지만 어떤 사람이 순수하고 깨끗한 아름다움 자체, 인간의 육신이나 색깔이나 기타 부질없이 스러질 것들로 오염되지 않은 그런 아름다움을 보게 된다면 어떨까요? 성스럽고 한결같은 아름다움 그 자체 말입니다. 과연 그것을 쳐다보고 그것과 함께 하고 그것이 요구하는 대로 탐구하면서 살아가는 인생도 아무런 가치가 없다고 할 수 있을까요?"

플라톤 시대의 아테네에서 '심포지엄'이란 마시면서 즐기는 파티를 뜻했다. 하지만 의미를 약간 비틀어 같은 이름을 사용한 대화에서 플라톤은 우리로 하여금 아름다운 젊은이들과의 관능적인 사랑을 포함한 열등한 종류의 쾌락에서 벗어나 진리의 아름다움에 도취해 보라고 촉구한다. 그것은 긴요한 불변의 진리로서 순수한 이성을 통해서 얻어지는데, 수학은 그에 대한 모델의 역할을 한다. 플라톤적 관점의 한 특징은 한쪽에 열정 다른 쪽에 이성을 놓는 식의 간편한 나누기를 배격하는 것으로, 그는 우리에게 열정 어린 이성을 갖고 높은 차원의 도취로 나아갈 것을 촉구한다. 물론 고차원적 도취에 대한 민감성은 순수한 추상의 아름다움과 지적 사랑의 대상을 붙잡는 능력, 곧 "그것을 쳐다보고 그것과 함께 하고 그것이 요구하는 대로 탐구하면서 살아가는" 능력에 달려 있다. 젊은 시절의 쿠르트 괴델은 이런 점들에서 비범하게 민감했다.

황홀경의 진리라는 플라톤식의 열광에 대한 괴델의 반응은 오직 (아인슈타인의 표현에 따르면) '진정한 중요성'을 지닌 수학에 자신의 모든 것을 바친다는 결심을 하는 것이었다. 그것은 초의의 metasignificance를 지닌 수학이어야 하며, 철학적인 구멍들이 숭숭 뚫려 있어, 이를 통해 찬란히 빛나는 모든 추상적 진리의 객관적 원천을 쳐다볼 수 있어야 한다.

처음에 괴델은 수론에 이끌렸는데, 이는 수론이 관념적 실체론의 가장 선명한 적용이자 가장 강력한 증거를 제시해 줄 것이라고 믿었기 때문이었다. 하지만 22세 때인 1928년에 그의 수학적 흥미는 수리논리학으로 옮아가기 시작했다. 괴델이 하오 왕에게 말했듯, 플라톤주의자가 되기로 결심한 것이야말로 수론에 매혹된 이유였는데, 감질나게도 어찌해서 수리논리학 쪽으로 방향을 틀었는지는 분명하지 않다. 하오 왕은 이를 뒷받침할 질문, 곧 괴델이 언제쯤 그가 찾는 초수학적 결론을 논리학으로부터 얻을 수 있을 것인지를 어렴풋이나마 깨달았는지는 물어보지 않았다.

이 상황에서 우리는 추측이라도 해 보고 싶은 유혹을 느끼며, 실제로 이것만이 우리가 할 수 있는 유일한 방법이다. 우리는 괴델이 어떤 경로를 통해 불완전성정리에 이르게 되었는지에 대한 좋은 정보를 갖고 있지 못한데, 특히 괴델의 경우 이전에 이와 비슷한 논증이 전혀 없는 독창적 방법을 사용했다는 점에서 더욱 독특하다.

이와 대조적으로 아인슈타인의 경우 그를 붙들어 특수상대성이론으로 이끌었던 한 생각에 대한 이야기가 너무나 잘 알려져 있다. 이 이야기는 이 세계에 대한 상상 속에서 한 천재가 행한 역할을 기록한 교양서적들에 빠짐없이 나온다. 이에 따르면 아인슈타인은 열여섯 살 때 만일 자신이 빛과 나란히 달리면서 빛을 쳐다볼 경우 어떻게 보일 것인가 하는 사고실험thought-experiment 또는 Gedanken-experiment을 함으로써 빛의 속도로 달리는 관찰자의 입장에서 얻는 물리학의 법칙에 대해 생각해 보았다고 한다.

그러나 괴델의 천재적 발상은 아인슈타인처럼 대중의 눈앞에 펼쳐진 적이 없다. 이에 따라 괴델이 품은 영감의 원천, 지성의 활동, 고대의 역설을 어떻게 초의미를 담은 결론으로 탈바꿈시켜 이 증명에 이용했는지에 대한 내용은 수수께끼와 같다. 다만 그는 어찌어찌하여 논리학의 초수학적 잠재력을 파악했던 것으로 보인다. 그 당시, 곧 그의 업적에 의해 드높여지기 전의 논리학은 수학적으로 아주 낮게 평가되었는데도 말이다. 또한 우리는 그가 제1불완전성정리를 정확히 언제 증명해 냈는지도 모른다. 그즈음 괴델은 대학원과정에 들어섰지만, 심지어 박사학위논문의 지도교수조차도 그가 무슨 생각을 하고 있었는지 알지 못했다. 하지만 늦어도 1930년 10월 7일까지는 제1불완전성정리의 증명을 완성했음이 분명하다.

논리학자 야코 힌티카Jaakko Hintikka는 다음과 같이 썼다.

괴델의 위상은 그의 경력에서 가장 중요한 시기가 20세기 논리학의 가장 중요한 시기였고 나아가 어쩌면 논리학의 전 역사를 통해 가장 중요한 시기였다는 점으로부터 잘 이해할 수 있다. 그 위대한 순간은 쾨니히스베르크 Königsberg에서 수학의 기초에 대한 학회가 열렸던 1930년 10월 5일부터 7일까지 가운데서도 7일이었다.

1930년 10월 7일 비교적 잘 알려지지 않은 대학원생이었던 쿠르트 괴델은 쾨니히스베르크에서 열린 초수학에 대한 학회에 참석하여, 이 분야의 선도적인 수학자들이 분위기를 주도하는 가운데 극도로 간추린 몇 마디의 말을 통해 산술의 불완전성에 대한 증명을 이끌어 낸 것을 발표했다. 이때 한 수학자만 제외하고 그 자리에 있었던 모든 사람들은 괴델의 발표를 그냥 흘려들었다. 이 수학자는 우연히도 괴델의 플라톤주의와 예리하게 대립하는 입장의 내용을 발표하기 위하여 거기에 참석했는데, 괴델의 선언이 대체로 무시되어 낮게 잦아드는 와중에서도 괴델의 증명에 내포된 암시를 기민하게 간파해 낼 수 있었다.

한편 힌티카의 말 중에 뭔가 잘못된 점이 있다. 괴델의 경력에서 가장 중요한 순간은 제1불완전성정리의 공표와 함께 찾아온 게 아니다. 이 순간이 가장 중요하게 보인 이유는 괴델이 어떻게 해서 이런 결론을 얻었는지 대해 약간의 실마리를 공표했기 때문이다. 하지만 실제로 괴델의 경력에서 가장 중요한 순간은 우리가 전혀 알지 못할 때, 곧 그가 그의 직관이나 사고실험 또는 신만이 아는 무엇에 의하여 그의 증명으로 이끌려졌던 바로 그 순간이었다.

괴델은 플라톤주의적 신념에 의해 증명이 없었더라도 수학적 실체는 그것을 포괄하려는 모든 시도를 초월할 것이라고 믿었을 게 분명하다. 그렇다면 왜 그는 불완전성을 증명하려는 전략을 펴게 되었을까? 특히 어떻게 해서 그는 자기언급적 역설의 구조적 특징을 증명법으로 전환시켰을까? 도대체 그는 오늘날 우리가 '괴델기수법Gödel numbering'이라 부르는 기법, 곧 수학적 명제가 초수학적 명제의 성격까지도 함께 지니도록 하는 이중성에 대한 아이디어를 어떻게 얻어 냈을까? 불완전성정리의 전반적 증명 구도는 놀랍도록 단순한 반면 세세한 증명 과정은 놀랍도록 복잡하며, 따라서 우리는 이 두 측면의 놀라움 앞에서 그가 어떻게 이 모든 것을 떠올리게 되었는지 궁금해 하지 않을 수 없다. 하지만 우리가 가진 것은 결과뿐이다. 이 증명은 수학에 대한 우리의 이해를 영원토록 변화시켰는데, 그와 함께 우리 자신에 대한 이해도 변화시키도록 도와주었을 것도 같다.

따라서 진정한 드라마가 펼쳐진 곳은 쾨니히스베르크가 아니라 빈이었는데, 특히 1920년대 후반에서 1930년대 초반의 빈은 문화와 지성적 측면에서 매우 독특한 도시였다. 어떤 사상가도 완전한 진공에서 빛을 반사해 낼 수는 없으며, 순수이성의 가장 높은 탑 위에 올라 있는 가장 순수한 순수수학자라도 마찬가지이다. 쿠르트 괴델처럼 조금도 흔들리지 않고 자신의 직관에 충실할 수 있는 사람일지라도, 나아가 심지어 대립적인 입장에 서 있었더라도, 당시의 지적 대기권 속에서 포자처럼 떠다니며 널리 퍼져 가는 지배적인 사조에 전혀 무관심할 수는 없었다.

두 차례의 세계대전 사이의 빈은 기이한 사색의 기운이 아주 강했고 이는 괴델의 정리와 관련하여 중요한 역할을 한다. 당시 그곳에는 어울리지 않을 정도로 수많은 독창적 사상가들과 예술가들, 곧 과학자, 음악가, 시인,

화가, 철학자, 건축가 등이 넘쳐 났는데, 어쩐 일인지 이들은 각자의 학문과 예술의 분야에 상관없이 모두 한데 강렬하고도 지속적인 대화의 장으로 빨려 들어갔다. 그리하여 결국 괴델처럼 과묵한 사람도 이 대화의 장에 참여하게 되었다.

이처럼 고도로 극적인 도시에서는 지성적인 삶마저도 과장된 색채를 띠었으며, 밖으로 드러나는 극적 요소를 극도로 꺼리는 괴델까지 어느 정도는 그런 경향에 물들지 않을 수 없었다.

혼돈의 과거를 벗어나 새 터전을 찾는 도시

프린스턴이 뉴저지의 교외 경관 속에 자리 잡아 안락하고 온후하게 위장한 고에너지의 지적 소용돌이라고 한다면, 괴델이 학생의 신분으로 도착한 1920년대의 빈은 당시의 풍자적 언론인 카를 크라우스_{Karl Kraus}의 유명한 말을 빌리면 "세계의 붕괴에 대한 연구소"였다. 또한 소설가 헤르만 케스텐_{Herman Kesten}은 "쇠락하는 문화 속에서도 경이로운 창조가 이뤄지는 도시"라고 말했다.

빈의 풍성한 지적 생활은 여러 분야에서 이뤄졌다. 대학의 강의실과 교수의 연구실뿐 아니라 아직까지 빈 생활의 정수를 보여 주는 듯한 수많은 카페에서도 활발히 펼쳐졌다. 1916년 합스부르크왕국이 무너지고 뒤이어 제1차 세계대전이 마무리되는 과정에서 빈은 물론 나라 전체가 많은 변화를 겪었다. 하지만 빈은 '작은 큰 도시'라는 느낌을 주는 도시로서 의심할 바 없이 여전히 나라의 문화적 중심지였다. 거의 완전한 자족적 도시로 이 나라의 다른 곳에 사는 사람들과 사고방식에 있어 공유하는 부분이 거의 없다는 점은 오늘날의 뉴욕과 미국 사이의 관계와 비슷하다. 다만 빈과 오스트리아의 경우 도시와 나라 전체 사이의 불연속적 측면이 뉴욕과 미국 사이의 그것보다 훨씬 더 컸다.

괴델이 머물던 시절 빈은 오스트리아에서 단 하나의 진정한 대학을 갖고 있었으며, 이 대학은 또한 단 하나의 건물에 거의 모든 게 들어 있었다. 대학 생활이 이처럼 물리적으로 집중된 환경에서 이뤄졌다는 것은 지적 생활 또한 전반적으로 그랬다는 징표이기도 하다. 빈에서는 각자의 분야를 넘나들며 거의 모든 사색가들이 적어도 자그마한 끝자락들에서나마 서로 부대끼며 영향을 미치는 듯싶었다. 이에 따라 어떤 의미에서 보면 수학자, 물리학자, 역사가, 철학자, 소설가, 시인, 음악가, 건축가, 예술가들이 모두 한데 어울려 공통의 관심사를 논의했다고 말할 수 있다. 그 전반적 주제랄까 하는 것은 윤리적 및 지적 죽음 그리고 앞으로 닥쳐올 모든 것의 붕괴였고, 이에 따라 예전과 전혀 다른 새로운 기초와 체계와 방법론을 구축해야 한다는 필요성을 논의했다. 사실 이 주제는 이후에도 문학, 음악, 건축, 예술, 철학, 심리학은 물론 어떤 면에서는 과학까지 포함한 수많은 분야에서 지속되어 오늘날 우리가 모더니티 modernity 또는 더 나아가 포스트모더니티 postmodernity 라고 부르는 것에 이르는 정신적 사조를 불러일으키게 되었다.

1918년 이후의 빈은 구시대의 체제들이 빠르게 붕괴하는 모습을 지켜보도록 하는 장대한 계단식 관람석을 제공했다. 합스부르크왕국은 남계(男系)의 족벌정치와 현재의 상황을 유지하기 위하여 정교한 변주곡을 다양하게 펼쳤지만 제1차 세계대전이 끝나면서 안으로 붕괴하고 말았다. 독일, 루테니아Ruthenia, 이탈리아, 슬로바키아, 루마니아, 체코슬로바키아, 폴란드, 마자르Magyar, 슬로베니아, 크로아티아, 트란실바니아Transylvania, 작센Sachsen, 세르비아 등에 거주하는 11개 국적의 사람들이 뭉쳐서 흉한 몰골의 왕국을 세웠지만 어떤 면으로 볼 때 의미심장하게도 그 영역에는 일반적으로 받아들여지는 이름이 없었다. 왕국의 말기에는 오랫동안 권좌를 지켰던 오스트리아의 황제 프란츠 요제프Franz Joseph가 1848년 이후부터 통치했고 1867년에는 헝가리의 왕이 그 지위를 물려받았는데, 이 이름 없는 영역의 수도가 바로 빈이었다. 비록 통합적 의식이 다양한 국적의 사람들을 홀리기는 했지만, 어쩌면 너무 기민하게도 '꿈의 도시'라고 불리게 된 빈은 왕국의 신화에서 수반된 초국적의 사해동포주의적 의식과 같은 것을 고취해 낼 수 있었다.

전성기의 빈은 제국의 수도로서 5천만이 넘는 사람들을 통치했다. 하지만 이제는 거의 모두 독일계인 6백만의 사람들만 통치하는 알프스의 한 작고도 황폐한 지역의 수도일 뿐이다(빈에 살던 많은 체코슬로바키아 사람들이 떠남으로써 주택난이 어느 정도 완화되었다). 이처럼 빈의 정치적 영향력은 쇠퇴했지만 거꾸로 세계의 지적 수도로서의 중요성은 견줄 데가 없을 정도로 치솟았다. 이런 와중에서 빈의 사색가들은 합스부르크왕국이 뒤뚱거리는 동안 정신적 및 문화적인 붕괴감을 더욱 절실하게 감지했고, 새로운 기초를 찾아야 한다는 요구는 더욱 강렬해졌다. 그리하여 빈의 가장 지성적인 사람들은 병적인 천재가 보이는 증상처럼 수많은 아이디어를 다발적으로 분출해 내는 군중심리에 들떠 있었다.

이에 따라 우리는 빈에서 테오도르 헤르츨Theodore Herzl이 주도한 시오니즘Zionism뿐 아니라 이와 가장 극단적인 대립을 이루는 나치즘의 탄생도 목격하게 된다. 빈은 또한 프로이트가 무의식, 억압, 히스테리, 노이로제에 관한 이론을 펼친 곳이기도 하며, 클림트Klimt와 실레Schiele와 코코슈카Kokoschka 등의 분리파Secession들이[4] 관능이 넘치는 그림을 그린 곳이기도 하다. 아널드 쇤베르크Arnold Schönberg와 알반 베르크Alban Berg는 무조주의(無調主義)atonalism의 음악을 만들었고, 아돌프 로스Adolph Loos는 오직 기능에 따라 결정된 형상을 가진 새로운 건축을 선보였는데, 이로써 과도한 장식으로 가득 채운 방들을 가진 합스부르크 시절 상류층의 집들은 도덕적 부패와 동격으로 여겨지게 되었다.

〈햇불Die Fackel〉이라는 풍자적 잡지의 글을 거의 혼자 도맡아 쓰다시피 한 지칠 줄 모르는 편집자 카를 크라우스는 빈의 중층적 문화계에 대하여 신랄하면서도 영향력 있는 발언을 쏟아 냈다. 그는 자신의 잡지를 이용하여 구사조든 신사조든 빈에서 펼쳐지는 온갖 위선들을 타도하고 나섰다(예컨대 그는 프로이트에 대해 매우 비판적이었다). 크라우스는 그의 불같은 십자군적 열정의 대부분을 언어 분야에 집중시켜, 훌륭하게 꾸며 낸 연설의 진부함, 문학작품들에 드러난 공허함과 불성실한 감상주의, 언론가들의 무의미한 논설 등에 똬리를 틀고 자리 잡은 기만들에 대해 거센 공격을

---

[4] 분리파는 1897년 빈의 예술적 주류들의 정책에 반대하는 한 무리의 예술가들을 가리킨다. 이들의 전시공간은 1898년에 문을 열었는데, 루트비히 비트겐슈타인의 아버지로서 철강산업의 거부였던 카를 비트겐슈타인Karl Wittgenstein은 이 전시공간을 후원한 세 사람 가운데 한 사람으로 건물 안의 장식판에 그의 이름이 새겨져 있다. 다른 두 사람은 당시의 유명한 예술가인 루돌프 폰 알트Rudolf von Alt와 테오도르 회르만Theodor Hörmann이다.

퍼부었다. 그는 자신의 책 『언어Die Sprache』에서 "말과 생각은 하나다"라고 선언했다. 보다 나은 이론과 보다 나은 사회로 가는 길은 언어의 정확성에 달려 있다고 외치며 그 자신이 최상의 문필가로서 타도의 대상을 우아한 경구로 꿰뚫었다. "정신분석가들은 우리의 꿈을 마치 호주머니에 있는 물건들처럼 끄집어낸다", "선동가의 비밀은 청중들만큼 바보처럼 보임으로써 청중들이 스스로 선동가만큼 현명하다고 믿도록 하는 데에 있다", "미와 심미가의 관계는 사랑과 외설작가 그리고 인생과 정치가의 관계와 같다"는 게 그 예들이다.

크라우스는 언어에 주목함으로써 사상에 대한 비판의 가장 중요한 수단으로 삼았는데, 이는 당시의 철학도들에게 자명한 진리처럼 친근하게 여겨졌다. 물론 크라우스를 철학자라고 부를 수는 없지만 빈의 철학자들, 따라서 실질적으로 전 세계의 철학자들에게 큰 영향을 끼친 것은 사실이다. 루트비히 비트겐슈타인도 그중 한 사람으로, 〈횃불〉의 고정 독자이기도 했다.

지적인 싸구려 겉치레는 진리뿐 아니라 도덕에 대한 모욕이기도 하다는 크라우스의 견해는 빈의 동시대인들에게 커다란 공감을 불러일으켰다. 도덕적 절박감이 지성적 및 예술적 질문에 깔려 들었고, 부족들에게 회개할 것을 촉구하는 히브리 예언가들의 간고한 목소리가, 예컨대 '명제의 유의미성 조건'과 같은 가장 무미건조한 추상적 주제들에 대한 논의들에까지도 파고들었다. 수치스런 아이디어, 격식 파괴, 어설픈 진리, 교묘히 꾸며진 비명제들은 도덕적 타락이라는 치명적인 오명을 뒤집어써야 했다. 과거를 탈피하고 "명징하게 사색하라"는 도덕적 명령이 울려 퍼졌던 것이다.

빈의 밀도 높은 문화적 기류는 상당 부분 공개적 흐름을 타고 이루어졌는데, 이는 빈의 많은 카페들에 놓인 작은 탁자들을 둘러싸고 많은 논의가 진행되었기 때문이다(한편으로 이는 빈의 냉랭한 주거 환경 때문이기도 하다. 빈의 집들은 난방이 열악하여 사람들이 다른 곳에서 많은 시간을 보내는 경향이 있었다). 문학자와 예술가들은 '박물관 카페Café Museum', '헤렌호프Herrenhof', '중앙 카페Café Central'와 같은 곳들을 좋아했는데, 예를 들어 페테르 알텐베르크Peter Altenberg는 이런 곳에서 밝은 색깔의 셔츠와 넓은 줄무늬의 바지를 입고 검은 리본에 다리가 없는 안경이 시적으로 매달린 차림의 인기 높았던 '시인'의 이미지를 아주 유쾌하게 표출하곤 했다. 한편 다른 테이블에서는 알반 베르크를 비롯한 몇몇 작곡가들이 음악적 조성(調性)의 고갈에 대해 논의하는 모습, 그리고 아돌프 로스가 전통적 건물의 지나친 치장에 대해 비판하는 모습이 눈에 띄곤 했다. 소설가 프란츠 베르펠Franz Werfel은 『바바라 또는 신앙심Barbara or Piety』이란 소설에서 카페의 '그늘진 영역'에 대해 썼다. 다른 소설가 알프레드 폴가Alfred Polgar는 '중앙 카페의 이론'이란 것을 내놓았는데, 이에 따르면 이 카페에 구축된 것은 진정한 세계관이지만 그 정수는 세계를 보지 않으려는 데에 있다. 여기의 단골손님들은 "대부분 사람들을 싫어하는 사람들이지만 바로 그 때문에 그만큼 동료들을 그리워하는 사람들, 곧 홀로 있고 싶은 사람들을 찾는 홀로 있고 싶은 사람들"이다.

괴델과 같은 수학자들을 위한 곳으로는 빈대학교에서 걸어서 3분밖에 걸리지 않는 아카지엔호프Akazienhof가 있고, 다른 곳으로는 아르카덴카페Arkadencafe, 라이히스라트Reichsrat, 샤텐토르Schattentor 등이 있었는데, 이곳들의 하얀 대리석 탁자면에는 수식을 적을 수 있었다. 카페들은 위치도 중요하지만 어떤 부류와 지위의 사람들을 유혹하는지, 내놓는 신문이나 잡지는 어떤 것들인지에 따라 차이가 있었고, 이에 따라 그에 어울리는 사람들이 모여들었다.

빈의 지적 생활은 카페 사회 외의 다양한 서클을 통해서도 이뤄졌는데, 이는 빈의 선도적인 지성인들을 중심으로 일주일 간격으로 모여 일정한 주제에 관해 대체로 진지한 논의를 나누는 토론 그룹이었다. 이 가운데 서로 중복이 되는 서클들도 많았으며, 어떤 것들은 대학과 관련을 맺기도 했다. 많은 서클들은 사회주의의 토론에 전념했고(막스 아들러Max Adler를 중심으로 한 것은 칸트에 집중했다), 정신분석의 여러 분파에서 활동하는 서클들도 많았다. 또한 철학적 논의를 위한 것들도 많았으며, 칸트뿐 아니라 당시 엄청난 영향을 끼치고 있었던 키르케고르Kierkegaard나 레프 톨스토이Lev Tolstoy에 대해서도 다루었다. 괴델에게 플라톤주의에 대한 신념을 심어 주었던 강의를 한 철학자 하인리히 곰페르츠는 철학사를 중심으로 한 토론 그룹을 이끌었다. 이처럼 빈의 지적 그림은 서클 사회에도 깊이 새겨져 있었다.

빈서클

수많은 서클들 가운데 철학자 모리츠 슐리크Moritz Schlick를 중심으로 한 것이 뚜렷이 두각을 드러냈다. 처음에는 당연히 '슐리크 서클'이라고 불렸지만 나중에 탁월한 명성을 얻게 됨에 따라 결국 전설적인 '빈서클'로 불리게 되었으며, '논리실증주의logical positivism'라는 유명한 사조가 대략 이 서클에서 활동한 사상가들로부터 유래했다. 이 그룹이 내린 개혁의 칙령에 따라 과학자, 사회학자, 심리학자, 인문학자들은 마음자세를 바꾸었고, 각자의 분야에서 제기된 의문을 새로 구성했으며, 그 효과는 오늘날 우리들에게까지 미치고 있다.

빈서클은 초청받은 사람들만 참석할 수 있었다. 저명한 철학자 칼 포퍼Karl Popper도 당시 이미 이름을 날리고 전도양양한 지식인으로 인정받았지만 안달이 나도록 기다리던 초청장이 오지 않아 빈에서 가장 유명한 이 서클에는 발을 들여놓지 못했다.

그런데 쿠르트 괴델은 학부시절에 이미 초청을 받았고 1926년부터 1928년까지 매주 정기적으로 이 모임에 참석했다. 흥미롭게도 1928년은 그가 수리논리학으로 방향을 바꾼 해이며, 결국 이 분야에서 그의 유명한 불완전성정리를 얻어 냈다. 이 점에서 볼 때 그가 더 이상 이 모임에 끌리지 않은 것도 놀랄 일은 아니다.

괴델이 논리실증주의자들과 어울렸다는 사실에 비추어 그 또한 그 부류의 한 사람이고 나아가 불완전성정리도 논리실증주의의 한 귀결일 것이라는 오해가 나왔다. 실제로 지금도 불완전성정리에는 실증주의의 위대한 성공 사례들 가운데 하나, 곧 수학에 적용된 실증주의 원리의 혁명적 결과라는 표지가 붙어 있기도 하다. 예를 들어 데이비드 에드몬즈David Edmonds와 존 에이디나우John Eidinow는 최근에 펴낸 그들의 책 『비트겐슈타인의 포커Wittgenstein's Poker』에 다음과 같이 썼다.

빈서클의 목소리는 지금도 여러 철학들의 연원에서 들을 수 있다. 1931년에 괴델은 수학의 논리적 기초를 건설하려는 모든 시도를 허물어뜨리는 정리를 발표했다. 그는 형식적 산술체계의 무모순성은 그 체계 안에서는 증명할 수 없음을 보였다. 괴델의 15쪽짜리 논문은 어떤 수학적 결론은 증명될 수 없다는 사실, 곧 수학이 어떤 공리들을 채용하든 증명될 수 없는 진리가 항상 존재한다는 사실을 증명했다.

이 글에서 괴델의 두 정리는 어찌어찌 하나의 정리처럼 혼합되었지만 내용 자체는 대체로 올바르게 기술되어 있다. 그러나 빈서클의 목소리가 괴델의 정리에도 울려 퍼진다는 말은 진실과 거리가 멀다. **괴델이 자신의 정리에서 들은 목소리는 플라톤주의의 것이었다.** 플라톤주의뿐 아니라 그 어떤 형이상학적 명제든 논리실증주의자들에게는 노골적인 저주와 같았다.

괴델은 빈서클에 들어가기 일 년 전인 1925년에 플라톤주의자가 되었으며, 실증주의자들의 반형이상학적 태도는 그에게 아무런 영향을 주지 못했다. 하지만 그들은 적어도 한참 동안 괴델이 그들 부류의 한 사람이란 사실을 전혀 알아차리지 못한 것으로 보이며, 괴델 자신이 거의 아무런 기색을 드러내지 않았던 것 같다. 그때는 물론이고 이후에도 언제나 괴델은 타고난 성격상 견해가 다른 사람과 얼굴을 맞대고 토론하지 못했다. 그의 두드러진 특징 가운데 하나라고는 할 수 없지만 논쟁에 휘말리기를 극도로 꺼린 탓에 그는 괴짜로 통하게 되었다. 괴델은 절대적으로 확실한 자신의 관점에 올라서지 않는 한, 다시 말해서 **증명**을 갖지 않는 한, 다른 사람의 관점에 맞서기를 거부했다. 실로 온 생애를 통해 그는 오직 수학적 증명만으로 하고픈 모든 말을 다 하고자 했다. 이처럼 자신의 강렬한 신념을 스스로 지나치게 억눌렀으므로, 수학 역사상 가장 논란 많은 정리가 그에게서 나온 것은 우연만은 아니라고 하겠다. 괴델은 자신의 정리를 통해 이야기하려는 것을 남들이 제대로 간파하지 못하는 것을 보고 낙담했다. 그는 죽을 때까지도 낙담했는데, 사람들이 여전히 그의 관점은 빈서클의 것과 일치한다고 여겼기 때문이었다.[5]

빈서클의 관점들은 무엇인가? 논리실증주의는 과학과 관련된 정밀성과 진보의 이름 아래 논의된 최초이자 가장 중요한 운동이었다. 이는 과학 분야에서 매우 잘 적용된 방법론의 정수를 추출하여 과학 자체를 오염시킨 신비적 모호성과 형이상학적 경향의 정화는 물론(실증주의자들에게 '형이상학적'이란 개념보다 더 치욕스런 것은 없다) 이와 비슷한 방식으로 다른 모든 지적 영역의 정화에도 적용할 길을 찾고자 했다. 한마디로 이는 지적 위생학을 정립하려는 계획이었다.

당시 빈 사람들의 관점에서 볼 때 수학, 철학, 과학, 사회학 등 여러 분야의 사색가들이 모인 이 그룹은 썩어 가는 구 사조의 유물들을 적절한 예우를 갖추되 서둘러 땅에 묻고 그것들 대신 경험과학들로부터 견고한 체계를 이끌어 내고자 하는 의도를 가진 것으로 여겨졌다. 논리실증주의는 빈서클의 사람들이 모였던 조그맣고도 황량한 방을 훨씬 벗어나 철학자, 철학적 소양을 지닌 과학자와 사회학자, 그리고 자신이 철학적 소양을 가진지도 모르는 사람들에게 이르기까지 수많은 사람들에게 깊이 침투하며 널리 퍼져 갔다. 그런데 논리실증주의자들은 여기에 어떤 특정의 철학적 경향이

---

[5] 1926년 장 콕토Jean Cocteau는 "시인의 가장 큰 비극은 오해 속에 추앙받는 것이다"라고 썼다. 논리학자의 경우, 특히 괴델처럼 섬세한 심리를 가진 사람의 경우 이는 더욱 큰 비극일 것이다.

없다는 사실을 큰 장점 가운데 하나로 보았다. 독자들에게 다소 충격적 역설로 들리겠지만 이는 모든 철학적 경향을 제거하려는 철학적 경향이었기 때문이다.

논리실증주의는 때로 '논리경험주의logical empiricism' 또는 '근본경험주의radical empiricism'라고도 불린다. 스코틀랜드의 철학자 데이비드 흄David Hume(1711~1776)의 관점에 따라 정립된 전통적 경험론은 지식의 한계를 찾고자 했다. 거기에는 한편으로 선험적 추론으로 대답해야 할 문제들도 있는데 흄에 따르면 이것들은 아무런 존재론적 의의를 갖지 않는다. 그것들은 단순히 개념적 진리로서 세상이 실제로 어떻게 되어 있는지에 대해서는 아무것도 말해 주지 않는다. 그것들은 다만 개념들 사이의 추상적 관계를 보여 줄 뿐이므로 흄은 '개념들의 관계'라고 불렀다. 예컨대 총각이 미혼자라는 말이 진리란 점은 유령이 육신과 분리된 영혼이란 말, 그리고 무지방 아이스크림에는 지방이 없다는 말이 진리란 점과 다를 게 없다. 이 예들은 그 대상들, 곧 총각과 유령과 무지방 아이스크림이 실제로 존재하든 하지 않든 진리이다. 하지만 다른 한편으로 단순한 개념적 서술을 떠나 세계의 본질을 묘사할 목적으로 제시되는 명제들이 있다. 이 명제들은 어떤 대상들이 존재하고, 그 성질은 어떠하며, 그것들 사이의 관계는 무엇인가에 대해 기술한다. 전통적 경험론에 따르면 세계의 본질에 관계되는 모든 명제는, 흄은 이를 '사실과 존재의 문제matters of fact and existence'라고 불렀는데, 오직 경험적 수단을 통해서만 참인지 거짓인지 가려진다. 따라서 여기서는 증거가 필수적이다. 순수이성은 우리에게 개념들의 연결 관계를 알려 줄 수는 있지만 개념들을 벗어난 세계의 실상에 대해서는 아무것도 말해 줄 수 없다. 이런 지식들을 얻기 위해서는 어떤 식으로든 세계와의 접촉이 필요하기 때문이다.

많은 사람들이 좋아하는 예인 신의 존재 문제를 생각해 보자. 신을 시간과 공간을 벗어난 초월적 존재라고 정의한다면 이에 대한 우리의 경험적 접촉 가능성은 심각하게 제한되고 만다(최소한 이런 경험은 시간적 경과와 함께 일어나야 한다). 많은 전통적 경험주의자들은 이와 같은 초경험적 신의 존재는 말 그대로 신성불가침적으로 인식불가능하다. 우리에게 주어진 인식 수단들은 어떻게 보든 본질적으로 이런 문제에 적합하지 못하기 때문이다. 따라서 우리의 경험을 초월한 신이 존재할 수도 있겠지만 결코 알아볼 수는 없다. 버트런드 러셀Bertrand Russell은 "진주로 아로새겨진 문 앞에서 전능의 신과 직접 대면하게 된다면 무엇을 묻겠는가?"라는 질문에 "오, 신이여, 왜 더 많은 증거를 보여 주지 않습니까?"라고 묻겠다고 비꼬듯 대답했다.

논리실증주의자들은 지식에 관한 경험주의자들의 이론을 의미에 관한 이론으로 탈바꿈시켰다. 이 새 이론에 따르면 어떤 특정 명제의 진실 여부를 밝히는 데에 쓰이는 경험적 수단들은 바로 명제의 의미를 제시하는 데에도 쓰일 수 있다. 이에 따라 의미에 관한 실증주의자들의 이론은 때로 '검증주의적 유의미성기준the verificationist criterion of meaningfulness'이라고 불리는데, 이를 근거로 경험적 인식가능성의 경계는 의미성의 경계를 규정하게 되었다. 만일 어떤 명제를 확증하는 것으로 볼 수 있는 경험 체계를 본질적으로 갖출 수 없다면 우리는 의미가 없어서 텅 빈 껍데기 명제를 갖고 있는 셈이며, 실증주의자들은 이런 것들을 '의사(擬似)명제pseudo-proposition'라고 불렀다.

　인식가능성의 한계와 유의미성의 한계가 하나이며 같다고 선언함으로써 실증주의자들은 신의 존재(또는 도덕적 가치나 추상적 관념들의 존재)와 같은 말썽 많은 문제들의 경우, 우리가 이런 문제들에 대한 대답을 내놓지 못한다고 해서 곧 우리의 인식능력이 부적합하다고 볼 수는 없고, 오히려 이런 문제들이 아예 제기되어서는 안 된다는 점을 보여 주는 신호로 여겨야 한다고 주장했다. 다시 말해서 응답불능성은 언어가 잘못 쓰였다는 신호로 여겨야 한다. 만일 신(또는 도덕적 가치 또는 보편적 관념 또는 수)이 그(또는 그것들)의 존재에 관한 의문들에 대해 아무런 경험적 데이터가 결부될 수 없도록 정의되었다면 이 의문들은 바로 이 점 때문에 무의미하며, 그 어떤 것도 진정한 답이 될 수 없다. 단순한 추정적 답들, 예를 들어 그렇지, 신은 존재하고말고! 또는 아니야, 신은 없어! 같은 문장들은 모두 명제인 척하는 것들일 뿐이다. 정당하게 말해질 수 있는 것들은 분명히 말해질 수 있어야 하며, 유의미성의 조건은 그것에 대한 검증가능성의 조건과 하나이며 같다(물론 유의미한 명제라고 모두 참이라는 것은 아니며, 다만 이런 명제에 대해 그것이 참 또는 거짓임을 보여 주는 경험적 체계들이 존재한다는 뜻일 뿐이다). 비유하자면 검증주의적 의미기준으로 얻어진 정밀성은 실증주의자들의 기도와 같다.

　지식에 관한 경험주의의 이론이 의미에 관한 실증주의의 이론으로 전환되었다는 것은 저주스런 '무의미한'이란 용어가 과거에 지식으로 통용되었던 많은 유물들에 부착된다는 사실을 뜻한다. 이 한 용어로 세상에는 일찍이 보지 못한 인식론적 위생 상태에 이르려는 계획이 수립되었다. 1924

년부터 1930년까지 계속된 빈서클의 활동은 모리츠 슐리크가 제자였던 정신병자에게 살해되는 비극을 맞음으로써 막을 내렸다.[6] 그러나 빈에서 시작된 이 파도는 오늘날까지 자연과학과 사회과학의 많은 교재 중 철학적 입문에 해당하는 장(章)들에서 힘차게 물결칠 정도로 큰 영향을 미치고 있다(이런 장들에 나오는 "경험적으로 대답할 수 없으므로 무의미한 질문"과 같은 문구들이 이를 잘 보여 준다. 예컨대 심리학의 경우 20세기의 수십 년을 주도한 행동주의behaviorism학파는 자극과 반응이라는 관찰의 대상으로 환원될 수 없는 모든 심리학적 관념은 무의미하다는 주장을 자주했다).

빈서클의 주역들

모리츠 슐리크는 빈서클의 가장 역동적이고 혁신적인 사색가라고 할 수는 없겠지만 성실한 실증주의자이면서 뛰어난 조직력의 소유자로서 빈서클을 성공적으로 이끄는 데에 핵심적 역할을 했다. 철학자 루돌프 카르납 Rudolf Carnap(1891~1970)은 "빈서클의 즐거운 분위기는 무엇보다 한없는 겸

---

[6] 그 제자의 이름은 요한(또는 한스) 넬뵈크Johann (or Hans) Nelböck인데, 슐리크를 협박했다는 이유로 이미 두 번이나 정신병원의 감호를 받았었다. 넬뵈크는 영향력 있는 이 철학자가 자기의 애정문제뿐 아니라 구직문제에도 책임이 있다는 망상에 사로잡혔다. 그는 슐리크가 빈 대학교 주 건물의 중앙계단을 통해 강의를 하려고 바삐 가는 도중에 총을 쏘았는데, 그 자리에는 현재 황동제의 비명(碑銘)이 새겨져 있다. 흥미롭게도 1930년대에 상당한 세력을 구축한 빈의 나치는 이 정신병자의 살해를 자신들의 주의에 따른 인종청소 전쟁의 한 승리라고 치켜세웠다. 당시 신문들은 슐리크를 이에 항거하는 독일인으로 유태계의 무신론자라고 보도했다. 그런데 그가 무신론자임은 사실이지만, 유태계와는 아무 관련이 없는 프러시아의 작은 귀족 집안 출신이었다.

양과 인내와 다정함을 갖춘 슐리크의 인격 덕분이었다"라고 말했다. 독일의 위대한 과학자 막스 플랑크Max Planck(1858~1947) 밑에서 물리학을 공부한 그는 1922년 빈대학교의 영예로운 귀납과학철학 석좌교수로 초빙되어 왔는데, 이는 에른스트 마흐Ernst Mach(1838~1916)와 탁월한 물리학자 루트비히 볼츠만Ludwig Boltzmann(1844~1906)이 역임했던 자리였다(마흐는 볼츠만의 분자가설을 반대하였고, 이는 볼츠만의 전공 경력에 타격을 주었음은 물론 개인적 비극의 한 원인이 되었다[7]).

슐리크는 빈의 다양한 대화의 흐름에 쉽게 동조했고, 얼마 가지 않아 대학 안에서 여러 분야에 걸쳐 마음이 통하는 사색가들의 마음을 끌게 되었다. 처음에 그들은 빈의 오래된 카페에서 모였다. 하지만 차츰 참여하는 사람이 늘어남에 따라 1924년에는 모임을 약간 정식화하여 대학의 한 방에서 모이기로 했다.

빈서클의 구성원 모두(또는 거의 모두)가 실증주의적 관점을 가졌고, 모두(심지어 은밀한 플라톤주의자까지도) 정확한 과학에 관련되거나 깊이 공감하고 있었지만, 그들의 흥미와 성격과 견해는 역시 다양했다. 예를 들어 루돌프 카르납의 경우 독일의 예나Jena에서 물리학과 수학을 공부하는 동안 논리학자 고틀로프 프레게Gottlob Frege(1848~1925)의 영향을 받았다. 카르납은 특히 형식논리적 문제와 기법에 흥미를 느꼈는 바, 모든 의문들이 곧장 형식논리적인 것들로 환원된다는 것을 보았더라면 참으로 행복했을

---

[7] 볼츠만은 엄청나게 많은 분자들의 행동을 통계학적으로 분석하여 열역학의 법칙을 이끌어 내는 데에 성공했다. 하지만 유력한 지위에 있던 마흐는 실증주의적 관점에서 분자의 실재성에 대해 의구심을 표하면서 볼츠만의 업적을 깎아내렸다. 볼츠만은 나중에 자살했는데, 이와 같은 전공 경력에서의 절망도 부분적 원인이었던 것으로 보인다.

것이다(물론 이렇게 환원되지 않는 것들은 무의미한 것으로 치부되었다). 사람들은 그의 얼굴에서, 특히 젊은 시절에는, 성실함과 정직함이 뿜어져 나오는 듯하다고 말했다. 끊임없이 공부하고 연구하는 카르납의 지적 진지함은 동료 실증주의자들에게 감명을 주었다. 토론 도중 뭔가 새롭거나 더 알아보고 싶은 것이 떠오르면 바로 작은 노트를 꺼내 몇 마디를 적어 넣었다. 그는 글을 아주 잘 썼으며, 이 때문에 얼마 가지 않아 빈서클의 아이디어에 대한 선도적 해설가가 되었다.

오토 노이라트Otto Neurath는 사회학자이자 경제학자였는데, 큰 코끼리 같은 몸집에 어울리는 엄청난 에너지와 능력을 발휘하여 인생을 즐겼다(그는 편지에 코끼리 그림으로 서명했다). 카르납과 노이라트는 성격상으로는 내향성과 외향성으로 달랐지만 정치적 이상주의를 추구한다는 점에서는 같았으며, 특히 노이라트는 이 서클을 정치적 방향으로 몰아가려고 했다. 이에 따라, 아마도 의도적이지는 않았겠지만, 이 서클의 정치적 성향은 실제보다 더 균일하게 되기도 했다. 슐리크는 특히 이 점을 못마땅해 했는데, 빈에서는 이 모임이 그의 이름을 따서 '슐리크서클'이라고 불렸기 때문이었다.

노이라트와 카르납은 이 모임이 다른 문화적 운동들과도 밀접하게 관련되어 있다고 느꼈고, 이는 그 관점들 사이의 유사성과 산업적 디자인의 영감에서 나온 바우하우스Bauhaus의 이데올로기를 논의하는 과정에서 더욱 그랬다. 이 두 가지는 모두 과학의 승인을 받은 '사실적 경향성'의 표현이었다. 한편 당시 독일에는 과학철학자 한스 라이헨바흐Hans Reichenbach를 중심으로 한 '베를린그룹'이 있었는데, 그들의 사조 또한 슐리크서클과 거의 같았다.

노이라트의 누이로 앞을 못 보는 흡연가인 올가 노이라트Olga Neurath도 활동적인 멤버였다. 그녀는 수학자였지만 관심의 폭이 넓어 논리학에도 손을 뻗쳤다. 젊은 시절 그녀는 세 개의 논문을 발표했고 그중 하나는 집합의 연산에 관한 것이었는데, 클래런스 루이스Clarence I. Lewis는 그의 책 『기호논리학 개관Survey of Symbolic Logic』에서 이를 "기호논리학에 관한 가장 중요한 기여의 하나"라고 평가했다.

올가 노이라트는 슐리크를 빈으로 오도록 하는 책임을 떠맡고 나중에 빈 서클의 중요한 멤버가 된 한스 한Hans Hahn과 결혼했다(지은이의 오류이다. 올가 노이라트는 한스 한의 누이로 오토 노이라트의 아내가 되었다: 옮긴이). 한은 최고 수준의 수학자로서 그의 이름은 함수해석학에 나오는 '한-바나흐확장정리Hahn-Banach extension theorem'라는 유용한 정리에서 특히 두드러진다. 한의 수학적 흥미의 범위는 넓었으며 나중에는 결국 논리학에도 흥미를 갖게 되었는데, 빈서클의 관심 전면에 독일인 고틀로프 프레게와 영국인 버트런드 러셀의 수리논리학 업적을 내세운 것도 바로 그였다. 그는 러셀에 대해 무한한 경의를 품었다. 그리하여 빈서클이 러셀의 기념비적 업적인 세 권으로 된 『수학의 원리Principia Mathematica』를 읽는 데에 어려움을 겪자 1924년에서 1925학년도 동안 자신의 세미나를 통해 그 모두를 설명했다.

한스 한은 우리의 이야기에서 특히 흥미로운데, 왜냐하면 괴델이 수론에서 수리논리학으로 전환할 때 그가 논문 지도교수였기 때문이다. 한은 집합론에서 몇 가지 중요한 업적을 이루기는 했지만 주 분야는 논리학이 아니었다. 그러나 그의 수학적 관심은 충분히 유연하여 괴델의 새로운 흥미를 수용하기에 부족함이 없었다. 괴델은 1925년에서 1926년 사이의 언젠가 한과 처음 만났는데, 후일 하오 왕에게 한은 최고 수준의 교수로서 모든 것을 아주 상세히 설명했다고 말했다.

한의 지적 흥미는 수학 자체를 훨씬 벗어나기도 했으며, 그중 하나는 당시 빈에서 뜨거운 관심사였던 초심리학적 현상의 경험적 증거에 대한 것이었다. 전쟁이 끝난 뒤 빈에는 좋은 평판을 누리는 많은 무당들이 나타났고 마침내 그들의 주장을 조사하기 위한 위원회가 조직되었다. 여기에는 슐리크와 한 그리고 과학적 성향을 가진 사색가들이 포함되었는데, 그 주장들의 정당성 여부는 빈서클 안에서 많은 분쟁의 씨앗이 되었다. 한은 그 신봉자는 아니었지만 열린 마음을 견지했으며, 이 때문에 다른 사람들의 분노를 살 정도였다. 예를 들어 오토 노이라트는 언젠가 특유의 다혈질적 기질을 드러내면서 "도대체 누가 이 문제를 조사하는가?"라고 물었으며, 스스로 제기한 이 의문에 자신이 좋아하는 사회학적 용어로 다음과 같이 대답했다. "썩어 빠지고 무비판적인 귀족관료들과 한과 같은 몇 사람의 초비판적인 지성인들이다. 이런 종류의 연구는 초자연력에 대한 믿음을 조장하고 반동적 그룹을 도와주게 될 뿐이다."

이밖에 슐리크의 두 학생, 프리드리히 바이스만Frederick Waismann과 헤르베르트 파이글Herbert Feigl은 슐리크가 '애호하는 학생들'로서 이 서클에 참여하도록 초청받았다. 한도 그가 데리고 있는 학생들 가운데 가장 뛰어난 학생 둘을 슐리크서클의 선별된 멤버로 참여하도록 초청했는데, 이들은 바로 카를 멩거Karl Menger와 쿠르트 괴델이었다.

재선포: 인간은 만물의 척도

1929년 슐리크는 고국 독일에서 제의해 온 영예롭고도 고액의 연봉이 딸린 교수직을 뿌리쳤다. 그런데 이때 빈서클의 한 멤버가 슐리크를 기려 그와 슐리크의 공통의 관점에 따른 신념과 목표를 펼친 작은 책자를 발간하고자 했다. 그 결과물은 일종의 '실증주의자 선언'이라고 할 수 있는데 그 제목은 『과학적 세계관: 빈서클Wissenschaftliche Weltauffassung: Der Wiener Kreis』 (영어로는 『The Scientific Worldview: The Vienna Circle』)로 붙여졌다. 이 책에는 "인간은 모든 것에 다가설 수 있으며, 만물의 척도이다"라는 선포가 담겨져 있다. 이는 고대 소피스트들의 말을 간추려서 다시 언급한 것인데, 이번에는 과학적 풍미가 곁들여졌을 뿐이다. 이에 따르면 어떤 질문이든지, 경험적 과정, 곧 측정의 대상이 되지 못하면 질문이라고 할 수조차 없다. 인식가능성의 한계는 의미의 한계와 같으므로 유의미한 것들은 이해의 범주를 벗어날 수 없다. 따라서 우리는 인식론적으로 완전하다.

몇 년 뒤, 미국으로 건너가 저명한 과학철학자가 된 헤르베르트 파이글은 〈미국철학지American Journal of Philosophy〉에 「논리실증주의: 유럽철학의 새 경향」이라는 공동논문을 실었는데, 나중에 파이글은 "이 논문은 우리의 철학 운동에 국제적으로 통용될 이름을 붙여 주었다"라고 썼다.

'실증주의'라는 용어는 오래 전부터 사용되어 왔으며, 언제나 유의미성의 기준에 대한 과학적 자세를 지지하는 관점으로 여겨졌다. 이는 맨 처음 오귀스트 콩트Auguste Comte(1798~1857)와 허버트 스펜서Herbert Spencer(1820~1903)의 견해에 적용되었다. 빈의 물리학자 에른스트 마흐는 실증주의의 이름 아래 모든 유의미한 명제는 감각인상요소 constructs of sense impressions 로 환원되어야 한다는 요구를 제시하여 콩트와 스펜서의 실증주의를 더욱 구체화했다. 마흐의 저서 『감각의 분석 Die Analyse der Empfindungen』(1885)(영어로는 『Contributions to the Analysis of Sensation』)의 머리글은 '반형이상학'이라는 부제가 붙여져 있는데, 그의 실증주의는 그로 하여금 원자의 실재성과 아인슈타인의 상대성이론을 모두 부정하게끔 했다. 슐리크의 실증주의자들은 마흐가 그들의 앞길을 밝혀 주는 등불들의 하나로 여겼기에 상대성이론을 다시 수용할 수 있을 정도로 마흐의 비난을 완화하게 된 것도 그들의 영감 덕분이라고 보았다(하지만 실증주의자들은 여전히 아인슈타인이 자신의 이론에 대해 품은 실재론은 무시했다. 오히려 실증주의자들은 광속을 이용하여 이룩한 '사건의 동시성'에 대한 아인슈타인의 재정의에 내포된 상대성으로부터 그들의 영감을 이끌어 냈다).

파이글의 설명에 따르면 '논리실증주의'의 앞에 붙은 '논리'는 빈의 실증주의자들이 (스스로 포함시킨 수학적 명제를 비롯한) 논리적 명제를 경험적 명제와 무의미한 명제라는 배타적 구도에서 제외했다는 점을 강조하는 것이다.

(현실적 형상을 다루는 기하학이나 다른 사실적 과학들을 제외한) 순수수학의 진리들은 분명 **선험적**이다. 이것들이 선험적인 이유는 …… 수학의 명제들에 내포된 개념들의 의미 자체에 타당성의 근거를 두고 있기 때문이다. 예를 들어 빈서클은 산술의 법칙들을 수의 개념에 대한 정의에 기초를 둔 필연적 진리로 보며, 따라서 이것들은 논리학에서의 항진명제(恒眞命題)tautology, 곧 "일어날 일은 일어난다", "날씨

는 그대로거나 변하거나 둘 중 하나이다", "케이크를 동시에 먹기도 하고 먹지 않기도 할 수는 없다"는 명제들과 다를 게 없다.

다시 말해서 논리실증주의자들은 논리학과 마찬가지로 수학에는 서술적 내용descriptive content이 없다고 믿었다. 수학적 명제는 정확히 항진명제가 아니라도 그와 비슷하다(항진명제도 아니고 아닌 것도 아닌 것이 무엇인지를 밝히기는 어렵지만 이 단계에서는 굳이 신경 쓸 필요가 없다). 이 관점을 다시 한 번 더 바꿔 말하면 "수학은 단순히 구문론적syntactic이다"라고 할 수 있다. 이런 경우 그 진리는 형식체계의 규칙들로부터 유도되며, 여기에는 세 종류가 있다. 첫째는 그 체계의 기호(말하자면 '알파벳')가 무엇인지를 정하는 규칙이고, 둘째는 이 기호들을 어떻게 연결하면 정형식(定型式)well-formed formula이 되는지를 정하는 규칙이며(정형식은 대개 'wff'로 줄여 쓰고 '우프woof'로 읽는다), 셋째는 어떤 정형식으로부터 어떤 정형식이 유도될 수 있는지를 규정하는 추론규칙rules of inference이다.

"수학은 구문론적이다"라는 표현이 무슨 뜻인지를 파악하는 데에는 실증주의와 플라톤주의를 비교하는 게 도움이 된다('구문론'이란 개념은 다음 장에서 더 자세히 살펴본다). 수학이 구문론적이라고 믿는 사람들에게 "…이 참이다"라는 말은 이것이 초수학적 명제에 적용되었을 때 특별한 의미를 가진 것으로 드러난다. 초수학적 명제는 형식체계의 구문론, 곧 정해진 규칙에 따라 참 또는 거짓으로 밝혀진다. 이에 비하여 프로타고라스와 같은 도덕적 상대론자들은 "…이 참이다"라는 말이 어떤 도덕적 명제에 적용될 경우 이는 "x에 대해 참이다"라는 말을 줄여서 쓴 것으로 본다. 여기서 x는 어떤 한 사람일 수도 있지만 일반적으로는 도덕적 견해가 같은 사람들의 집단을 가리킨다. 따라서 도덕적 진리는 어떤 사회에서 규정된 규칙에 대해서만 참이다. 오늘날의 학문적 용어로는 이런 진리들을 '사회요소social constructs'라고 부르는데, 이런 관점에 따라 수학적 진리들은 '형식요소formal constructs'라고 부른다.

반대로 수학적 플라톤주의자들은 '참'이란 말을 초수학적 명제에 대해서도 사용한다. 그 용법은 "x에 대해서"라는 것의 축약어로서가 아니라 우리가 어떤 일의 현재 상태를 표현할 때 쓰는 것과 똑같은 일반적 용법이다. 플라톤주의자들에게 수학적 진리는 다른 영역들에서 두루 통용되는 진리와 같은 종류로 여겨진다. 명제 p는 오직 p일 때만 참이며, "산타클로스가 존재한다"는 말은 오직 산타클로스가 존재할 때만 참이다. 따라서 "2보다 큰 모든 짝수는 어떤 두 소수의 합이다"는 명제는, 설령 우리가 결코 이를 증명하지 못할지라도[8], 두 소수의 합으로 표현되지 않는 2보다 큰 짝수가 없을 때에만 참이다.

이와 같은 수학의 구문론적 본질, 곧 '서술적 내용의 결여'라는 특성은

---

[8] 프로이센의 수학자 크리스티안 골드바흐Christian Goldbach(1690~1764)는 "2보다 큰 모든 짝수는 두 소수의 합으로 나타낼 수 있다"라고 추측했다(소수는 1과 그 자신으로만 나누어지는 2 이상의 자연수를 말한다). 4=2+2, 6=3+3, 8=5+3, ⋯ 등이 그 예이다. 골드바흐의 추측Goldbach's conjecture은 지금껏 점검된 모든 짝수에 대해서 빠짐없이 성립하는 것으로 밝혀졌다. 그러나 과연 정말로 2보다 큰 모든 짝수에서 성립하는지에 대한 정식 증명은 아직 없다. 골드바흐의 추측이 증명되지 않은 상태로 남아 있다는 사실은 (적어도 플라톤주의에 따르면) 수학자들이 점검한 영역을 벗어난 저 너머 어딘가에 반례, 곧 두 소수의 합으로 표현되지 않는 짝수가 존재할 수도 있다는 점을 뜻한다. 하지만 (다시 플라톤주의에 따르면) 골드바흐의 추측이 옳다는 증명이 없다 하더라도 반례가 없을 수도 있다. 요컨대 플라톤주의자들은 우리가 증명을 가졌는지의 여부에 상관없이 반례는 존재하거나 존재하지 않거나의 둘 가운데 하나이다.

바로 '논리실증주의'라는 이름 속에 담겨져 있다. 괴델은 열정적인 플라톤주의자가 되었지만 실증주의자들 속에서 단 한마디도 반대 의견을 내놓지 않았다.

빈서클의 모임은 볼츠만로(路)Boltzmanngasse의 수학과 물리학 연구소들이 들어선 건물 지하의 다소 음침한 방에서 열렸다(지금은 기상학연구소로 쓰이고 있다). 그 방에는 칠판을 마주하고 긴 테이블과 여러 줄의 의자가 놓여 있으며, 실증주의자들의 모임 이외에 독서실이나 강의실로도 사용되었다. 목요일 저녁의 모임에 처음 나타난 사람은 칠판 가까이의 책상과 의자를 밀어냈는데, 대부분의 참석자가 이 공간을 사용했기 때문이었다. 그런 다음 의자들을 칠판 앞에 반원 형태로 배치하고, 긴 테이블을 방의 뒤쪽에 놓아 필기를 하거나 담배를 피우는 사람들이 이용하도록 했다. 사람들은 모여들면 끼리끼리 선 채로 이야기를 나누면서 슐리크의 신호, 곧 날카로운 손뼉 소리가 나기를 기다렸다. 신호가 울려 퍼지면 모든 사람은 대화를 멈추고 자리에 앉는데, 슐리크는 칠판에 가장 가까운 테이블의 끝자리에 앉았다. 슐리크는 그날의 토론이나 읽을 논문의 주제를 알려 주었으며, 때로는 동료들이 전해 주는 공지사항을 먼저 발표하기도 한 다음, 정식 토론을 시작했다.

한 번 모임에는 대개 20명 이하의 멤버들이 참석했다. 가끔씩 외부 사람들도 참관했는데, 주요 예를 들면 다음과 같다. 존 폰 노이만은(다양한 천재적 능력들 가운데 부다페스트나 프린스턴을 포함하여 지구상에서 아주 멀리 떨어진 장소에서 동시에 거주하며 지내는 능력도 있었는데) 언제나 빈 주변에만 오면 기꺼이 이 모임을 빛내 주곤 했다. 미국의 젊은 윌러드 반

오먼 콰인Willard van Orman Quine은 하버드대학교에 있으면서 영미계의 분석철학을 수십 년 동안 주도했다. 독일의 카를 헴펠Carl Hempel은 여러 주목할 점들 가운데서도 나의 대학원 시절 첫해의 지도교수였다는 점을 언급하고 싶다. 폴란드의 위대한 논리학자 알프레드 타르스키Alfred Tarski(본래 이름은 Teitelbaum)와 영국의 철학자 알프레드 쥴스 아이어Alfred Jules Ayer도 슐리크의 그룹과 시간을 함께 보냈다. 아이어는 빈에서 몇 달 동안 지내면서 이들의 이론들을 흡수했으며, 이를 바탕으로 영국으로 돌아간 뒤 큰 논쟁거리가 된 『언어와 진리와 논리Language, Truth, and Logic』란 책을 펴내 빈 실증주의자들의 아이디어들을 영어권 세계에 옮겨 심는 데에 큰 역할을 했다.

우리는 감각경험sense experience의 한계를 넘어서는 '실체reality'를 가리키는 어떤 명제도 말 그대로의 의미를 갖지 못한다는 관점을 견지할 것이다. 따라서 우리는 이로부터 그런 실체를 묘사하려고 애썼던 모든 노력은 오직 난센스밖에 창출해 내지 못했다는 결론을 얻을 수 있다.

그런데 빈서클과 관련하여 가장 많은 영향력을 발휘한 사람은 놀랍게도 그 멤버가 아니었으며, 나아가 그는 줄곧 완강하게 멤버가 되기를 거부했다. 철학자 루트비히 비트겐슈타인이 바로 그 사람인데, 그는 적어도 앞으로 내가 제시하고자 하는 해석에 따르면, 괴델의 불완전성정리와 관련하여, 비록 모호하기는 하지만, 중요한 역할을 한다. 빈서클의 멤버들에 대해서는 거의 신비로울 정도의 영향력을 미친 비트겐슈타인이었지만 수학의 근본에 대해 처음으로 엄밀한 탐구를 하게 된 젊은 논리학자 쿠르트 괴델과 같은 성격의 사람의 눈에는 매우 미심쩍게 비쳤을 게 분명하다. 아직껏 공개된 적이 없지만, 빈서클이 해체된 지 수십 년이 지나 죽기 불과 몇 해 전에 남긴 노트들에도 괴델은 이 철학자에 대해 그때까지도 마음속 깊이 끓어오르는 분개심을 쏟아 놓았다.

수학의 기초에 대한 괴델과 비트겐슈타인의 견해는, 앞으로 보게 되겠지만, 서로 충돌하며, 따라서 이 두 사람은 상대방 주장의 가장 핵심적인 사항을 부정하지 않을 수 없다. 나는 이 두 사람의 견해가 서로의 초수학에 심한 고통을 주는 깊이 박힌 가시들과 같다고 믿는다.

비트겐슈타인과 빈서클

비트겐슈타인은 빈의 가장 부유하고도 문화적으로 엘리트 계층에 속하는 집안에서 태어났다. 이 집안은 독일의 크룹Krupp, 미국의 카네기Carnegie, 유태계의 로스차일드Rothschild 가문의 오스트리아판이라고 할 수 있는데, 알레거리Alleegasse에 있는 호화로운 저택에서는 브람스Brahms, 말러Mahler, 클라라 슈만Clara Schumann, 브루노 발터Bruno Walter 등의 연주회가 열릴 정도였다.[9] 비트겐슈타인의 열정과 관심사와 야망과 갈등은 빈이라는 열정적이고 다채롭고 야심적이고 투쟁적인 도시에서 얻은 민감성으로부터 씻을

---

[9] 비트겐슈타인의 집안은 매우 음악적이었다. 비트겐슈타인의 형 파울Paul은 피아니스트였는데 제1차 세계대전에서 오른팔을 잃었다. 하지만 그는 연습을 통해 왼손만으로도 연주자의 경력을 유지할 정도의 경지에 도달했다. 라벨Ravel의 유명한 〈왼손을 위한 콘체르토Concerto for the Left Hand〉는 파울 비트겐슈타인을 위해 작곡한 것이었다.

수 없는 깊은 영향을 받았다. 그는 베를린공대에 다닐 때 러셀의 역설Russell's paradox을 알게 되었고, 이를 계기로 수학의 기초에 대해 흥미를 느끼게 되었다.

러셀의 유명한 역설은 "이 문장은 거짓이다"라는 거짓말쟁이역설과 같이 자기언급적 역설의 일종이다. 우리는 문장의 어떤 요소가 그 자신을 가리킬 때 문제가 발생함을 보았는데, 이처럼 자기언급에 관련된 논리에 따라 어떤 명제는 참이면서도 거짓이 되는 경우, 논리적으로 불가능한 경우가 초래된다.

러셀의 역설은 자신이 자신의 원소가 아닌 모든 집합과 관련된다. 집합은 원소를 가진 추상적 대상으로 어떤 집합은 자신의 원소가 될 수 있다. 예를 들어 모든 추상적 대상의 집합은 다시 어떤 추상적 대상이므로 자신의 원소이다. 그러나 어떤 (대부분의) 집합들은 자신의 원소가 아니다. 예를 들어 모든 수학자들의 집합은 추상적 대상일 뿐 수학자가 아니므로 그 자신의 원소가 아니다. 기본적 준비가 되었으므로 이제 '자신의 원소가 아닌 모든 집합들의 집합'이란 것을 생각해 보자. 과연 이 집합은 자신의 원소일까? 우선 그 답은, 거짓말쟁이역설에서도 그랬듯, 참(예) 아니면 거짓(아니요)이어야 한다. 만일 이 집합이 자신의 원소라면 이것은 자신의 원소가 아닌 집합이므로 자신의 원소가 될 수 없다. 왜냐하면 이 집합은 자신의 원소가 아닌 집합들만 담고 있기 때문이다. 그렇다면 이 집합은 자신의 원소가 아니라고 보면 어떨까? 이 경우 이 집합은 자신의 원소가 아니므로 스스로 자신의 원소가 되어야 한다. 왜냐하면 이 집합은 자신의 원소가 아닌 집합들을 모두 담고 있기 때문이다. 따라서 이 집합은 자신의 원소이기도 하고 아니기도 하다. 요컨대 모순이다.

역설들은 때로 인간 사색의 가장 깊은 곳에 숨어 있는 것으로 밝혀진다. 그리하여 그 존재는 (마치 죽어 가는 카나리아처럼?) 우리가 가끔씩 의식하지 못한 채 깊고도 말썽 많은 곳, 다시 말해서 근본적 균열에 맞닥뜨리고 있다는 사실을 가르쳐 준다. 러셀의 역설은 수학의 근본에 대해 파탄적인 귀결을 암시하고 있었으며, 특히 고틀로프 프레게라는 개인에게는 더욱 그랬다. 프레게는 이 역설이 발견될 즈음, 그의 기념비적인 두 권짜리 저서 『산술의 원리Grundgesetze der Arithmetic』를 이제 막 끝낸 상태였는데, 이 책은 산술을 형식논리체계로 환원시키려는 첫 시도였다. 프레게가 채용한 논리는 집합론도 포함하며, 이는 논리학의 용어로 말한다면, 집합은 명제우주 universe of discourse 안에 개체들로 포함되어 있고 이 우주 위에 그 체계의 속박변수bound variable들이 투영된다는 뜻이다. 다시 말해서 이는 이 체계가 집합에 대해 말하고 있다는 뜻이다. 그러면 수는 집합론적으로 정의되고, 산술의 법칙들은 논리 규칙과 집합론의 공리들로부터 유도된다.

프레게의 집합론 공리는 자신의 원소가 아닌 모든 집합의 집합이 만들어지는 것을 허용한다. 그러나 위에서 보았듯 이런 집합은 자신의 원소이기도 하고 아니기도 해서 모순이므로 프레게의 체계는 근본적 결함을 품고 있다. 이 체계는 산술적 진리들을 표현하는 데에 적합하기는 하지만 자체적으로 모순을 안고 있기 때문에 형식체계로서는 최악의 것이다. 모순된 체

---

10) 모순체계에서는 모든 게 증명가능이란 점은 다음을 통해 이해할 수 있다. '긍정법modus ponens'이라 부르는 추론규칙에 따르면 "p이면 q이다"(p와 q는 임의의 명제)라는 조건명제와 조건 p가 있으면 q를 이끌어 낼 수 있다. "p이면 q이다"라는 형태의 합성 명제는 p가 참이고 q가 거짓이면 거짓이며, 그 밖의 경우들은 모두 참이다. 따라서 만일 p가 모순이면, "p이면 q이

계에서는 모든 명제가 증명 가능한데, 거꾸로 이는 아무것도 증명되지 않는다는 것과 같다.[10] 따라서 모순된 체계는 실질적으로 아무 쓸모가 없는 증명 수단이다.

러셀은 동료 알프레드 노스 화이트헤드 Alfred North Whitehead 와 함께 산술적 진리들을 표현하기 위한 새로운 체계를 고안하고 그들의 공저『수학의 원리 Principia Mathematica』에 이를 실었다(이는 괴델이 제1불완전성정리를 발표한 1931년 논문의 제목에 나오는 바로 그 책이다). 하지만 이때 무모순성을 보장하기 위하여 집합의 형성을 지배하는 규칙으로 러셀과 화이트헤드가 제시한 것은 한마디로 임시방편이었다. 그들이 내세운 계형이론(階型理論)Theory of Types에 따르면 명제우주에는 위계질서가 있다. 먼저 기본적 개체들이 제1형을 구성하며, 따라서 제1형은 개체들의 집합이다. 이어서 제2형은 집합의 집합이며, 제3형은 집합의 집합의 집합이고, 제4형 이상에서 이런 식의 계층 구조는 계속 이어진다. 이런 구조에서 어떤 대상은 오직 그것보다 상위형의 원소가 될 수 있을 뿐이며, 따라서 어떤 집합이 자신의 원소인가 아닌가 하는 문제는 애초부터 제기되지 않는다. 『수학의 원리』는 이처럼 어떤 집합이 자신의 원소가 되는 것을 부정함으로써 모순을 낳는 집합의 형성을 금지하고 있다. 러셀과 화이트헤드는 이와 같은 자신들의 이론을 '계형이론'이라고 부르기는 했지만, 그들 스스로 비통하게 인정했듯, 이 규칙의 배경에 대해서는 그 어떤 진정한 이론도 제시하지 못했다.

다"라는 명제는 q가 무엇이든 상관없이 참이다. 요컨대, 모순인 전제 p를 앞세울 경우 우리는 이로부터 어떤 결론이든 이끌어 낼 수 있다.

11) 역설을 낳는 또 다른 집합으로는 '보편집합 universal set'이라 부르는 집합, 곧 '모든 집합의 집합'이란 게 있다. 독일 수학자 게오르크 칸토어 Georg Cantor(1845~1918)는 멱집합(冪集

다시 말해서 왜 어떤 집합의 형성은 인정하고 어떤 집합의 형성은 부정해야 하는지에 대해서는 아무런 설명도 없이,[11] 그저 이렇게 하지 않으면 바라지 않은 나쁜 일이 일어난다고만 말할 따름이었다. 그들의 체계는 논리적 필연이 아니라 절대의 명령으로 모순의 발생을 억제했던 것이다.

러셀과 화이트헤드가 논리학자에게 던진 도전과제로부터 모순된 집합의 형성을 금지하는 임기응변의 해결책을 내놓은 일을 본 비트겐슈타인은 항공공학을 전공하던 중 이 분야에 이끌리게 되었다. 위대한 러셀 경(卿)을 괴롭힌 문제라면 분명 생각해 볼만한 가치가 있을 것이라고 여긴 비트겐슈타인은 케임브리지로 건너갔으며, 그곳에서 가장 저명한 철학자, 수학자, 정치운동가인 이 귀족에게 곧바로 자신의 존재를 알렸다.[12]

처음에 러셀은 새로 온 학생의 기이한 열정에 경계의 눈초리를 보냈다. 그는 당시 연인이었던 오톨라인 모렐Ottoline Morrell에게 보낸 편지에 "내 강의가 끝난 뒤 사나운 독일 친구가 다가와 논쟁을 했습니다"라고 썼는데, 모렐은 자유당의 국회의원인 필립 모렐Phillip Morrell의 귀족적인 아내였다. 연인 관계로 지내는 동안 러셀은 그녀에게 평균 하루에 세 번이나 편지를 썼으며, 따라서 이 편지들에서 당시 그의 생활에 대한 많은 정보를 얻을 수 있다. 불륜관계가 그만큼의 많은 학문적 업적을 낳을 수 있었더라면 좋지 않

合)power set, 곧 어떤 집합의 모든 부분집합으로 이뤄진 집합의 기수(基數)cardinal number는 본래 집합의 기수보다 크다는 사실을 증명했다. 그렇다면 이제 보편집합을 생각해 보자. 정의상 보편집합보다 큰 기수를 가진 집합은 있을 수 없다. 하지만 보편집합의 멱집합은 …… 따라서 모순이다. 이것은 칸토어의 역설Cantor's paradox로 불리며, 이 때문에 집합론의 규칙은 보편집합의 형성을 금지하도록 구성되어야 한다.

[12] 버트런드 러셀은 형이 죽은 뒤에는 적어도 러셀 가문의 셋째 백작이었다. 그의 할아버지인 존 러셀 경Lord John Russell은 1832년의 개혁안을 제시했으며 빅토리아 여왕 치세에서 수상을 지냈다. 정치운동가로서의 버트런드 러셀은 특히 평화주의자였는데, 일생 동안 두 번 투옥

앉을까? 러셀은 비트겐슈타인에 대해 "그는 모든 종류의 이성적 공격에 대한 장갑무장을 갖추고 있습니다. 그와의 논쟁은 사실 시간낭비나 같습니다"라고 썼다. 하지만 얼마 가지 않아 이 사나운 오스트리아인의 신념은 러셀이 자신의 논리적 능력에 대해 품고 있던 자신감을 산산이 부수고 말았는데, 이때 비트겐슈타인은 아직 학부생의 신분이었다.

논쟁의 절정에서 우리는 엇갈렸습니다. 나는 내가 쓰고 있던 글의 핵심 부분을 그에게 보여 주었는데, 그는 거기 담긴 어려움을 깨닫지 못한 채 모두 잘못되었다고 말했습니다. 또한 그는 나의 견해를 시험해 보았으며 옳지 않음을 알게 되었다고 말했습니다. 나는 그의 반론을 이해할 수 없었는데, 사실 이는 아주 모호했습니다. 하지만 나는 그가 옳으며, 내가 뭔가 빠뜨렸다는 점을 뼈저리게 깨달았습니다. 만일 나도 그것을 알 수 있었다면 별문제가 되지 않았을 텐데, 실제로는 그렇지 못해서 내 글에서 느꼈던 즐거움은 온통 허물어져 버렸습니다. 나는 오직 내가 보는 대로 진행할 수밖에 없었으며, 어쩌면 모든 게 잘못이라는 느낌이 들었고, 비트겐슈타인은 이런 나의 행동을 부정직하고 비열한 짓으로 여길 것이라는 생각이 몰려들었습니다.

비트겐슈타인의 개성과 철학에 대한 개혁적 자세, 곧 동시대인들로 하여금 그들이 품은 가정들이(이는 옛 전통이 쇠퇴하고 메말라 간다는 빈 사람들의 생각과 큰 관계가 있다[13]) 잘못임을 깨닫게 하려는 임무에 대한 성스러운 엄격함은 영미계의 철학을 탈바꿈시켰다. 러셀과 마찬가지로 비트겐

되었다. 1918년에는 평화주의자의 저널에 근거 없는 모욕적인 글을 실었다는 이유로 6개월간, 그리고 1961년에는 89세의 나이로 핵무장 철폐 운동을 펼쳤다는 이유로 1주일간 수감되었다.

슈타인 주위로 모여든 케임브리지의 철학자와 철학을 전공하는 학생들은 "그가 옳음을 뼈저리게" 알기 위해서 그 자신을 이해할 필요는 없다고 여기는 듯했다. 그는 뚜렷한 명석함 속에서 강렬하고도 엄청나게 엄격한 개성을 배경으로 모호하지만 예언자처럼 논설을 펼침으로써 강한 설득력을 발휘했다. 하지만 비트겐슈타인은 케임브리지의 동료와 학생들이 그를 이해하지 못한다는 안타까움을 꽤 자주 토로하곤 했다.

사람들을 미혹한 것은 부분적으로 그의 빈적인 사고방식이었다. 비트겐슈타인은 옛 방식의 잔재를 모두 휩쓸어 버리고 완전히 새로운 분야를 다시 건설할 방법론을 찾으려는 굳은 결의를 다졌지만 그가 뼛속까지 빈 사람이란 증거는 이것만이 아니었다. 그가 고통스러울 정도로 극적인 방식으로 자신의 분야를 탐구하는 모습과 스스로 퍼뜨린 기이한 천재상 또한 매우 빈적인 것이었다. 비트겐슈타인은 어렸을 때 빈의 기인 작가 오토 바이닝거 Otto Weininger(1880~1903)의 책을 읽고 이후 줄곧 '참으로 전형적인 빈 사람'으로 경외하는 마음을 품었다. 그런데 바이닝거는 남자가 자신의 삶을 정당화할 유일한 길은 천재성을 얻고 계발하는 것이라고 주장했다(여자의 경우는 아무런 방법이 없다고 했다). 바이닝거는 그가 가장 존경했던 천재 베토벤이 죽은 집에서 총을 쏘아 자살했다. 비트겐슈타인도 케임브리지로 와서 러셀로부터 천재로 공인받을 때까지 9년 동안 자살의 충동에 시달렸다(비트겐슈타인의 세 형들도 자살했는데, 이 또한 전형적인 빈적 행위였다).

---

13) 비트겐슈타인은 그가 역사상 위대한 철학자들에 대해 얼마나 적게 공부했는지에 대해 부끄럽게 여기기는커녕 어쩌면 도리어 고집스럽게도 자랑스레 여기는 듯했다. 그는 자신의 두 저서의 머리말에 인용한 문구도 가장 전형적인 빈 사람들로부터 따왔다(『논리철학논고 Tractatus Logico-Philosophicus』는 퀴른베르거, 『철학적 탐구Philosophical Investigations』는 네스트로이였다).

비트겐슈타인은 그가 없는 동안의 빈에서도 심대한 영향을 끼쳤다. 그의 첫 저술인 『논리철학논고Tractatus Logico-Philosophicus』는 제1차 세계대전의 와중에 일부분이 쓰였는데 슐리크의 그룹에 특히 감명을 주었다. 그 창조자와 마찬가지로 흥미로운 스타일을 가진 이 책은 마치 시와도 같은 간결한 우아함을 지녔다.[14] 각각의 선언이 곧바로 제시되고 철학의 전통적 수단인 논증은 없었는 바, 언젠가 러셀은 이에 대해 "마치 황제의 칙령과 같다"라고 말했다. 그러나 겉보기의 정교한 위계질서에도 불구하고(또는 이에 의하여?) 이 시인 특유의 개념상의 모호함은 여전히 남아 있었다. 이 책에서 각각의 선언은 단계별 체계 속에 나열되었는데, 예를 들어 명제 3.411(기하학과 논리학에서 같은 위치는 가능성이다. 그 안에 뭔가 존재할 수 있다)은 명제 3.41(논리적 좌표를 가진 명제 신호는 논리적 위치이다)을 상술한 것이고, 이것은 다시 명제 3.4(명제는 논리적 공간의 한 위치를 결정한다)를 상술한 것이다. 이런 식의 기수법은 이탈리아의 수학자 페아노Peano에게서 따왔는데 그는 산술의 공리화에서 이 방법을 사용했으며, 러셀과 화이트헤드도 공저 『수학의 원리』에서 이 방법을 따랐다.

케임브리지의 철학자 무어G. E. Moore는 『논리철학논고Tractatus Logico-Philosophicus』라는 제목이 스피노자의 『신학정치론Tractatus Theologico-Politicus』에서 따온 것 같다고 지적했다. 버트런드 러셀은 서문을 써 주었는데, 많은 어려움을 거쳤지만 이 덕분에 결국 출판사를 확보할 수 있었다. 비트겐슈

---

[14] 『논리철학논고』가 시와 같다는 표현은 프레게의 혹평에서 유래했다: "귀하의 책을 읽는 즐거움은 이미 알려진 그 내용에서가 아니라 기묘한 스타일에서 나옵니다. 결과적으로 이 책은 과학적 업적이 아니라 예술적 작품이 되고 말았습니다."(1919년 9월 16일 프레게가 비트겐슈타인에게 보낸 편지의 일부). 레이 몽크Ray Monk의 책(1990년), 174쪽 참조.

타인은 이 서문을 싫어했으며 특히 독일어로 번역된 뒤에는 더욱 그랬다. 러셀에게 쓴 편지에서 그는 "교수님의 세련된 영어 문체의 풍미가 번역문에서는 현저히 사라졌으며 천박함과 오해의 소지만 남았습니다"라고 썼다. 러셀과 비트겐슈타인 사이의 친밀함은 세월이 지남에 따라 차갑게 식어 갔다. 나중에 러셀은 비트겐슈타인의 성격에 대해 "그는 마왕의 자존심을 가졌다"라고 간추리기도 했다.

『논리철학논고』를 공부하고 빈서클의 멤버들에게 함께 읽자고 제안한 사람은 슐리크와 한의 요청에 따라 이 모임에 참여한 기하학자 쿠르트 라이데마이스터Kurt Reidemeister였으며 이는 1924년 또는 1925년의 일이었다.

이렇게 하여 실증주의자들의 『논리철학논고』 공부가 시작되었다. 그들의 목요일 모임은 이제 비트겐슈타인의 책에 나오는 명제를 하나하나 차례로 검토해 가는 데에 바쳐졌는데, 한 번이 아니라 두 번이나 통독했으며, 거의 일 년의 세월을 보냈다(이처럼 매주 『논리철학논고』의 문구를 발췌하여 공부하는 방식은 매주 구약의 구절을 발췌하여 공부하는 유태 전통을 떠올리게 한다. 우연이지만 신앙이 아니라 태생으로 볼 때 빈서클의 창립 멤버 14명 중 9명이 유태계였다. 한편 이 모임에서 신학적 발언은 실질적으로 무의미한 것으로 간주되었다).

빈 실증주의자들은 신비로운 『논리철학논고』가 바로 그들이 찾는 새롭고도 순수한 기초를 제시해 준다고 보았다. 예를 들어 명제 4.003은 그들의 근본신념을 더할 나위 없이 완벽하게 요약하고 있었다.

철학 저술들에 나오는 대부분의 명제와 질문들은 오류가 아니라 무의미하다. 따라서 우리는 이런 종류의 질문들에 아무런 답도 할 수 없으며 오직 무의미하다고 지적할 수 있을 뿐이다. 철학자들의 수많은 명제와 질문은 우리가 사용하는 언어의 논리를 잘못 이해한 데에서 나온다. …… 따라서 가장 심각한 문제들이 사실은 아무것도 아니란 점은 놀라운 일이 아니다.

그들은 비트겐슈타인에게서 그들 자신의 '검증주의적 유의미성기준', 곧 "명제의 의미는 그에 대한 검증법과 같다" 또는 "명제의 의미는 그 명제가 참임을 보여 주는 경험들의 조건으로 환원될 수 있다"는 주장의 근거를 찾았다. 나아가 그들은 자신들의 주장에 대한 유력한 변론도 발견했다. 예를 들어 명제 6.53은 "말해질 수 있는 것, 곧 자연과학적 명제 이외의 것은 말하지 말라"고 촉구하며, 명제 4.11은 "모든 참된 명제의 총체가 자연과학의 총체(또는 자연과학의 몸)이다"라고 선언한다.

그들은 또한 비트겐슈타인이 수학과 과학의 진리들을 서술적 내용이 없는 항진명제로 환원시켜서 설명했다고 믿었다. 명제 4.461은 "명제는 말하고자 하는 것을 보여 준다. 항진명제와 모순문은 말할 게 없음을 보여 준다. 항진명제는 무조건 진리이므로 진리조건이 없으며, 모순문은 조건이 없으므로 참이다"라고 기술한다. 이 세상에는 "소크라테스는 죽을 운명이거나 아니면 불멸이다"와 같은 항진명제에 담긴 대상들을 가리키는 용어도 있을 수 있다. 하지만 이런 용어들은 항진명제의 진리성과 아무 관련이 없다. 항진명제의 진리성을 결정하는 것은 '또는or'과 '아닌not'과 같은 순수한 논리상수logical constant들의 의미이며 따라서 다음 명제가 제시된다. "명제 4.0312 나는 근본적으로 논리상수는 표상representative이 아니라고 본다.

따라서 사실의 논리에 대한 표상은 없다." 모든 논리학은 궁극적으로 항진명제적이다. "명제 6.1262 논리학에서의 증명은 복잡한 경우의 항진명제성을 원활하게 인식하기 위한 기계적 방편에 지나지 않는다." 모든 논리는 항진명제이므로 말해 주는 게 아무것도 없다. "명제 5.43 그러나 논리학의 명제들은 모두 같은 것, 곧 아무것도 말하지 않는다."

"명제 6.125 따라서 논리학에는 어떤 놀라움도 있을 수 없다."

(물론 괴델은 논리학 역사상 가장 큰 놀라움을 전해 줄 태세가 되어 있었다. 논리학자 야코 힌티카에 따르면 이는 다른 것들보다 몇십 배나 더 기이하다. 따라서 독자들은 이미 이 시점에서 논리철학에 대한 비트겐슈타인의 견해에 의구심이 들 것이다. 비트겐슈타인의 견해는 결국 명제 6.125에 이르는데 이는 괴델의 결과와 강한 대조를 이루기 때문이다. 나중에 보듯, 비트겐슈타인은 괴델이 실제로 증명할 수 있는 방식으로 증명해 냈다고 결코 인정하지 않았다. 어쩌면 이 또한 독자들에게는 거의 역설적인 충격으로 여겨질 것이다.)

수학은 『논리철학논고』에서 논리학과 달리 간단히 다루어져 있다. 비트겐슈타인은 수학이 논리학의 한 방법이며(명제 6.2와 6.234), 따라서 논리학에 대해 그가 말한 것은 모두 수학에도 적용될 것이라고 말했다. 수학은 등식으로 표현되므로 그 안에 마치 뭐가 있는 것 같지만, 수학에도 서술적 내용이 없으므로 그 역시 아무것도 말해 주지 않는다(명제 6.2).

명제 6.2323 등식은 양변의 두 표현에 대한 관점을 나타낼 따름이다. 곧 의미의 동등성을 뜻한다.

명제 6.2341 등식은 수학적 방법의 핵심적 특징이다. 왜냐하면 이것으로 인해 수학의 모든 명제는 아무것도 말하지 않고 나아가야 하기 때문이다.

수학적 명제는 논리학의 항진명제와 마찬가지로, 어떤 의미로는, 단순히 문법적이기 때문에 아무런 사실도 나타내 주지 않는다. "명제 6.233 수학문제의 해결에 직관이 필요한지의 여부는 이 경우 언어 자체가 필요한 직관을 제공하는지의 여부에 달려 있다"(나중에 보듯 이 명제도 괴델의 결과와 강한 대조를 이룬다). 비트겐슈타인이 '언어 자체'라 함은 구문론, 곧 어떤 것을 말해야 하는지에 대한 규칙을 가리킨다. 수학도 논리학처럼 구문론적이다. 의미는 진리성의 결정과 무관하며, 심지어 논리상수와 수학에 나오는 등호의 의미도 마찬가지인데, 왜냐하면 이것들의 '의미'란 것은 우리가 이것들을 어떻게 사용해야 하는지를 규정한 문법적 규칙에 관한 것일 뿐이기 때문이다.

명제 3.33 논리학적 구문에서 기호의 의미는 아무 역할도 하지 않아야 한다. 논리학적 구문은 기호의 의미에 대한 언급 없이 만들어질 수 있어야 하며, 오직 표현에 대한 기술만 전제되어야 한다.

흥미롭게도 이 명제 하나만으로 비트겐슈타인은 계형이론의 근본적 오류를 보일 수 있다고 주장한다. "명제 3.331 러셀의 계형이론을 이에 비춰 보면 오류임이 분명하다. 왜냐하면 기호의 규칙을 수립하면서 그는 기호의 의미를 언급했어야 했기 때문이다." 이어지는 두 명제 3.332와 3.333은 러셀의 역설을 해소한다. 이로써 비트겐슈타인은 적어도 『논리철학논고』를 쓰던 동안에는 만족감을 느꼈다. 애초 그를 논리철학으로 이끌었던 문제를 해결했기 때문이다.

하지만 나중에 비트겐슈타인은 『논리철학논고』의 많은 주장들을 스스로 거부하게 된다. 사실 그의 사상적 단절은 아주 근본적이어서 '전기'와 '후기'의 비트겐슈타인으로 나누는 게 통례이다. 전기의 단일한 언어논리학 대신 후기의 비트겐슈타인은 각기 고유의 규칙을 가진 다양한 '언어게임'에 대해 이야기한다. 전기의 비트겐슈타인은 이를테면 철학의 특징적인 '흥미로운 난센스'라 할 것들은 모든 유의미성의 경계를 지배하는 규칙들을 위반하는 데에서 초래된다고 보았다. 하지만 후기의 비트겐슈타인은 이 흥미로운 난센스들이 서로 다른 언어게임의 규칙들을 혼동하는 데에서 초래된다고 보았다. (이들 두 비트겐슈타인의 공통점은 모든 철학적 문제들은 구문론의 혼동에서 초래된다고 보는 믿음이었다.) 실증주의자들은 한 세트의 규칙만 가진 한 언어에 기초한 하나의 관점으로부터 위안을 얻었지만 이는 결국 포스트모던적 흐름과 잘 어울리는 복수의 언어게임에 길을 양보했다. 후기의 비트겐슈타인은 규칙전개의 사회학적 측면을 강조하는 입장으로 다가선다. 규칙들은 행동의 사회적 형태로 형상화된다(이 또한 포스트모던적 감성에 호소하는 것이다). 심지어 무모순의 법칙조차도 절대적인 것으로 간주되지 않는다.

우리는 모순의 기원과 귀결을, 수학자는 분개하겠지만, 예를 들어 인간 본위의 관점과 같은 사뭇 새로운 측면에서 바라볼 것이다. 다시 말해서, 단순히 모순이 언어게임에 미치는 영향만을 기술하거나, 수학적 법칙의 창조자라는 등의 새로운 관점에서 바라보기로 하겠다.

수리논리학에 대한 비트겐슈타인의 태도는 근본적으로 바뀌었다. 후기의 비트겐슈타인이 규칙 전개의 복수 이론을 택했다는 것은 단일논리학주의, 곧 논리학에는 『수학의 원리』에 나오는 논리학 하나만 있다는 주의를 배격했다는 사실을 뜻한다. 전기의 비트겐슈타인이 러셀과 함께 논리학의 문제를 안고 힘겨운 씨름을 했던 반면 후기의 비트겐슈타인은 이런 분야 전체를 '저주'로 여기게 되었다(한편 러셀은 비트겐슈타인과의 연구에서 그를 도무지 이해할 수 없어서 실망한 뒤, 이 분야를 떠나 베스트셀러를 썼다[15]).

하지만 전기와 후기의 비트겐슈타인 사이에 여전히 많은 공통점이 있었으며 수리철학의 근본적인 의문들도 이에 포함된다. 규칙전개에 관한 비트겐슈타인의 견해는 바뀌었지만 수학의 모든 본질은 규칙전개로부터 나온다는 주장은 견지했다. 수학에서 일어나는 모든 것은 규칙전개의 귀결이며, 따라서 수학적 직관은 우리의 미혹에서 비롯된 환상에 지나지 않는다. 수학의 연구에서 우리가 하는 일을 선명히 통찰할 수만 있다면 이런 환상에 의지할 필요가 없다.

이처럼 전기와 후기의 비트겐슈타인은 수학에서 참으로 놀랄 일은 아무것도 없다는 데에 일치한다. 따라서 괴델의 연구와 같은 가공할 놀라움이

---

[15] 1945년에 발간된 러셀의 『서양철학사 History of Western Philosophy』는 제목이 약속한 것을 정확히 전해 주는 매우 포괄적이면서도 읽기 편한 책으로 사이먼 앤드 슈스터 Simon and Schuster 출판사의 장기 베스트셀러가 되었다. 그는 비트겐슈타인과 알기 전에는 이 분야를 전문적 관점에서 다루었지만 나중에는 이처럼 철학의 대중화로 돌아섰다.

나타나게 되자 이런 관점은 다시금 철저히 논파되어야 했다.

말할 수 없는 것

비트겐슈타인은 자신을 항공공학으로부터 논리학과 언어에 관한 철학으로 이끌었던 러셀의 역설을 간단히 해소했다고 믿었을지 모르지만, 비트겐슈타인 스스로 인정했듯『논리철학논고』전체가 하나의 명백한 역설이었다. 이 책 자신의 언명에 따르면 이 책의 명제들부터 무의미하기 때문이다. 비트겐슈타인은 언어 안에서 언어에 대해 이야기하는 것을 금지했다. 논리학이든 수학이든 구문론적 본질은, 이와 같은 언어의 구문론을 위반하지 않는 한, 결코 이야기될 수 없고 오직 보여야 할 뿐이다.

명제 6.54 나의 명제는 다음과 같이 이해할 수 있다. 나를 이해하는 사람은 누구나 결국 나의 명제들이 난센스와 같음을 알게 된다. 비유하자면, 나의 명제들은 그보다 위로 올라가려면 딛어야 할 계단이기는 하지만 일단 오른 다음에는 걷어 버려야 할 것이라고 말할 수 있다.

비트겐슈타인은 위의 비유로도 유명한데, 이는 희곡비평가이자 철학자인 프리츠 마우트너Fritz Mauthner에게서 빌려 온 것이다. 그런데 비트겐슈타인은 마우트너의『언어비판Sprachkritik』에 대해서는 다음에서 보듯 다소 비판적이었다: 명제 4.0031 "모든 철학은 (마우트너적 의미에서는 아니지만)

'언어비판'이다."

『논리철학논고』의 내재적 모순에 대한 비트겐슈타인의 태도는 실증주의자의 것이라기보다 선(禪)에 가깝다고 할 수 있다. 비트겐슈타인은 이런 모순을 피할 수 없을 것으로 보았는데, 그는 그를 영감의 원천으로 여기는 과학적 소양을 가진 철학자들에 비해 역설을 그다지 꺼리지 않았다. 비트겐슈타인은 역설의 출현을 어떤 추론과정이 깊이 잘못되었다는 신호로 보지 않았으며, 따라서 그것을 보고 잘못된 숨은 가정을 찾아 나서려고도 하지 않았다. 역설을 보고도 태평한 비트겐슈타인의 태도는 그의 특이한 사고방식의 한 단면이었는데, 선과는 거리가 먼 빈서클의 멤버들에게는 거의 이해할 수 없는 것이었다.[16]

카르납은 그의 자서전에서 빈서클이 "과연 언어적 표현에 대해 말할 수 있는가?"라는 질문과 관련된 비트겐슈타인의 언명을 놓고 어떻게 논쟁을 벌였는지 회고했다.[17] 언젠가 카르납은 비트겐슈타인이 이 점에 관해 좀

---

[16] 어쩌면 이런 차이가 언젠가 비트겐슈타인이 빈서클의 몇 사람들과 만나 대화했을 때 거의 아무런 성과도 없다고 여기게 된 이유인지도 모른다. 그는 이때 가끔씩 벽을 향해 돌아앉아 라빈드라나트 타고르Rabindranath Tagore의 시를 크게 읽곤 했다. 타고르는 당시 빈에서 아주 인기 있는 시인이었는데 그의 시에는 슐리크서클의 멤버들이 가진 생각과 정면으로 대립하는 신비주의적 세계관이 담겨 있었다.

[17] 카르납은 괴델의 불완전성정리를 유의미한 초언어에 대한 빈서클의 입장을 옹호하는 것이라고 서둘러 환영했으며, 이를 바탕으로 빈서클이 모든 형이상학적 요소를 일소하는 계획을 적극적으로 펼쳐 나가도록 했다. 그는 "괴델의 방법을 이용하면 어떤 언어의 초논리학마저도 그 언어 자체로 산술화하고 정식화할 수 있다"는 점을 보여 주고자 했다. 그러나 얼마 지나지 않아 괴델 스스로 카르납에게 그의 논리가 잘못임을 확신시킴으로써(또는 적어도 어떤 수준으로든 확신시키려 함으로써) 그의 의기를 꺾였는데, 괴델은 자신의 방법을 확장해서 얻은 그의 최종 결과가 실증주의자들의 계획 자체와 정면으로 대립한다고 보았다. "괴델은 이 근본적 문제에 관해 카르납을 설득하지는 않았지만, 구문론 계획의 절정이라고 할 분석성의 정의를 내리면서 카르납으로 하여금 플라톤주의적 방향으로 나아가도록 강력히 이끌었다."

더 명확한 견해를 밝혀 달라고 너무 자주 물어보았으며, 결국 비트겐슈타인은 다시는 그를 만나지 않겠노라고 물리치고 말았다.

슐리크와 바이스만은 비트겐슈타인과 정기적으로 직접 만날 수 있도록 허용되었다. 바이스만은 특히 『논리철학논고』의 논평서를 쓰고 있었기 때문에도 그랬는데, 하지만 비트겐슈타인은 결국 자신을 바이스만에게 이해시키는 일을 포기하고 말았으며, 이에 따라 책도 완성되지 못했다. 어쩌면 바이스만은 비트겐슈타인에 빠진 빈서클의 실증주의자들 중 어느 누구보다 철학적 탐닉 때문에 깊은 고통을 받은 사람일 것이다. 그는 비트겐슈타인이 철학적 관점을 바꿀 때마다 자신의 관점도 바꾸었으며, 그에 못지않게 감수성이 많은 케임브리지의 학생들처럼 이 철학자의 행동적 특징들을 그대로 흉내 내기 시작했다. 매주 목요일, 서클의 모임이 열릴 때면 바이스만은 멤버들에게 다음과 같은 말을 시작으로 비트겐슈타인의 새로운 진전에 대한 뉴스를 전해 주었다. "오늘도 여러분께 비트겐슈타인 씨의 새로운 생각을 전해 드리겠습니다. 다만 비트겐슈타인 씨는 이와 같은 제 나름의 풀이에 대해 아무런 책임이 없다는 점을 새겨 주시기 바랍니다." 빈서클의 멤버들 가운데 비트겐슈타인이 만나 주지 않는 사람들은 슐리크와 바이스만을 통해 전해 들은 그의 생각을 논문에 인용하기도 했다. 이에 따라 어떤 오스트리아 철학자들은 슐리크서클의 멤버들이 그토록 자주 인용하는 '비트겐슈타인 박사'의 실존 여부에 대해 의구심을 표시했다. 어쩌면 그 사람은 슐리크의 상상력이 빚어낸 환상이며, "빈서클의 얼굴로 창조된 신비의 인물"에 지나지 않는지도 모른다.

케임브리지에서와 똑같이, 논리실증주의자들에 대한 비트겐슈타인의 영향, 특히 슐리크와 바이스만에 대한 영향은 감히 말로 표현할 수 없을 정도였다. 슐리크의 아내는 남편이 비트겐슈타인을 처음 만나러 나가던 때 마치 성지순례를 떠나는 사람과 같았다고 회상했다. "그이는 황홀경에 빠져 돌아왔습니다. 그러고는 거의 아무 말도 하지 않았으며, 따라서 나도 아무 질문도 해서는 안 될 것이라는 느낌이 들었지요."

만년에 파이글은 다음과 같이 말했다. "슐리크는 그를 숭배했고 바이스만도 그랬습니다. 두 사람은 비트겐슈타인의 다른 제자들처럼 심지어 그의 몸짓이나 말하는 태도도 흉내 낼 정도였지요. 슐리크는 심오한 철학적 통찰을 비트겐슈타인의 덕분으로 돌렸는데, 내 생각에 비트겐슈타인의 사상은 슐리크의 초기 연구에 훨씬 선명하게 정식화되어 있다고 여겨집니다."

파이글의 어조에 약간의 퉁명스러움이 섞인 것은 주목할 만한데, 왜냐하면 파이글은 누구와도 잘 어울리는 뛰어난 사교성을 갖고 있었기 때문이다. 이는 회고록 작가로서 그가 선천적으로 타고난 능력이기도 하며, 사실 그의 글은 일생 동안 다룬 거의 모든 사람에 대해 친근한 성격과 정치(精緻)한 능력을 가졌다고 묘사하고 있다. 비트겐슈타인에 대한 파이글의 완곡한 혐오감의 유래를 추적해 보면 "체계적이며 정확하고 성실한 사색가"라고 표현했던 카르납에 대한 한없는 경외감으로 이어지는 것 같다. 비트겐슈타인은 카르납을 만나지 않겠다고 선언한 뒤 파이글에게 "그가 실마리를 찾지 못한다면 난들 도울 길이 없소. 그에게는 아무 직감도 없소!"라고 말했다. 나중에 카르납에 대한 파이글의 존경심을 알아차린 비트겐슈타인은 파이글과도 다시 만나지 않았다.

비트겐슈타인은 자신이 실증주의자처럼 비치지만 결코 아니라고 주장했으며, 『논리철학논고』의 마지막 명제의 의미를 둘러싸고 고향 빈에서도 추종자들에게 분노를 터뜨렸다. 이 명제는 7이라는 간단한 번호 아래 마치 고대의 예언자처럼 준엄하게 호통 친다: "**명제 7 말할 수 없는 것에 대해서는 침묵해야 한다.**" 슐리크서클은 비트겐슈타인이 이 마지막 구절은 물론 『논리철학논고』 전체를 통하여 언어의 조건을 오용하면 항진명제적 난센스를 낳을 뿐 아니라, 말할 수 있는 것을 초월한 곳에는 아무것도 존재하지 않는다고 주장하는 것으로 풀이했다. 하지만 비트겐슈타인은 '말할 수 없는 것'이 실제로 있다고 보았다. 비트겐슈타인에게는 모두 같은 것으로 받아들여졌지만, 윤리적이거나 신비적인 것들이 바로 그런 것들이었으며, 이런 것들은 실재이면서도 표현이 불가능하다. 그는 말할 수 있는 것에 대해서는 『논리철학논고』로 모두 설명했다고 믿었다. 그러나 출판을 맡으려다가 그만둔 어떤 출판가에게 비트겐슈타인은 말할 수 없기 때문에 『논리철학논고』에서 쓰지 못한 것들이 오히려 더 중요하다고 말한 적이 있다.

나는 언젠가 머리말에 몇 마디 적어 넣을까 한 적이 있지만 실제로는 적지 못한 것을 지금 당신에게 쓰고자 합니다. 어쩌면 당신에게는 그게 큰 도움이 될 것 같기 때문입니다. 나의 연구는 사실 두 부분으로 되어 있습니다. 그중 한 부분이 바로 이것이고, 다른 부분은 아직 쓰지 **않은** 모든 것들입니다. 이 둘 가운데 아직 쓰지 않은 게 분명 더 중요합니다. 윤리적인 것들은, 내 책에 따르면, 내부적으로 그 한계가 정해지며, **엄밀히 말하면 오직 이런 방식으로만** 그 한계가 정해진다고 나는 믿습니다. 요컨대 나는 오늘날 **많은** 사람들이 **떠들어** 대는 모든 것들이 바로 내가 이 책에서 침묵해야 한다고 규정한 것들이라고 생각합니다.

비트겐슈타인은 사람이 말할 수 있는 것을 모두 말하고 난 뒤 실제로는 얼마나 적게 말했는지를 자신이 보여 주었다고 여겼다.

문제는 명제 7에서 말하는 필수적 침묵이 아무것도 숨기고 있지 않은지 아니면 오히려 가장 중요한 모든 것들을 숨기고 있는지의 여부였다. 실증주의자들은 비트겐슈타인이 전자의 의미로 말했다고 확신했으며, 아마도 거의 분명히 비트겐슈타인은 이 때문에 그들이 자신을 조금도 이해하지 못한다고 물리쳤을 것으로 여겨진다.

아이러니컬하게도 빈서클은 미스터리에 대한 혐오감을 핵심으로 뭉쳤으면서도, 적어도 윤리학, 미학, 형이상학, 삶의 의미 등 합리적 추론의 영역에서 추방했던 모든 문제들에서는, 도리어 미스터리에 깊이 심취한 사상가를 신봉하게 된 셈이다. 비트겐슈타인의 '말할 수 없는 것'이 전통적 경험주의자들에게는 우리의 한계에 대한 척도인 '알 수 없는 것'이었다. 우리가 말할 수 있는 모든 것에 대한 척도를 취해 자신이 말한 범위 내에서 한계를 지음으로써 비트겐슈타인은 우리가 말할 수 없는 모든 것에 대한 척도를 치켜들었다. 다시 말해서 그는 표현이란 게 본질적으로 불가능하므로 표현하지 않는 방식으로 이를 가리켰다.

물론 말할 수 있는 것에 한정하는 한 비트겐슈타인도 미스터리를 추방했다는 점에서 실증주의와 양립하는 원리를 제시한 셈이다. 곧 항진명제가 아닌 명제의 의미는 검증법에 달려 있다. 또한 수학적 진리에 관해서도 실증주의와 일치하는 한 견해를 제시했는데, 언뜻 미스터리처럼 보이는 수학의 선험성과 확실성을 구문론의 규칙들로 해결했다는 점이 그것이다.

억지로 그들 나름의 관점에 짜 맞춰 넣으려는 고집스런 태도 때문에 비트겐슈타인의 분노를 사기는 했지만 실증주의자들은 대체로 존경심을 품고 그를 대했으며, 적어도 괴델이 아직 목요일의 정기 모임에 참석하던 초기의 한동안은 분명 그랬다. 괴델의 나이 또래로 빈서클에서 한동안 활약했던 수학자 올가 타우스키-토드Olga Taussky-Todd는 "비트겐슈타인은 이 그룹의 우상이었다고 증언할 수 있다. 어떤 논쟁도 그의 『논리철학논고』를 인용하면 마무리되었다"고 말했다. 빈에서 보낸 석 달의 기간을 잘 이용했던 아이어는 영국으로 돌아가 1933년 2월 친구 이사이아 베를린Isaiah Berlin에게 보낸 편지에서 "비트겐슈타인은 그들에게 신과도 같은 존재였다"라고 썼다. 그들은 버트런드 러셀도 정통적인 경험주의자로 존경하기는 했지만 "(비트겐슈타인이라는) 그리스도의 선지자에 불과한 인물"로 여겼다.

루돌프 카르납을 기리면서 쉴프Paul Arthur Schilpp가 펴낸 책에 기고한 자서전적 에세이에 따르면 심지어 가장 깨어 있는 실증주의자로 알려진 카르납조차 거의 종교적인 경외심을 가졌다고 자인했다.

그가 어떤 특정한 철학적 문제에 대한 견해를 정식화하기 시작할 때면 우리는 그 순간 그의 모습에서 드러나는 내적 투쟁을 절감하곤 했다. 그는 강렬하고도 고통스런 긴장 속에서 이 투쟁을 이겨 내고 암흑으로부터 광명으로 솟구치려 했으며, 이는 아주 풍부한 표정을 담은 그의 얼굴에 직접 드러나기도 했다. 이처럼 힘겨운 노력을 한참 동안 지속한 끝에 대답이 나오면 그의 서술은 마치 새롭게 창조된 예술적 걸작 또는 성스러운 영감처럼 우리 앞에 펼쳐졌다. …… 이 순간 우리가 그로부터 느낀 인상은 이와 같은 통찰이 말 그대로 신성한 영감을 통해 나온 것으로 여겨졌으며, 따라서 우리가 이에 대해 어떤 이성적 분석이나 언급을 하든 모두 일종의 신성모독이 될 뿐이라는 느낌에 빠져 들지 않을 수 없었다.

빈서클이 이토록 기이하게도 비트겐슈타인에 온통 홀려 있을 때(인식론적 황홀경의 천적임을 맹세하고 나선 실증주의자들의 입장을 고려하면 이는 참으로 기이한 일이 아닐 수 없다) 괴델은 학생의 신분으로 이 모임에 참여하게 되었다. 거기서 그는 주변의 견해들을 조용히 받아들이는 과묵한 관찰자로 지내면서 …… 그 자신만의 결론을 이끌어 내고 있었다.

빈서클의 괴델: 침묵의 반대자

실증주의에 대한 뿌리 깊은 개인적 반대에도 불구하고 빈서클에서 지낸 기간은 내성적인 괴델의 일생에서 외적으로 가장 많은 접촉을 가진 시기였다. 그는 한 주 건너 목요일마다 빈서클의 모든 멤버들이 소집되는 초라한 강의실에서의 모임은 물론이고, 이 도시의 온갖 말이 오가는 카페에서 열리는 늦은 밤 모임에도 주기적으로 참석하여, 근본적 주제들에 대해, 그의 직관까지는 아니지만, 그의 관심이라도 함께 나눌 수 있는 남자들을(간혹 여자들도) 만나며 지냈다.

모든 이들과 친밀했던 파이글은 다음과 같이 썼다.

개인적 측면에서 나는 괴델과 나와 폴란드 로즈Lodz 출신의 학생으로 빈서클의 멤버였던 또 다른 학생 마르셀 나트킨Marcel Natkin이 가까운 친구가 되었다는 점을 언급해야겠다. 우리는 자주 만나 빈의 공원들을 거닐었고, 물론 카페에서도 어울리면서, 논리학, 수학, 인식론, 과학철학의 주제들에 대해, 때로는 아주 밤늦게까지 하염없이 많은 토론을 했다.

차원론에 대해 강의를 했던 카를 멩거는 강의 도중 쿠르트 괴델이라는 학생을 본 순간에 대해 "가냘프고 아주 조용한 젊은이였는데, 그때 서로 말을 나누었는지는 기억하지 않는다"라고 말했다. 두 사람이 가까워진 것은 빈 서클의 정기 모임을 통해서였으며, 때로 시련을 겪기는 했지만, 둘 사이의 관계는 괴델이 죽을 때까지 지속되었다.

빈서클의 모임에 참여했던 거의 모든 사람들은 괴델에 대해 비슷하게, 조용하며 내심을 털어놓지 않지만 분명 명석한 사람이었다고 이야기한다 ("분명 명석한 사람이었다"는 것은 어쩌면 1930년 괴델의 업적이 발표되고 충분히 공인된 이후에 나온 회고적 평가인지도 모른다). 파이글에 따르면 괴델은 "조금도 잘난 체하지 않는 성실한 자세를 가졌으며, 최상의 천재성을 선명히 드러냈다". 멩거는 "모임에서 괴델이 이야기하거나 토론에 참여하는 것을 본 적이 없다. 하지만 그는 머리를 가볍게 움직여서 찬성하거나 반대하거나 의심스럽게 생각한다는 뜻을 표시했다"라고 말하면서 다음과 같이 덧붙였다.

언어에 대해 슐리크, 한, 노이라트, 바이스만이 발언했지만 나와 괴델은 한마디도 하지 않았다. 모임이 끝난 뒤 집으로 가는 길에 나는 "오늘 우리는 아무 말도 하지 않음으로써 또다시 이 비트겐슈타인주의자들을 비트겐슈타인적으로 이겨 냈다"라고 말했다. 이에 괴델은 "언어에 대해 생각하면 할수록 사람들이 과연 정말로 서로 이해하고나 있는지 나는 놀라지 않을 수 없다"라고 대답했다.

쿠르트 괴델은 이 '비트겐슈타인주의자' 들을 어떻게 **평가했을까**? 물론 그들 자신은 아니라고 하지만, 괴델은 논리실증주의자들과 수학적 진리의 해석을 두고 특히 근본적으로 반대할 뿐 아니라, 훨씬 일반적으로도 그에 못지않게 대립한다는 사실을 우리는 잘 알고 있다. 한번 플라톤적 진리관의 광풍에 사로잡힌 영혼은 형이상학의 매도에 좀체 동참하지 않는다. 이런 영혼을 가진 사람은 본질적으로 경험적 검증의 대상이 아닌 모든 서술적 명제들을 '무의미하다' 고 치부하는 의미론은 받아들이려고 하지 않는다. 비록 경험적 학문은 아니지만, 그럼에도 불구하고 수학은 서술적이라는 게 수학적 플라톤주의의 정수이다. 괴델은 정확성에 대한 집념은 물론 프레게와 러셀과 화이트헤드 등이 이룬 논리학적 발전의 철학적 타당성에 대한 관심에도 동감하지만 그들의 초신념에 대해서는 도무지 그럴 수 없었다. 그는 오랜 세월이 흐른 뒤(1971년 11월 21일) 하오 왕에게 "모든 유의미한 생각은 감각지각sense perception으로 환원될 수 있다"는 실증주의자들의 생각에는 근본적인 오류가 있다고 말했다.

> 어떤 환원주의는 옳다. 하지만 감각지각이 아니라 개념이나 진리로 환원시켜야 한다. …… 플라톤적 관념들이야말로 모든 것들이 환원되어 가야 할 곳이다.

사회학자 그랜진 앞으로 썼지만 보내지 않은 편지에서 괴델은 그의 업적이 "20세기 초반의 지적 분위기의 한 국면"이라고 그럴 듯이 갖다 붙이는 이 사회학자의 암시에 대해 서두에서 한바탕 포격을 퍼부은 뒤 곧이어 다음과 같이 써 내려갔다.

> 수학의 기초에 대한 나의 흥미가 빈서클에 의해서 촉발된 것은 사실이지만 내 연구의 철학적 귀결과 그에 이르도록 이끈 지도적 원리들은 실증주의나 경험주의와 아무 관련이 없습니다. 하오 왕 박사가 최근에 펴낸 『수학에서 철학으로From Mathematics to Philosophy』라는 책의 서문에 인용된 구절에서 내가 말한 것을 참조하기 바랍니다. 또한 폴 베네세러프Paul Benacerraf 교수와 퍼트넘Putnam 교수가 공동으로 편집한 1964년의 〈수리철학Philosophy of Mathematics〉에 기고한 나의 논문 「칸토어의 연속체 문제는 무엇인가?What is Cantor's Continuum Problem?」 가운데 특히 262쪽에서 265쪽 및 270쪽에서 272쪽도 함께 참조하기 바랍니다.[18]
>
> 나는 1925년 이후 관념적 및 수학적 실재론자였으며, 수학이 언어의 구문론이란 견해를 결코 가져 본 적이 없습니다. 오히려 이런 견해는, 어떤 식으로든 합리적으로 이해되어 있는 한, 나의 결과를 통해 **반증될** 수 있습니다.

---

[18] 참조로 제시된 페이지들에서 괴델은 칸토어가 내놓은 연속체가설의 결정불능성을 이용하여 플라톤주의자로서의 신념을 거침없이 펼친다. 이 가설은 자연수집합보다 크고 실수집합보다 작은 집합은 없다는 것인데, 괴델은 이 가설의 결정불능성 증명에 도움을 주었고, 여기서는 이를 도발적인 반박의 근거로 이용했다. "만일 집합론에 사용된 원시용어primitive term들의 의미가 …… 확고하다고 받아들여진다면 집합론적 개념과 정리들은 잘 규정된 실체를 서술하게 되며, 이 안에서 칸토어의 가설은 참 아니면 거짓이어야 합니다. 따라서 이 가설의 결정불능성은 현재 우리가 가진 공리들만으로는 이 실체를 완전하게 서술할 수 없다는 사실을 뜻할 뿐입니다. 이런 믿음은 결코 공상이 아닙니다. 왜냐하면 보통의 공리들만으로는 결정불능인 문제를 결정가능한 문제로 탈바꿈시킬 방법들을 제시할 수 있기 때문입니다."

여기 보내지지 않은 편지에 결정적 자료가 들어 있다. 괴델은 1925년에 이미 수학적 실재론자가 되었지만 1926년부터 1928년 사이에 빈서클의 모임에 참여했으며, 1928년부터 제1불완전성정리의 증명에 착수했다. 그는 이 정리가 빈서클의 핵심 신조를 반증하는 것이라고 해석했는데, 바로 이 신조 때문에 그들은 실증주의에 대한 마흐적 관점에 '논리'라는 말을 덧붙여 자신들의 견해를 '논리실증주의'라고 불렀다. 괴델은 실증주의자들이 사랑하는 수리논리학을 사용하여 그들의 반형이상학적 입장을 초토화시켰다. 하지만 1974년의 시점에서도 그는 보내지 않은 편지 더미 속에서 자신은 결코 실증주의자가 아니며 축복받은 자신의 정리에 내포된 암시는 실증주의가 잘못임을 보여 준다고 설명해야 하는 입장에 놓여 있었다. 실증주의자들은 소피스트들의 인간적 진리 척도를 승인했지만 괴델은 그들과 양립할 수 없는 맞수인 플라톤을 옹호하기 위한 길을 찾아 나섰던 것이다.

괴델은 친구였던 아인슈타인의 잘 발달된 풍자적 감각을 갖지 못했는바, 모든 점들을 고려할 때 이는 참으로 유감스런 일이었다.

괴델과 비트겐슈타인

괴델과 비트겐슈타인처럼 현격히 다른 개성을 상상하기는 어려울 것이다. 두 사람은 모두 천재였지만 엄청난 고뇌를 겪었다. 그러나 그 고뇌 어린 천재성을 세상에 펼친 과정은 강렬한 대조를 이룬다.

비트겐슈타인은 천재의 본성과 의무와 특권에 대해 분명한 견해를 지녔다. 그는 언젠가 러셀에게 베토벤에 관해 다음과 같이 이야기했다.

한 친구가 베토벤의 집을 방문했을 때 새로 작곡한 푸가 속에서도 "노래하고 울부짖고 저주하는" 소리를 듣습니다. 꼬박 한 시간이 지난 뒤 마침내 베토벤이 나타났는데, 마치 악마와 싸운 듯했으며, 그의 격노 때문에 요리사와 가정부도 이미 떠나 버렸기에 꼬박 36시간 동안 아무것도 먹지 못한 모습이었습니다. 모름지기 사람은 이래야 합니다.

그런데 비트겐슈타인이 바로 그런 사람으로, 격정적인 천재성의 드라마를 연출했다. 아직 그에게 매료되었던 시절 러셀은 연인 오톨라인에게 보낸 편지에서 "…… 천재에 관한 전통적 관점에 비춰 볼 때 그는 아마도 내가 아는 한 가장 완전한 천재의 전형입니다. 열정적이고 심오하며, 강렬하고도 위압적입니다."

비트겐슈타인은 추종자들을 광신적으로까지 매혹시키는 천재였다. 그들은 비트겐슈타인처럼 셔츠의 윗단추를 풀고 철학적 아이디어가 떠올랐거나 사라졌을 때 앞이마를 손으로 두드리는 동작과 같은 행동과 태도상의 특징을 흉내 냈다. 그들은 비트겐슈타인을 올바로 해석하는 데에는 서로 일치하지 않을지 모른다. 그러나 올바른 해석이 얻어질 수만 있다면 그것은 거의 필연적 진리라는 데에는 의견을 같이한다(이런 믿음은 영미의 철학계의 여러 곳에서 아직도 존속하고 있다). 그는 논의하기보다 선언했지만, 이 선언들은 단독으로 또는 서로 어울려, 극도의 엄밀함을 추구하는 이 사상가의 논리적 엄격성을 잘 드러내고 있다.

이 엄격성은 비트겐슈타인이라는 인간 자체에도 적용된다. 마치 그의 인간적 행동에 절대적 진리의 기준이 부과되어, 형식논리학의 순수성이 그를 통해 구현된 듯했다. 아주 많은 일화 가운데 거의 임의적으로 케임브리지에서 1930년대부터 그를 알고 지내 온 파니아 파스칼Fania Pascal이 들려주는 것 하나를 택해 보아도 이 점을 잘 알 수 있다.

나는 에벌린요양소Evelyn Nursing Home에서 편도선을 절제하고 침울한 기분에 싸여 있었다. 그런데 비트겐슈타인의 전화가 왔고 나는 볼멘 소리로 마치 차에 깔린 개와 같은 느낌이 든다고 말했다. 비트겐슈타인은 짜증난 투로 답했다. "당신은 차에 깔린 개의 느낌이 어떤지 알지 못합니다."

비수학자들이 스스로를 수학의 기준에 비추어 볼 때 초라할 정도로 부적당하다고 느끼게 되는 것처럼, 수학적 엄격함으로 무장할 것을 요구하는 듯한 비트겐슈타인의 **행동** 기준은 다른 사람들에게 쉽사리 스스로를 사이비에 지나지 않는다는 느낌이 들게 했다. 그의 기준은 내적 천재성의 외적 구현이었으며, 드높이 고양된 의식을 '질풍과 노도Sturm und Drang' 속에 펼쳐 냈다. 그리하여 논리실증주의자들조차 그의 앞에 서면 망연자실할 수밖에 없었.

(케임브리지의 제자들이 목격했다는 고통스럽게 사고하는 그의 모습에서 잘 알 수 있듯) 비트겐슈타인은 자신의 천재성을 극적으로 드러냈지만, 괴델의 천재성은 동의나 부동의를 표시하는 미세한 머리의 움직임처럼 미심쩍게 여겨졌다. 은밀히 감추어진 그의 천재성은 드높이 고양된 의식을

질풍과 노도처럼 펼칠 경우 그 누구의 것에도 뒤지지 않을 것이다. 하지만 괴델은 빈서클의 멤버들 앞에서 자신의 근본적인 부동의에 관하여 한마디도 내뱉지 않았다. 나중에 괴델은 자신을 위해 모든 것을 말해 줄 엄밀한 수학적 증명을 내놓았으며, 사실 이 증명의 내용은 그의 초수학적 신념을 설명하는 데에 부족함이 없을 정도로 풍부했다.

젊은 괴델이 비트겐슈타인에 흠뻑 빠진 연장자들을 보면서 약간 기분이 상했거나 불만스러워했을 모습을 상상하는 것도 흥미로울 것이다. 비트겐슈타인은 철학적 견해뿐 아니라 온통 혼란을 불러일으키고 남들까지 그 야단법석으로 끌어들인다는 점에서도 자신과 너무나 대조적이기 때문이다. 따라서 (거의 불경스럽게 여겨지기는 하지만) 이 침묵의 반대자도 작으나마 그 어떤 인간적 감정의 자극을 받아 '신성한 영감'의 원천인 철학자에 맞설 드높은 권위, 곧 수학을 이용하여 결정적 반론을 찾고자 했을 것이라고 여겨지기도 한다.

아무리 여담이라도 이런 동기는 불투명한 괴델의 내면생활을 고려할 때 역시 추측에 지나지 않는다. 게다가 괴델은 비트겐슈타인이 수리논리학 분야에서 이룬 자신의 연구에 아무런 영향도 미치지 않았다고 직접 밝혔다. 사회학자 그랜진의 질문서에 대한 두 가지의 보내지 않은 답변 가운데 하나를 보면 "귀하의 철학을 발전시키는 데에 특별한 의의를 가진 영향으로는 어떤 게 있습니까?"라는 그랜진의 질문에 대해 괴델은 "빈대학교의 하인리히 곰페르츠 교수"라고 쓴 뒤,[19] 불필요하게도 영향을 주지 않은 사

---

[19] 이 질문서의 또 다른 답변에는 같은 질문에 대해 "수학은 푸르트뱅글러 교수, 철학은 곰페르츠 교수의 강의"라고 썼다.

람에 대한 언급도 기재했다. "수리철학에 대한 비트겐슈타인의 견해는 나의 연구에 아무 영향도 주지 않았으며, 비트겐슈타인이 촉발한 주제에 관한 빈서클의 관심도 마찬가지입니다."

물론 적극적 의미에서 영향이라 함은 내가 생각해 보고자 하는 어두운 의미에서의 유인과는 사뭇 다르다. 비트겐슈타인에 관한 불필요한 부가 설명은 특히 괴델과 같은 소극적 성격에 비춰 볼 때 최소한 회고적 분노라고 말할 수 있다. 빈서클의 멤버들에게 카리스마적 영향력을 발휘한 철학자는 그를 지겹게 만들고, (의심스럽지만) 고무시키고, 심지어 불완전성정리의 증명으로 나아가도록 했는지도 모른다. 다만 만년의 괴델은 기록의 형태로 비트겐슈타인에 대한 분노 섞인 불쾌함을 희미한 암시 속에 남겼다고 하겠다.

예를 들어 1971년 수학자 케네스 블랙웰Kenneth Blackwell은 러셀의 『자서전Autobiography』 속에 괴델이 언급되어 있는데, (괴델이 유태계라는 내용을 포함한) 몇 가지 오류와 함께 괴델의 플라톤주의에 대한 다소 경박하고도 비꼬는 듯한 구절이 있다고 괴델에게 알려 주었다.

> 괴델은 순수한 플라톤주의자로 드러났으며, 영원불멸의 '부정(否定)'이 하늘에 모셔져 있다고 믿었고, 고결한 논리학자들은 나중에 모두 거기서 만나기를 소망하는 것 같았다.

괴델은 자신을 주제로 한 러셀의 서술에 조목조목 반박하는 편지를 썼는데, 이 역시 보내지지 않은 채 그의 유품으로 남았다. 자신이 유태계라는 말에 대해서는 "나는 먼저 진실을 밝힌다는 뜻에서(이 사실에 어떤 중요성이 있다고 보지는 않지만) 내가 유태계가 아니란 점을 지적해 둔다"라고 적은 이 편지는 다음과 같은 말로 끝이 맺어져 있다.

내가 '순수한' 플라톤주의자라는 점에 대해서는, 오히려 나도 1921년의 러셀 자신보다 덜 순수했다고 말하고 싶다. 그는 1919년에 처음 출판된 『수리철학의 기초 Introduction to Mathematical Philosophy』에서 "논리학은 비록 더욱 추상적이고 일반적이라는 특징이 있기는 하지만, 예를 들어 동물학과 똑같이 현실 세계를 다룬다"라고 썼다. 그때 러셀은 분명 현세에서 이미 영원불멸의 '부정'을 만났던 것인데, 나중에 비트겐슈타인의 영향을 받더니 이런 점을 간과하게 되고 말았다.

이는 괴델에게서 나온 말로서는 신랄한 것이고, 그렇기 때문에 아직도 파이어스톤도서관의 자료 더미에서 시들어 가고 있다. 들끓는 분노가 몇십 년의 세월 속에서 사그라진 뒤(사실은 몰아낸 것이지만), 빈 시절 때부터 알고 지냈던 옛 지인 카를 멩거는 사후에 출간된 비트겐슈타인의 『수학의 기초에 관하여 Remarks on the Foundations of Mathematics』라는 책에 괴델에 대한 언급이 나오는 대목을 보여 주었다. 이에 대해 멩거는 다음과 같이 썼다.

1970년대 초, 나는 슐리크서클에 대한 회상을 책으로 쓰기 시작했다. 빠진 내용이 없도록 하기 위하여 나는 비트겐슈타인의 저작 중에 괴델에 대한 생각을 찾아보았다. 1956년에 발간된 비트겐슈타인의 『수학의 기초에 관하여』에서 몇몇 대목이 발견되었다. 제1부의 부록1과 제5부에 나오는 모호한 것들을 제외하면, …… 이에 대한 논의가 담겨 있는데, 괴델의 업적에 대한 적절한 평가는 없다. 사실 비트겐슈타인은 너무 엉뚱하게 빗나가 결정불능성의 증명은 오직 시시한 논리적 책략 또는 추론 기법으로 쓰일 뿐이라고 말할 정도였다.

이와 같은 멩거의 지적에 대해 괴델은 다음과 같이 대답했다.

결정불능명제에 관한 나의 정리에 대해서만 말하자면, 지적된 문구를 토대로 판단할 때 비트겐슈타인은 이를 이해하지 못한 것으로 보입니다(또는 이해하지 못한 척 했는지도 모르겠습니다). 그는 이것을 일종의 논리적 역설로 해석하는데, 실제로는 그 정반대로서, 유한수론finitary number theory이나 조합론combinatorics과 같은 절대적으로 논쟁의 여지가 없는 수학 분야 안에서 이루어진 증명입니다. 덧붙여 말하면, 인용된 구절 전체가 난센스로 여겨집니다. 예컨대 모순에 대한 "수학자의 미신적 공포"를 참조 바랍니다.[20]

비트겐슈타인에 대해 이처럼 단호한 지겨움을 드러내는 배경에는 괴델의 유명한 정리에 대한 비트겐슈타인의 반응이 자리 잡고 있는데, 이때 비트겐슈타인이 보인 반응은 괴델이 그에게 전에 아무런 구원(舊怨)이 없을지라도 분노를 불러일으킬 만한 것이었다. 비트겐슈타인은 괴델이 엄밀한

---

[20] 괴델은 여기서 "모순에 마주친 수학자의 미신적 공포와 외경Die abergläubische Angst und Verehrung der Mathematiker vor dem Widerspruch: The superstitious fear and awe of mathematicians in the face of contradiction"에 삽입된 주석을 인용하고 있다. 괴델은 또한 스스로 매우 높이 평가한 젊은 수리논리학자 에이브러햄 로빈슨Abraham Robinson에게도 편지를 써서 자신의 증명에 대한 비트겐슈타인의 언급은 "완전히 쓸모없고 무가치한 오해"라고 말했다.

수학을 통해 초수학적 암시를 담은 결과에 이르렀다는 사실을 전혀 용인하지 않았다. 초수학적 암시를 담은 수학적 결과가 있을 수 있다는 주장은 언어와 지식과 철학은 물론 그야말로 모든 것에 대한 비트겐슈타인의 관념에 위반되었기 때문이다. 비트겐슈타인의 관점에 따르면 과묵한 논리학자가 펼친 웅대한 역사적 야망은 본질적으로 실현불가능하다. 따라서 전혀 과묵하지 않은 이 철학자가 괴델의 정리를 '시시한 논리적 책략'으로 폄하한 것에 대해 오늘날에 이르기까지도 많은 수학자들은 괴델 자신이 그랬던 것처럼 극단적인 비방으로 여긴다(나와 이야기를 나눈 수학자들 가운데 비트겐슈타인에 대해 좋은 말을 한 사람은 단 한 사람도 없었다. 그중 특히 분개한 한 수학자는 비트겐슈타인의 유명한 명제 7, 곧 "말할 수 없는 것에 대해서는 침묵해야 한다"는 것에 대해 "엄숙함과 공허함의 조화라는 어려운 과제의 성취"라고 규정했다. 논리학자 게오르크 크라이젤Georg Kreisel은 비트겐슈타인의 학생이었다가 나중에 괴델을 알게 되었는데, "수리논리학에 대한 비트겐슈타인의 견해는 그다지 중요하지 않습니다. 이에 대해 아는 게 거의 없고 아는 것마저도 프레게와 러셀 계열의 것 정도이니까요"라고 말했다. 크라이젤은 비트겐슈타인이 자신을 포함하여 여러 학생들을 탈바꿈시키는 영향력에 대해서도 비난했다).

하지만 수학의 기초보다 더 깊은 수준에서는 괴델의 결과와 초기의 비트겐슈타인 사이에 비트겐슈타인에 대한 빈서클의 이해나 오해에서 드러난 것보다 더 많은 유사점을 찾을 수 있다. 비트겐슈타인은, 그 자신이 강하게 항의했듯, 실증주의자가 전혀 아니었으며, 『논리철학논고』의 명제 7은 불완전성정리의 비트겐슈타인판에 해당한다. 물론 비트겐슈타인과 괴델 사이의 차이점과 유사점을 더욱 깊이 음미하려면 괴델이 실제로 무엇을 해냈는지에 대해 이해할 필요가 있다. 따라서 우리는 불완전성정리의 증명을 살펴보고 난 뒤 이 두 사람 사이의 가시 돋친 관계를 다시 돌아보기로 한다.

비트겐슈타인이 많은 사람들에게 영향을 주던 무렵 괴델도 몇 년 동안 열정적인 사상적 형성기를 보냈지만, 결론적으로 이 젊은 논리학자이자 확고한 플라톤주의자가 비트겐슈타인을 얼마나 심각하게 생각해 보았는지는 잘 알 수 없다. 그런데 비트겐슈타인의 저 너머 당대에 가장 큰 영향력을 발휘했던 수학자 다비드 힐베르트가 솟아 있으며, 이 사람은 괴델로서도 수학적으로 부적격이라고 물리칠 수 없다. 하지만 비트겐슈타인과 마찬가지로 수학의 본질에 대한 힐베르트의 견해 또한 얼마 뒤 젊은 괴델이 올라설 의심할 바 없는 세상에서 흘러나온 수학적 결론과는 다른 어느 것보다 더 정면으로 대립한다.

제2장
힐베르트와 형식주의자들

수학자의 직관

이제 다시 우리를 애태우는 수학의 고유성으로 돌아와, 수학은 선험적 추론을 통해 자신의 진리를 찾으며, 여기서 한번 확립된 결론은 이 세상의 본질에 대한 그 어떤 경험적 발견으로도 뒤엎을 수 없다는 특성에 대해서 살펴보기로 한다.

고대 그리스 초창기 이래 수학적 지식은 인간이 가진 지식들 가운데 가장 말썽이 적은 것으로 여겨졌다. 실제로는 모든 지식이 따라야 할 영원불멸의 확실한 것으로서, 한마디로 **증명된** 것이다. 따라서 플라톤 이후 인식론적 이상주의자들이 수학적 기준과 방법을 가능한 한 우리가 추구하고자 하는 지식의 모든 영역에 적용해 보고자 했던 것도 결코 놀라운 일이 아니다.

하지만 다른 한편으로 수학적 지식은, 비판적 자세의 인식론자들이 보기에, 아주 말썽이 많다. 그리하여 이들은 이상주의자들을 북돋우는 확실성 자체에 미심쩍은 눈초리를 보냈다. 도대체 어떤 지식이 어떻게 영원불멸의 확실성을 지니도록 증명될 수 있단 말인가? 어쩌면, 비판적 자세를 가진 일부 인식론자들이 주장하듯, 수학적 지식은 실제로는 아예 지식이 아닌 것 아닐까? 어쩌면 이는 단순히 정해진 규칙에 따라 진행하는 게임에 지나지 않아, 실제로는 우리에게 아무것도 알려 주지 않는 것은 아닐까? 거트루드 스타인Gertrude Stein은 그녀의 고향 캘리포니아의 오클랜드에 대해 "거기에는 '거기'가 없다There is no there, there"라는 유명한 말을 남겼다(어른이 되어 고향을 찾았으나 어렸을 때 살았던 집이 없어졌음을 가리킨 말: 옮긴이). 그래서 적어도 어떤 사람들에게는 수학도 그럴 것으로 여겨졌다.

문제는 이렇다: "왜 확실한가? 수학적 확실성의 원천은 무엇인가?" 경험적 지식의 근거는 감각지각이다. 내가 알게끔, 또는 적어도 안다고 생각하게끔, 직접 주어진 것은 보고 듣고 만지고 맛보고 맡는 감각을 통해서 온다. 감각지각은 우리가 물리적 실체 속에 자리 잡은 것들과 접촉하게 해 준다. 그렇다면 수학적 지식의 근거는 무엇일까? 수학에도 감각지각과 같은 게 있는가? 혹 수학적 **직관**이 그 근거는 아닐까? 다시 말해서 우리가 가진 직관의 기능이 '거기'에 존재하는 수학적 실체와 접촉하도록 해 주는 것일까? 또는 '거기'가 아예 없는 것은 아닐까?

수학적 증명은 분명 어디선가부터 시작되어야 한다. 때로 어떤 증명은 다른 증명의 결론에서 유래하고, 다시 이로부터 또 다른 결론들을 연역해 낸다. 하지만 모든 것이 증명될 수는 없다. 그렇지 않다면 우리는 어디서부터 출발한단 말인가? 따라서 수학에서도 경험적 지식에서와 마찬가지로 뭔가 '주어진' 것이 있어야 한다. 그런데 이것들은 '어떻게' 주어질까? 수학적 직관은 흔히 감각지각에 대응하는 선험적 지각으로 여겨진다.

직관은 수학뿐 아니라 다른 곳에서도 까다로운 문제이다. 직관은 우리가 무엇을 단순히 "본래 그리고 자연스레" 아는 것을 가리키며, 그 근거로 다른 것을 요구하지 않는다(물론 때로 직관이란 말은, 약한 의미, 곧 엄밀성이 결여된 모호한 느낌을 가리키는 뜻으로도 쓰인다. 하지만 인식론적 논의에서는 위에서 이야기한 것처럼 강한 의미로 사용한다). 분명 직관은, 또는 더 정확히 말해서 직관에 대한 견해는, 말하는 사람에 따라 매우 다양하다. 지금 이 순간에도 지구상에는 (분명 수학과는 상관없지만) 근본적으로 다른 직관에 따른 견해를 주장한다는 이유로 사람들끼리 서로 죽이는 곳이 있다. 모든 진정한 직관은 (항진명제적으로) 참이다('항진명제적으로'라고 한 이유는, 만일 그렇지 않다면 우리는 '진정한'이란 말을 쓰지 않을 것이기 때문이다). 하지만 추정적인 직관들은 반드시 진정한 직관이라고 할 수 없다. 그렇다면 우리는 언제 우리가 진정한 신념을 가졌다고 말할 수 있을까? 모호한 동기들은 아주 많지만(예를 들어 동족의 선천적 우수성을 단언하는 악명 높은 명제들처럼, 옳기만 하다면야 사람들의 자존심을 드높이는 데에 도움이 될 그런 것들) 스스로를 감추는 경향이 있다. 결과적으로 우리들의 마음속에서 형성되는 믿음은 정확히 말하자면 우리가 그것들의 미심쩍은 진면목을 우리 자신들의 입장과 자아에 비춰 올바르게 대면할 준비가 되지 않은 상황에서 직관적으로 명백하게 여겨질 수 있다.

  우리는 순수이성의 가장 높은 탑 위에 자리 잡은 수학은 저 아래 보이는 광란의 인간 세상에 비해 모호한 동기와 믿음이 극히 적을 것이라고 여기기 쉽다. 하지만 수학에서도 우리는 속아 넘어갈 수 있다. 우연적인 요소들이 우리의 가장 고결한 수학적 추론에도 스며들어 명백하지 않으면서도(나아가 심지어 참이 아니면서도) 겉보기로만 직관적으로 명백한 듯한 명제를 제시할 수 있기 때문이다.

우리들의 '직관'이 어떤 식으로 교묘하게 우리들을 미혹시킬 수 있는지 알아보기 위해, 자주 보는 예로서, 추상적인 수학 개념을 구체화하는 데에 도움을 주는 도형의 예 하나를 생각해 보자. 이와 같은 구체화는 가장 예리한 수학적 감성을 지닌 사람들에게도 거의 필수적이다. 예를 들어 수학에 누구 못지않게 엄격한 규칙을 부과하려고 노력했던 다비드 힐베르트도 다음과 같이 썼다.

> 그래서 기하학적 도형은 공간적 직관의 기호 또는 암기용 상징이며, 모든 수학자들도 그렇게 사용하고 있다. 직선 위에 잇달아 세 점을 찍고 이를 통해 'a>b>c'라는 부등식과 '사이'라는 개념을 기하학적 그림으로 이해하는 방법을 채택하지 않는 사람이 과연 있을까? 함수의 연속이나 응집점point of condensation에 관한 어려운 정리를 완전히 엄밀하게 증명하고자 하는데 선분과 직사각형이 서로 둘러싸고 있는 그림이 필요할 경우 이를 이용하지 않을 사람이 누가 있을까? 삼각형, 중심이 표시된 원, 세 축이 서로 직교하는 좌표계의 그림 등을 도외시할 사람이 과연 있을까?

가장 엄밀한 수학자들조차 순수이성을 위해 이런 도움에 의지하는 이상 우리가 그린 스케치의 어떤 완전히 우연적인 요소도 증명에 쓰일 수 있는 반면 뭔가가 명백하지 않는데도 명백하게 보이도록 할 수도 있다.

예를 들어 이등변삼각형의 두 밑각이 같다는 사실을 증명하고자 할 경우, 옆의 스케치 1을 보면 증명할 필요도 없이 그냥 명백하게 보인다. 또한 삼각형의 모든 각은 90도보다 작은 예각이라는 명제를 증명하고자 할 경우,

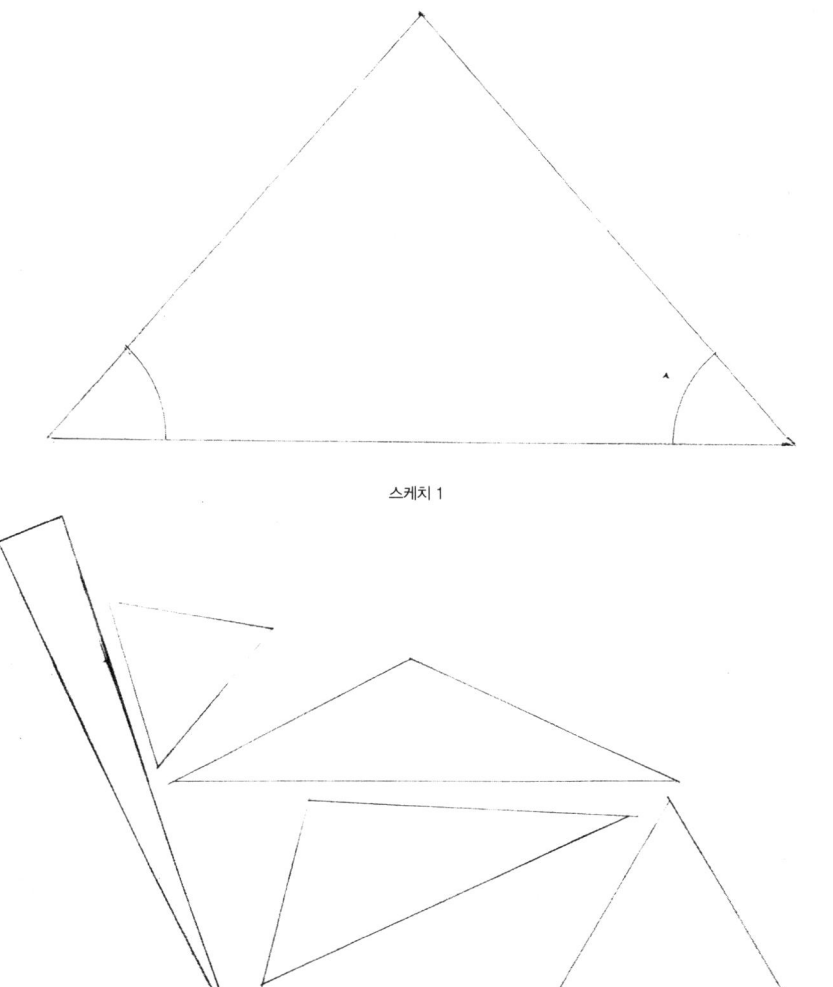

스케치 1

스케치 2

만일 우리가 이 '진실'에 붙들려 있다면, 앞 페이지 스케치 2의 삼각형들 가운데 오직 이 명제를 따르는 것들만 그릴 수도 있는데, 왜냐하면 이 경우 그런 것들만 머리에 떠오르게 되기 때문이다.

　인간 사고의 다른 여러 분야들에서, 예를 들어 특히 악명 높은 것으로는 윤리학이 있는데, 사람들은 이와 같은 '직관'의 환상에 빠질 수 있다. 그리고 이와 같은 윤리학에서의 환상적 직관은 실제 세계에 커다란 재앙을 초래할 수 있다. 아인슈타인과 괴델이 프린스턴의 조용하고 작은 길을 거닐게 된 것은 바로 아인슈타인의 고향 독일과 괴델의 고향 오스트리아의 수많은 사람들이 보기에 아리안민족의 나라인 그들의 나라에서 아리안민족이 아닌 사람들을 일소하여 단일민족국가로 만드는 일의 정당성이 직관적으로 명백했기 때문이었다. 따라서 수학에서만 여러 가지가 직관적으로 명백하게 보일 수 있다는 생각은 사실 아주 잘못된 것이다. 하지만 적어도 수학은 진리정화법, 곧 공리계axiomatic system를 갖고 있다는 점에서 독특하다고 여겨지며, 나아가 오직 수학만이 그런 것 같다. 이에 비춰 볼 때 17세기의 스피노자와 같은 합리론자들이 수학의 공리적 방법론을 적절히 변형하여 인간적인 윤리학에 적용해 보려고 했던 것도 놀라운 일은 아니다(스피노자의 가족은 포르투갈의 유태계였는데, 아인슈타인과 괴델이 프린스턴으로 가게 된 것과 비슷한 이유 때문에 암스테르담에서 살았다). 수학적 방법론의 엄밀한 진리정화력을 보편화하려는 욕망은 바로 합리주의rationalism라는 인식론적 운동이 추구하고자 하는 모든 것이다. 하지만 이에 앞서 반드시 답해져야 할 의문, 곧 수학적 방법론의 보편화 가능성을 생각해 보기 전에 해야 할 질문은 다음과 같다. "공리계란 정확히 무엇이며, 그 부러운 엄밀성은 대체 어떻게 얻어지는가?"

공리계의 배경에 자리 잡은 아이디어는 기하나 산술과 같은 수학의 어떤 분야에 내포된 여러 겹의 진리들이 공리와 추론규칙과 정리들로 체계화될 수 있다는 것이다. 먼저 공리들은 공리계를 이루는 근본 진리들로 직관적으로 명백하다. 우리는 그 의미를 이해하며 그것만으로 공리가 참이라는 것을 아는 데에 충분하다고 본다. 따라서 공리에 대해서는 어떤 증명도 요구하지 않는다. 그런 다음 우리는 진리성을 보존하는 추론규칙을[1] 공리에 적용하여 이로부터 흘러나오는 정리, 곧 명백하지 않은 다른 진리들을 얻는다.

예를 들어 수학의 모든 분야 가운데 가장 간단한 산술을 생각해 보자. 산술은 자연수(여기서는 1부터 시작하는 일반적 자연수, 곧 '셈수$_{counting\ number}$'에 0을 포함한 것으로 본다)의 구조를 다루며, 덧셈과 곱셈이라는 연산과 연수관계(連數關係)$_{successor\ relation}$에서 출발한다(연수관계는 어떤 자연수 n이 주어졌을 때 자연스런 순서에 따라 '바로 다음 수'인 $n+1$을 얻도록 해 주는 관계를 말한다). 그러면 뺄셈과 나눗셈을 비롯한 다른 모든 산술적 연산들은 이 세 가지를 이용하여 정의할 수 있다.

1889년에 주세페 페아노$_{Giuseppe\ Peano(1858\sim1932)}$는 산술을 다섯 가지의

---

[1] 추론규칙은 완전한 진리성상속법칙$_{laws\ of\ truth-inheritance}$이다. 따라서 선조(공리)들이 가진 진리성은 후손(정리)들에게 물려질 수밖에 없다. 예를 들어 우리는 모든 x가 P에 속한다는 사실을 알고 있다고 하자. 그런 다음 어떤 개체 i를 보았더니 이것이 x의 하나였다고 하자. 그러면 '전례화(全例化)$_{universal\ instantiation}$'라는 추론규칙에 따라 i는 P의 하나임을 알게 된다. 예를 들어 우리는 모든 수학자들이 각자의 최대 업적을 40세가 되기 전에 이룬다는 사실을 확신한다고 하자. 그리고 괴델이 수학자였다는 사실을 알게 되었다고 하자. 그러면 우리는 괴델도 그의 최대 업적을 40세가 되기 전에 이루었음을 알게 된다.

공리로 환원시켰는데, 그중 세 가지는 다음과 같다. 첫째, 0은 수이다. 둘째, 어떤 수의 연수도 수이다. 셋째, 임의의 서로 다른 두 수의 연수는 서로 다르다. 이 세 공리는 참으로 명백해 보이며, 공리는 바로 이런 식으로 세운다. 공리는 이처럼 명백하므로 증명할 필요도 없이 참이다. 이 공리들로부터 다른 모든 것들이 유래하는데, 비유하자면 거대한 나무가 작은 씨로부터 자라나는 것과 같다. 따라서 이와 같은 웅대한 성장의 결과 전체에 대해 확신을 가지려면 그 기초가 되는 공리들의 진실성에 의문의 **여지**가 없어야 한다. 우리가 "직관적으로 명백하다"거나 "주어졌다"거나 "자명하다"거나 등으로 말하는 것은 바로 이 "의문의 여지가 없음"이라는 상황을 뜻한다.

이와 달리 공리계의 정리들은 공리 또는 다른 정리들에 진리성을 보존하는 추론규칙을 적용하면 유도된다는 점이 증명된 **다음에야** 참이라고 인정된다. 이런 설명이 어딘지 개운치 않다면 다음과 같이 생각해 보자. 공리는 어떤 가족의 자식들 중 첫째와 같다. 자식들 중 첫째는 **태어났다**는 사실 자체만으로 받아들여진다. 정리는 이후에 태어나는 자식들과 같으며, 이들은 받아들여질 만하다는 점을 스스로 **증명**해야 한다(첫째인 분들은 이 비유를 무시할 수도 있다. 하지만 셋째인 내게 이 비유는 나름의 호소력이 있다).

이에 따라 고대 그리스에서 처음, 특히 유클리드$_{\text{Euclid}}$에 의하여 고안된 공리계는 직관적으로 명백하다고 보는 적은 수(적을수록 좋다)의 공리들에서 출발하여 이것들로써 증명할 수 있는 모든 결론들을 찾아 간다. 공리들의 수는 적으면 적을수록 좋은데, 왜냐하면 최대한의 확실성을 확보하기 위하여 직관에 대한 호소는 최소한으로 하고자 하기 때문이다. "그저 국민(수학자)들의 옳은 일을 하려는 선한 의지(직관)에 맡기자"라는 자유의지론자들의 정책 대신 공리계의 정부는 몇 가지의 엄격한 제재를 가한다. 직관에 임의로 호소하기보다 다른 모든 것들이 체계적인 규율 관리에 의하여 도출될 수 있도록 하는 최종 근거로 무엇이 직접 주어졌는지에 대한 일반적 합의가 이뤄져야 한다. 이런 점에서 공리화는 일종의 '큰 정부 수학'으로 생각할 수 있다. 공리계의 배경을 이루는 동기는 직관에 대한 호소를 최소화함으로써 확실성은 최대화하는 것으로, 이에 따라 공리는 더 이상 줄일 수 없는 적은 수의 것으로 제한한다. 하지만 이 적은 수의 공리는 필수불가결인데, 왜냐하면 어쨌든 우리는 반드시 '어디선가에서' 출발해야 하기 때문이다.

적어도 유클리드 시대 이후 서구 사상의 역사 대부분에서 공리계는 수학, 나아가 지식 자체의 가장 완전한 형태를 나타내는 것으로 널리 여겨지게 되었다. 산술에 관한 페아노의 다섯 가지 공리를 단 하나의 공리로부터 유도하여 페아노의 공리계를 더욱 간단하게 만든 고틀로프 프레게는 "수학에서 우리는 언제나 자체적으로 완전한 계를 추구해야 한다"라고 말했다. 프레게는 또한 "만일 수학이 이런 계를 만드는 데에 실패한다면 다른 어떤 과학보다 더 짙은 모호함에 휩싸일 것이다"라고 말했다. 결국 수학의 독특한 확실성은 바로 이러한 공리계의 구축에서 유래한다.

우리의 직관을 제한하고자 하는 노력은 이보다 더 나아가며, 사실상 그 목표는 모든 직관을 일소하는 것이다. 그리고 이 목표는 마침내 우리들로 하여금 **형식체계**formal system라는 관념에 이르게 했다. 다시 말해서 어떤 형식체계란 직관에 대한 호소를 완전히 제거한 공리계이다.

왜 이처럼 '직관박탈'이라는 과감한 발걸음을 내딛었을까? 이미 말했듯, 직관이란 까다로운 문제이기 때문이다. 진정한 직관이 참이라 하더라도, 과연 우리가 진정한 신념을 가졌는지 도대체 어떻게 알 수 있단 말인가? 어쩌면 알 수 없을 것이다. 어쩌면 신념을 강요하는 눈앞의 설득력에서 유래하는 느낌이 바로 직관의 실체와 같은 것인지도 모른다. 그렇다면 직관에 호소한들 무슨 소용이 있을까? 따라서, 어차피 모든 게 동등한 이상, 이런 호소에서 손을 떼는 게 어떨까? 적어도 '모든 학문 가운데 가장 엄밀한 학문'을 추구하는 데에서는 말이다.

    실제로는 모든 게 동등하지 않았다. 그리고 바로 이 불평등이 수학에서 직관을 무자비하게 몰아내고자 하는 노력에 힘을 더해 주었다. 19세기의 수학적 발전은 직관적으로 명백하다고 여겨 온 공리계에 대한 우리의 믿음을 뒤엎었다. 이런 반전에서 가장 극적인 장면은 비유클리드기하학non-Euclidean geometry의 발견이었다. 당시의 수학적 발전에 따라 예기치 않은 결과가 얻어졌는데, 그것은 유클리드기하학에서 악명 높았던 평행선공리가 진정으로 완전히 '공리적'이지는 않았다는 점이었다. 사실 말하자면 이 공리를 부정하더라도 자체적으로 아무 모순이 없는 기하학을 구축할 수 있다![2] 그리고 이 발견에 이어 집합론에서도 우리들의 추정적인 직관들에 관

---

[2] 유클리드의 다섯 가지 공리 중 마지막의 것은 악명 높은 평행선공리로, 어떤 직선 밖의 한 점을 지나 이 직선에 평행인 직선은 오직 하나 존재한다는 것이다. 유클리드 자신도 이 공리를 흡족히 여기지 않았는데, 그 이유는 다른 것과 달리 묵시적으로 무한대를 인용하기 때문이며, 따라서 그는 여러 유도 과정에서 될 수 있는 한 이 공리를 사용하지 않으려 했다. 그런데 평행선공리는 어떤 식으로 무한대를 인용한다는 것일까? 두 직선은 어느 곳에서도 교차하지 않을 때에만 평행이다. 하지만 공간에서 유한한 영역을 상정할 경우 어떤 직선 밖의 한 점을 지나 이 직선에 평행인 (다시 말해서 만나지 않는) 직선을 얼마든지 많이 그을 수 있다. 그러므로 평행선공리는 오직 무한대를 상정할 때만 타당하며, 이런 점에서 묵시적으로 무한대가 인용되어 있다는 뜻이다. 그런데 무한에 대한 우리의 직관은 명백하지 않아서 항상 의혹의 눈초리를 받

한 고약한 뉴스가 흘러나왔다. 직관적으로 매우 명백했기에 그냥 주어진 것으로 취급했던 것들 때문에 집합론에서는 '자신의 원소가 아닌 모든 집합들의 집합'처럼 모순에 감염된 집합들이 만들어졌던 것이다.

분명 우리의 수학적 직관을 구성하는 기반은 실제로는 기반이라고 할 수 없다. 만일 직관에 호소하지 않고도 공리계를 구축하는 게 가능하다면 그 길로 나아가야 마땅하다.

직관의 제거는 정해진 규칙들에 의해 정의될 수 있는 것을 제외한 모든 의미를 공리계로부터 제거함으로써 이루어진다. 다른 모든 것을 정의하는 데에 쓰이는 규칙들은 규정된 이외의 다른 어느 것으로도 주장되어서는 안 된다. 이것들은 수나 집합과 같은 독립적 객체들이나 기타 다른 객관적 실체에 대한 어떤 서술로도 간주되어서는 안 된다. 형식체계는 이와 같은 의미제거가 모두 완료된 다음에 남는 바로 그것이다. 이러한 박탈도 '정부 규

아 왔다. 유클리드는 『원론(原論)The Elements』이라는 걸작을 남겼지만, 거기에 쓰인 공리들 가운데 하나에 대한 의문은 시대를 이어 계속 전해졌다. 그리하여 많은 수학자들은 다른 네 가지 공리들로부터 이것을 유도하여 실제로는 이것이 정리임을 보이려고 노력했지만 아무도 성공하지 못했다. 그러던 중 19세기에 들어 수학자들은 작전을 바꿔, 다른 네 공리에 평행선공리의 부정에 해당하는 공리를 덧붙이면 모순이 일어남을 보이고자 하는 간접적 경로를 택했다. 그런데 놀랍게도 모순은커녕 자체적 무모순성을 갖춘 새로운 기하학이 유도되었다! 이와 같은 비유클리드기하학은 세 수학자가 독립적으로 구축했다. 첫째는 타의 추종을 불허하는 탁월한 수학자로 '수학자의 왕자'로 불리는 카를 프리드리히 가우스Carl Friedrich Gauss(1777~1855)이며, 둘째는 니콜라이 이바노비치 로바체프스키Nicolai Ivanovich Lobachevsky(1792~1856)이고, 셋째는 야노스 보여이János Bolyai(1802~1860)이다. 보여이는 1823년에 수학의 이 새로운 세계에 마주쳤는데, 가우스의 친구이자 역시 수학자였던 아버지 파르카스 보여이Farkas Bolyai에게 쓴 편지에서 "저는 너무나 경이롭고도 놀라운 세계를 발견했습니다. …… 실로 무(無)로부터 기이한 새 세계를 창조한 것입니다"라고 썼다. 한편 이 결과를 전해 들은 가우스는 "나는 이 젊은 기하학자를 최상의 천재 중 한 사람으로 여긴다"라고 썼지만, 나중에 그에게 이 이상한 세계를 최초로 발견한 사람은 그가 아니라고 알려 줘야 했다. 가우스 자신이 이미 이를 발견했는데, 다만 그는 이 결과가 너무 큰 논쟁을 불러올 것으로 보아 발표를 자제해 왔다. (또 다른 비유클리드가하학은 리만이 발표한 '리만기하학(1854년)'이 있다.

제'의 하나로서, 수학자들이 생각할 수 있는 가장 엄격한 것이며, 따라서 어떤 직관도 스며들 수 없다. 말하자면 이는 공산주의자의 수학 '접수'라고 할 수 있다. 공공의 규칙에 의거하여 모든 사유재산(의미)을 박탈해 버리기 때문이다.

그리고 나면 (원시적으로 주어진 공리와 추론규칙과 정리들로 구성된) 형식체계는 [0이나 연수(連數)함수를 가리키는 용어들처럼] 어떤 의미를 가진 상징들이 아니라 (종이 위에 아무렇게나 쓰인 표시들처럼) 완전히 무의미한 기호들로 구성되며, 이 기호들의 의의는 오직 각 기호들 사이의 관계에 관한 규칙에 의하여 정의될 뿐이다. 의미가 일소되기 전의 공리계는, 예를 들어 수나(산술) 집합이나(집합론) 공간(기하학)에 관한 것으로 이해되었던 반면, 형식체계는 그야말로 그 어떤 것에 관한 것도 아니다. 따라서 형식체계를 이야기할 경우 우리는 수나 집합이나 공간에 대한 우리의 직관에 호소할 필요가 없다. 형식체계는 규칙들로 구축된다. 이 규칙들은 그 계의 기호(알파벳)를 규정하고, 이 기호들을 어떻게 결합하여 일정한 문법적 구조(정형식 wffs)를 만들 것인지에 대해 규정하며, 한 정형식으로부터 어떻게 다른 정형식을 이끌어 낼 것인지(추론규칙)에 대해 규정한다.

공리계의 형식화는 우리에게 가장 높은 수준의 확실성을 주는데, 이에 따라 우리는 무엇이 수학적으로 명백하고 무엇이 그렇지 않은지를 파악하기 위해 우리의 직관에 의지할 필요가 없다. 이는 수학적 직관에의 의존을 탈피하기 위한 것이며, 우리의 수학적 활동을 어떤 상상력이나 독창성도 필요 없는 순전히 기계적인 과정으로 전환시킨다. 이 과정은 명확히 규정된 규칙에 따르므로 심지어 기호들의 의미도 파악할 필요가 없다. 형식체계는 오직 규칙으로만 이루어진 계인데, 그 규칙에 따른다는 것은 순수한 **귀납함수**(재귀함수)recursive function로 엮어진 **조합적 활동**을 펼친다는 뜻이다 (대략 말하자면 귀납함수는 다른 귀납함수 또는 아주 간단한 기본 함수의 결과를 이용하여 다른 결과에 이르도록 하는 함수이다[3]). 그런데 이런 활동은 컴퓨터의 프로그램으로 꾸밀 수 있으며, 이는 곧 '계산 가능'하다는 뜻이기도 하다. 이 과정에서는 각 단계마다 해야 할 일련의 연산이 알고리듬으로 규정되어 있는데,[4] 한 단계의 결과는 이전 단계의 결과에 달려 있다.

앞 문단에서 지적하려 했듯, 서로 엮어진 모든 수학적 개념들은 형식화를 향한 과정에서 그 모습들을 드러낸다. 귀납함수와 계산가능한 함수의 기계적 또는 효과적 과정은 알고리듬과 조합적 절차로 구성되어 있다. 이러한 개념들의 묶음은 거의 모두 같은 것을 뜻하는데, 앞서 적용된 규칙들의 결과에 다시 적용하는 규칙들이 그 핵심이다. 거기에는 규칙들 자체에서 나오는 것 이외의 다른 의미는 없다.

형식체계에서 직관은 어떤 위험한 지위도 차지할 수 없다. 직관은 우리에게 공간이나 수나 집합과 같은 실체들에 대한 생각을 전해 준다. 무의미한 기호와 이것들을 다룰 엄격한 규칙들로 구성된 체계에 대한 직관은 없다. 나아가 그런 것을 가질 필요가 없다. 형식체계를 다룰 때 우리의 선험적 이성에게 필요한 모든 것은 규칙으로 규정되어 있으며, 바로 이 때문에

---

[3] 귀납함수라는 아주 유용한 수학적 개념은 괴델이 그의 제1불완전성정리의 증명에서 처음 정의했다.
[4] 알고리듬이란 용어는 9세기의 페르시아 수학자 아부 자파르 모하메드 이븐 무사 알콰리즈미Abu ja' far Mohammad ibn Mûsâ al-Khowârizmi의 이름에서 따왔다. 그는 서기 825년 무렵 『키탑 알 자브르 왈무콰발라Kitab al jabr w' al-muqabala』라는 중요한 수학책을 썼는데, 대수학을 뜻하는 'algebra'란 용어는 이 책의 이름에서 따왔다.

형식체계의 아이디어는 컴퓨터의 아이디어, 곧 컴퓨터가 할 수 있는 일은 무엇이며, 컴퓨터는 어떻게 그것을 할 것인지를 규정하는 아이디어와 매우 밀접하게 연결된다. 또한 이에 따라 계산가능이란 개념은 형식체계 속에서 얽힌 개념들의 한 부분이기도 하다.

형식체계는, 그 함의(含意)하는 바가 사뭇 복잡하므로 이를 꿰뚫는 데에 꽤 정교한 수학적 능력이 필요하기는 하지만, 직관을 물리치기에 충분할 정도로 투명하다. 직관은 실체의 본질적 불투명성으로 다가가 직접 접촉하는 수단으로 정평이 나 있기는 하지만 때로 아주 불안정하며 수학의 경우에도 마찬가지로 그렇다고 밝혀졌다. 형식화된 수학은 어떤 '주어진' 진리, 곧 '어떤 실체의 진정한 본질'에 대한 의문의 여지가 없는 원천이란 것들을 일소한 수학이다.

만일 논리적 무모순성을 갖춘 형식체계가 수학의 모든 진리를 증명하는 데에 적합한 것으로 밝혀진다면 우리는 수학에서 직관을 성공적으로 추방했다고 말할 수 있을 것이다('논리적 무모순성'이란 전제는 필수적인데, 이런 무모순성이 없는 계에서는 어떤 결론이든 증명이 가능하기 때문이다). 우리는 또한 수학이란 게 본래 그 어느 것에 대한 것도 아니란 점을 보여야 할 것이다. 직관을 추방함으로써 수학적 묘사에 추정적으로 담긴 대상들을 모두 녹여 버리고자 하기 때문이다. 다시 말해서 본질적으로 수학에는 서술적 성격이 전혀 없다.

이처럼 형식체계가 모든 수학적 활동에 완벽히 부합함을 보임으로써 직관을 추방할 수 있고 추방해야 한다고 주장하는 초수학적 견해를 가리켜 **형식주의**formalism라고 부른다.

형식주의가 개작한 이야기에 따르면 수학은 고도로 정교하게 꾸며진 체스게임과 같다. 우리 모두 동의할 수 있듯, 체스라는 계가 표상하는 '객관적 체스'라는 실체는 없다. 체스의 모든 진리는 규정된 규칙에서 나올 따름이다. 마찬가지로 형식주의에 따르면 규정된 규칙이 수학의 모든 진리를 엮어 낸다. 정리를 증명하면 수학이란 게임을 이기는데, 이 과정은 미리 합의된 추론규칙에 따라 아무 해석도 덧붙여지지 않은 기호열(記號列)로부터 역시 아무 해석도 덧붙여지지 않은 다른 기호열을 이끌어 내는 것이다. 수학 자체의 정당성을 따져 보기 위해 외부의 다른 어떤 진리와도 비교할 필요가 없다.

괴델의 제1불완전성정리는 어떤 **형식체계의 불완전성은 산술을 표현할 수 있을 정도로 충분하다**고 말한다. 따라서 우리는 괴델의 결론이 수학에서 모든 직관을 일소하는 것이 가능한지의 여부에 대해 뭔가 이야기해 주지 않을까 하는 의문을 품어 볼 수 있다. 직관에 대한 가장 단도직입적인 이해법은 이것이 사물의 본질에 의해 주어진다고 보는 것이다. 다시 되풀이하지만 직관은 감각지각의 선험적 유추이며 직접적인 이해의 형태이다. 따라서 괴델의 결론이 수학에서의 직관의 일소가능성에 대해 뭔가 말해 줄 수 있다면 수나 집합과 같은 수학적 실체라는 게 정말로 존재할 것인지의 여부에 대해서도 뭔가 말해 줄 수 있을 것이라고 기대해도 좋을 것이다. 바꿔 말하면, 형식체계의 적합성(완전성과 무모순성)은 직관의 궁극적 일소가능성과 관련되어 있으며, 또한 수학적 실체의 궁극적 일소가능성, 곧 플라톤주의 또는 수학적 실재론에 관한 핵심적 의문과도 관련되어 있다. 형식체계의 한계에 관한 괴델의 결론에는 바로 이런 연관성 때문에 **많**은 이야깃거리가 담겨져 있다. 이런 배경에 의하여 불완전성정리는 수학 역사상 가장 논란이 많은 정리가 되었으며, 적어도 괴델 스스로는 거기에 정신과 영혼을 바친 자신의 초수학적 관점을 확언하는 것으로 이해하게 되었다. 당시 아직 젊은 학생에 지나지 않았던 그는 제1불완전성정리의 증명을 발견함으로써 수학의 엄밀성을 철학의 영역에까지 끌어올렸던 것이다.

수학적 논란은 다른 종류의 논란과 달리 괴델처럼 수학적 진리와 지식과 확실성에 대해 많은 것을 이야기하고 싶어 하는 한편 다만 오직 엄밀한 수학적 방법론을 통해서만 하고자 하는 기인에게는 더없이 적절한 것이라고 말할 수 있다. 증명을 손에 들고 있는 한 혐오스런 호전적 논쟁, 어쩌면 두려움까지 느꼈을지 모를 그런 논쟁에 빠져 들 필요가 없다. 실로 그토록 강한 신념을 가졌음에도 이에 대해 그토록 논쟁을 꺼려했던 사람, 특히 발언이라는 통상적 방법을 그토록 꺼려했던 사람을 나는 결코 다시 본 적이 없다.

괴델의 정리가 지고의 중요성을 가진 것으로 인정받고 있음에도 불구하고 사람들은 그가 진정으로 하고 싶어하는 말을 그것으로부터 제대로 헤아려 내지 못한다는 것은 일종의 아이러니이다. 사람들은 줄곧 빈서클이나 실존주의나 포스트모더니즘의 등 20세기에 유행처럼 번진 여러 사조들의 이야기에만 귀를 기울였을 뿐이다. 한마디로 괴델이 말하고자 한 것 이외의 것만 모두 들은 셈이다.

형식화되는 수학

형식주의의 선도적 옹호자인 다비드 힐베르트는 당대의 가장 중요한 수학자였다. 힐베르트는 "수학은 일정한 규칙에 따라 무의미한 기호를 나열하는 게임이다"라고 말했다. 그는 수학의 여러 분야들을 가장 근본적인 산술에서 시작하여 체계적으로 형식화해 나갈 것을 제의했고 나중에 이는 '힐베르트계획Hilbert program'으로 불리게 되었다. 이 계획을 성공적으로 마무리한다면 형식주의에 대한 뜻 깊은 증거가 될 것이며, 수학의 독특한 선험성은 정립된 규칙들로부터 유도될 것이다.

형식주의에 따르면 수학자들은 물리적 세계에 존재하는 실제적 대상들이나 경험적 세계를 초월한 곳에 있는 수나 집합들에 관한 서술적 진리들을 발견하는 데에 종사하는 사람들이 아니다. 예를 들어 수학자들은 어떤 직선의 밖에 있는 한 점을 지나면서 이 직선과 평행인 직선이 몇 개나 되는지를 밝혀내는 사람들이 결코 아니다. 수학자들은 다만 자폐적인 형식체계를 구성하면서 그들의 연역적 기교를 시험하기에 충분할 정도로 복잡한 기계적 규칙들을 다룰 따름이다.

힐베르트의 형식주의는 그 기본 정신에서 빈서클의 반신비주의적 자세와 매우 가까우며, 이에 따라 논리실증주의자들은 아주 자연스럽게 이를 포용하고 나섰다. 이에 대해 파이글은 다음과 같이 말한다.

> 형식주의자(힐베르트)에 따르면 수학적 증명은 주어진 기호의 조합(전제나 가정)과 추론규칙(변환규칙)에 따라 결론을 유도하는 과정이다.

형식주의는, 적어도 수학의 범주 안에서, 실증주의자들의 선언서에 적힌 주장, 곧 인간은 만물의 척도라는 주장을 선포하고 있다. 우리 인간이 형식체계를 창조하며, 이로부터 모든 수학이 따라 나온다.

여러 세기 동안 데카르트나 라이프니츠와 같은 인식론적 이상주의자들은 수학의 독특한 선험성과 확실성에 주목하면서 이를 모든 인식론적 범주에 두루 적용하고자 하는 꿈을 키워 왔다. 그렇게 되면 사실상 확률에 지나지 않는 경험적 증거에 의존할 필요가 없다. 수학적 진리의 특별한 양상은 멀리 플라톤에 이르기까지, 적어도 다른 분야에서는 말짱한 정신을 가진 사람들로 하여금 초월적 세계에 대해 신비주의에 가까운 축복을 하도록 이끌었다. 하지만 형식주의가 도래한 이후 수학적 선험성과 확실성의 본질은 무의미한 형식체계를 운행하는 일정한 기계적 규칙 외에 아무것도 아니며, 그 과정은 얼마 가지 않아 발명될 전자식 기계에서도 복제될 수 있다. 힐베르트계획이 성공하면 수학의 기초는 마침내 확고히 서게 되며, 합리론자들의 골머리를 앓게 했던 현기증은 깨끗이 사라진다.

1899년 다비드 힐베르트는 『기하학의 기초Grundlagen der Geometrie』(영어로는 『Foundations of Geometry』)라는 책을 펴냈다. 이 책은 유클리드 이래 기하학 분야에서 가장 영향력 있는 업적으로 일컬어졌는데, 사실 그 영향력은 기하학 분야를 훨씬 벗어난 곳에도 미쳤다. 그는 기하학을 하나의 형식체계로 구성할 수 있음을 보였다. 다만 여기에는 산술이 먼저 형식화되어야 한다는 조건이 붙는 바, 기하학도 수학의 다른 모든 분야들과 마찬가지로 산술의 진리들을 전제해야 하기 때문이다(이런 뜻에서 산술은 수학이란 체계의 궁극적 기초이다).

『기하학의 기초』를 펴낸 이듬해인 1900년에 힐베르트는 파리에서 열린 제2차 국제수학자회의Second International Congress of Mathematicians에서 기념비적인 기조연설을 했다. 이해는 마침 새로운 세기를 여는 해라는 상징성에서도 중요한 해였다(엄밀히는 1901년부터 20세기가 시작되지만 숫자 자체의 상징성 때문에 대개 1900년을 더 뜻 깊게 본다 : 옮긴이). '수학적 문제들Mathematical Problems'이란 제목의 이 연설에서 힐베르트는 다음 한 세기 동안 펼쳐질 수학적 활동의 방향을 제시하는 역할을 떠맡았으며, 이 과정에서 해결해야 할 가장 중요하다고 생각되는 23개의 문제를 제시했다.

연설의 첫머리에서 힐베르트는 게임의 시작을 알리는 활기 넘치는 독특한 어조로 수학자들이라는 '팀'에게 어떤 문제가 아무리 어렵더라도 결국 승리를 거둘 것이라는 확신을 불어넣었다.

> 수학의 모든 문제가 반드시 해결된다고 보는 신념은 수학자들에게 강력한 자극제가 됩니다. 우리는 내면으로부터 끊임없는 소명의 목소리를 듣습니다. "여기 문제가 있다. 해답을 찾아라. 해답은 순수이성으로 찾을 수 있다. 수학에 영원한 무지 ignorabimus란 없기 때문이다."

힐베르트는 이 신념을 "모든 수학자가 공유하지만 아직 아무도 증명하지 못한 것"이라고 묘사했으며, 그런 다음 23가지의 문제를 제시하기 시작했다.

괴델은 논리학자, 특히 그가 살던 시절에는 뿌리 깊이 퍼져 있었고 오늘날에도 어렴풋이 메아리치고 있는 수학적 편견에 따르면 단순히 한 사람의 논리학자에 지나지 않았다. 하지만 그럼에도 불구하고 최고 수학자의 반열에 올랐다고 인정받는 힐베르트가 가장 중요하다고 여겨서 제시한 문제들 중 첫 두 문제와 열 번째 문제에 대해 커다란 기여를 했다는 것은 상당한 흥밋거리이다.

 힐베르트의 첫째 문제는 칸토어의 연속체가설에 관한 것인데, 이 가설은 도대체 무엇일까? 19세기의 위대한 수학자 게오르크 칸토어는, 대략 말하자면, 실수와 자연수의 개수는 모두 무한이지만 실수의 개수가 자연수의 개수보다 많다는 사실을 증명했다. 그는 이 증명에서 '대각선논법diagonal argument'이라 불리는 우아한 방법을 고안해서 사용했다. 이 방법을 이용하면 무한히 많은 자연수와 실수를 하나씩 짝 지어 가는 과정에서 자연수와 짝을 짓지 못하는 실수가 무수히 많다는 사실이 선명하게 드러난다. 따라서 실수집합은 자연수집합보다 큰 농도cardinality를 가지는데 대략 말하자면, 실수가 자연수보다 많다는 뜻이다. 이 상황에서 칸토어는 자연수와 실수 사이의 무한집합은 없다, 곧 자연수의 농도보다 크고 실수의 농도보다 작은 농도를 가진 무한집합은 없다는 가설을 내세웠다. 이것이 칸토어의 연속체가설이며, 힐베르트의 첫째 문제는 바로 이것이 참임을 증명하라는 것이었다. 그런데 괴델은, 비록 힐베르트가 환영할 방향은 아니었지만, 이 문제의 해결에 중요한 기여를 하게 된다. 괴델과 폴 코헨Paul Cohen은 현재의 집합론 안에서 연속체가설은 참이나 거짓 그 어느 것으로도 판정할 수 없음을 증명했던 것이다(괴델은 1940년에 이 가설이 현재의 집합론 안에서 거짓이라고 판정할 수 없음을 증명했고, 코헨은 1963년에 참이라고 판정할 수 없음을 증명했다: 옮긴이). 다시 말해서 연속체가설은 증명도 반증도 할 수 없으므로 그에 대해 우리는 언제까지나 알 수 없는 상태로 남을 수밖에 없고, 이에 따라 바로 힐베르트가 있을 수 없다고 말한 무지 ignorabimus의 한 예가 되었다.

한편 이 책과 관련하여 특히 우리의 관심을 끄는 것은 힐베르트의 둘째 문제이다. 그런데 여기서도 괴델은 힐베르트가 가장 달가워하지 않을 해답을 내놓았다.

힐베르트의 둘째 문제: 산술의 무모순성
(있을 수 없는 가장 중요한 증명)

힐베르트의 둘째 문제는 산술에 대한 공리들의 무모순성을 증명하라는 것이었다. 어떤 계가 무모순이라고 하는 것은 이로부터 어떤 논리적 모순도 도출되지 않는다는 뜻이다. 무모순성 문제의 시급한 해결은 형식주의로 나아가는 데에 필수적 과제였다. 공리가 실제 대상들에 관한 진실을 천명하는 것이라고 보았던 시절에는 무모순성에 대해 우려할 필요가 없었다. 이때는 어떤 것이 공리라고 하면 "가장 순박한 의미에서의 참", 곧 어떤 대상의 모습을 있는 그대로 묘사했다는 뜻에서의 참이었기에 당연한 것으로 받아들여졌다. 이런 상황에서는, 공리는 물론이고 이로부터 도출되는 모든 정리들도, 다른 공리나 정리들과 논리적으로 모순이 될 가능성은 아예 없었다. 왜냐하면 이것들은 모두 전통적인 아주 단순한 의미에서의 참으로, 실제 대상에 대한 묘사였기 때문이다. 실체에 대한 참되고도 정확한 묘사들이 논리적으로 서로 모순된다는 것은 불가능하다.

이 점을 다음과 같이 생각해 보자. 내가 뉴욕에 있는 내 아파트에는 (아쉽게도) 침실이 하나뿐이다 등등으로 참되게 묘사했다면, 예를 들어 내가 뉴저지의 교외에서 살고자 한다면 침실이 넷인 집에서 살 수 있을 것이라는 결론을 도출한다고 해서 위에 묘사한 진실들과 서로 모순되지 않을까 염려할 필요는 없다. 나의 모든 서술이 명확하고 참된 묘사라면 이것들은 서로 모순되지 않을 것인데, 왜냐하면 그 서술이 가리키는 객관적 진실들이 이 모두를 뒷받침하고 있기 때문이다.

그러나 공리들에서 모든 의미가 탈락하고, 진실이란 증명가능성 이외의 아무것도 아닌 형식체계에서는 공리들이 논리적으로 모순 없는 정리들만 이끌어 낼 것이라는 보장은 아무 데도 없다. 형식체계는 일정한 규칙들로 이루어진다. 과연 누가, 그저 미미한 존재에 불과한 우리 인간들이 구축한 이 체계가 무모순성을 가진다고, 다시 말해서 어떤 모순도 불러일으키지 않을 것이라고 확언할 수 있을까? 이것은 "인간은 만물의 척도"라고 보는 관점의 부정적인 면으로, 우리 공리들의 궁극적 무모순성을 뒷받침할 외부의 독립적 실체는 존재하지 않는다.

만일 우리의 공리들이 논리적으로 모순인 정리들을 이끌어 낸다면 이 체계는 아무 쓸모가 없으며, 겨우 확률적 추론에 지나지 않는 헛된 사고의 사슬이나, 신의 은총과 존재의 끝은 어딘지를 논하는 형이상학적 허언들보다 나을 게 없다. 모순으로부터는 어떤 명제든 유도되므로, 무모순성 없는 체계로부터도 무엇이든 도출될 수 있다. 엄격한 형식주의자적 해석에 따르면 모순된 체계는 침 없는 벌과 같다. 무의미한 정형식들을 이리저리 조작한 끝에 다시 무의미한 정형식을 얻는 것보다 더 어이없는 일이 어디 있을까? 모든 것이 유도가능하다면 어떤 특정한 정리를 유도한다는 게 그다지 흥미가 없을 것은 뻔하며, 따라서 그런 게임은 몰락하고 말 것이다. 하지만 내적 모순이 있다고 해서 그 계가 온통 참이 아니라는 비극을 뜻하는 것은 아니다. 형식주의의 핵심은 오직 체계적인 외적 진실의 제거이기 때문이다. 어쩌면 우리는 힐베르트가 수학의 무모순성을 증명하라고 촉구함으로써 위기가 촉발된 것을 보고 그가 실제로는 뿌리 깊은 형식주의자가 아니라는 느낌이 들 수도 있다. 하지만 어쨌든 형식주의의 구호에 따를 경우 수학은 확실성을 위해 직관을 성공적으로 물리쳐야 하며, 따라서 직관이 일소된 계의 무모순성에 대한 정식 증명은 분명 절실한 필요조건이다.

이제 최우선의 과제는 산술의 무모순성에 대한 증명이다. 예를 들어 기하학과 같은 수학의 다른 체계들의 무모순성은 가장 근본이 되는 산술의 무모순성이 **증명되기만** 하면 자연스럽게 보장된다는 점이 이미 증명되어 있다. 이처럼 한 체계의 무모순성이 다른 체계의 무모순성에 의존한다는 점을 보이는 증명을 일컬어 '무모순성의 상대적 증명relative proof of consistency'이라고 부른다. 그런데 이 상대적 증명들이 모두 산술의 무모순성과 연결되어 있으며, 따라서 산술의 무모순성은 바로 힐베르트계획의 주춧돌이었다. 산술의 무모순성에 대한 증명은 다른 무모순성 증명들과 달리 상대적 수준에 머물러서는 안 된다. 그것은 '절대적 증명'이어야 했다.

힐베르트가 1900년 당시의 수학자 군단에게 행한 연설의 어조는 매우 낙관적이었고, 산술의 무모순성에 대한 절대적 증명이 임박했다고 사뭇 확신에 차 있었다. 하지만 1920년대에 행한 일련의 연설들 속에서 그의 의기양

양함은 차츰 신중함 속으로 잦아들었다. 이와 같은 태도 변화는 집합론에서 출현한 여러 역설들에서 그 원인을 찾을 수 있다. 그중에서도 가장 두드러진 것은 1902년에 발표된 러셀의 역설로, '자신의 원소가 아닌 모든 집합들의 집합'에서 유래하는 이 역설은 그전에 칸토어가 내놓은 보편집합, 곧 '모든 집합의 집합'에서 유래하는 역설로 인한 상처에 더욱 큰 타격을 가했다.[5] 힐베르트는 이와 같은 '역설적 상황'을 암울하게 보면서 다음과 같이 말했다.

> 여러 역설들과 마주친 현재의 상황은 참으로 견디기 힘들다. 수학에서 모든 사람들이 가르치고 배우고 사용하는 연역적 방법과 정의들이 터무니없는 것으로 끝나야 하다니! 수학적 사고에 결함이 있다면 우리는 어디에서 진리와 확실성을 찾아야 한단 말인가?

그러나 이어서 힐베르트는 다시 그의 믿음을 드러낸다. "수학의 정신에 대한 반란을 일으키지 않고도 역설을 피해 갈 완전히 만족스런 방법이 있을 것이다."

'수학의 정신에 대한 반란'은, 예를 들어 말하자면, 네덜란드 수학자 루이첸 브로우베르Luitzen Brouwer가 옹호했던 수학에서 무한대의 개념을 축출하는 것 등을 가리킨다. 브로우베르는 형식주의와 대립하는 직관주의intuitionism 학파의 선도적 수학자이다.[6] 직관주의는 모든 비플라톤주의 학파들 가운데 가장 비플라톤주의적인 학파이다. 이들은 형식주의조차도 수

---

[5] 제1장의 각주 11번 참조.

학에서 기본적인 플라톤주의적 접근을 완전히 차단하지 못했다고 보며, 조금이라도 플라톤주의적인 직관은 어떤 방식으로든 수학적 활동에 들어서는 안 된다고 주장한다.

힐베르트는 자신에게 매우 엄격했던 사람임에도 불구하고 때로 플라톤주의자처럼 느껴진다. 그는 모순이 발생할 가능성을 차단하기 위해 직관주의자들이 설정했던 극단적인 제한을 분명히 반대했다. 하지만 힐베르트가 "무한의 본질에 대한 완벽한 해명"을 외쳤을 때 마음속에 품었던 접근법은 유한한 형식체계의 범주에 포함된다.[7] 다시 말하면 그는 집합론에 역설이 나타남에 따라 수학이 빠져 들었던 늪에서 헤어 나오는 길은 형식화를 더욱 정화하는 데에 있다고 보았으며, 스스로 이를 '증명론proof theory'이라고 불렀다.

---

[6] 직관주의는 "수학적 증명법으로 어떤 것을 받아들여야 하는가?"라는 질문에 대해 가장 엄격하다. 이에 따르면 수학적 증명은 '구성적 증명constructive proof', 곧 유한하거나 (실제로가 아닌) 잠재적으로 무한한 구조에 대한 구체적 연산만을 사용하는 것으로 제한되어야 한다. 완성된 무한에 대한 언급은 금지되며, 배중률(排中律)law of the excluded middle을 이용하는 간접증명법도 마찬가지이다. 직관주의의 엄격한 제한을 따를 경우 고전적인 해석학은 물론 심지어 고전적 논리학에 이르기까지 전통적으로 인정되어 온 수학의 많은 분야가 부정되는 사태에 처한다. 브로우베르는 직관주의로 전향하면서 그때까지 이루었던 자신의 많은 연구 성과를 스스로 포기했다. 그런데, '직관주의'란 이름은 지금껏 우리가 이야기해 온 '직관'에 대한 내용에 비춰 보면 어딘지 잘못 지어진 이름으로 보일 수 있다. 형식주의나 직관주의가 제거하고자 하는 객관적인 수학적 실체에 대한 호소를 직관이라고 불러 왔기 때문이다. 직관주의자들은, 우리 인간이 유한한 존재인 이상, 그들이 만든 유한한 구조야말로 수학적 구조로 받아들일 수 있는 유일한 것이라고 주장한다. 이에 따라 직관주의자들은 수학적 증명에 관한 그들의 제한은 사실 인간의 심리학에 해당한다고 말한다.

[7] 이 책에서 말하는 형식체계는 유한한 형식체계를 가리킨다. 이 체계의 정형식은 유한하거나 적어도 셀 수 있는 무한개의 기호로 작성되며, 추론규칙의 개수도 유한하거나 셀 수 있는 무한개 정도이다. 논리학자들은 셀 수 없는 무한개의 기호로 작성된 정형식과 그만큼 많은 개수의 전제가 사용된 증명을 가진 형식체계도 다룬다('셀 수 있는denumerable or countable 무한'은 자연수의 개수와 같은 정도의 무한을 말하며, 실수의 개수처럼 이보다 더 많은 무한이 '셀 수 없는 무한'이다: 옮긴이).

힐베르트의 1900년 연설에서 가장 중요한 문제는 그가 자신의 목록 두 번째에 올린 것으로, 우선 산술에 관한 공리들의 무모순성을 무한대를 인용하지 않고 증명할 길을 찾은 뒤(유한증명 finitary proof), 이어서 차례로 좀 더 강한 공리계들의 무모순성을 증명하라는 것이었다. 따라서 모든 것은 '절대적으로 필요한' 단계, 곧 산술의 형식체계가 무모순임을 증명하는 것으로부터 시작된다. 맨 처음 고틀로프 프레게가 이룬 업적 및 그에 이어 발견된 러셀의 역설, 그리고 다시 이에 이어 러셀과 화이트헤드가 함께 쓴 『수학의 원리』는 이 신성하고도 궁극적인 증명으로 나아갈 토대를 닦았다. 『수학의 원리』가 수립한 형식체계는 산술의 모든 진리를 나타내기에 충분한데, 나아가 무모순이기도 할 것으로 추정되었다. 임시방편이기는 하지만 계형이론은 '자신의 원소가 아닌 모든 집합들의 집합'처럼 모순을 낳는 집합이 형성되는 것을 차단한다. 하지만 아직도 무모순성에 대한 정식 증명이 필요하다. 그리하여 만일 이와 같은 형식체계가 무모순일 뿐 아니라 완전하기도 해서 우리로 하여금 산술의 모든 진리를 증명할 수 있도록 보장해준다면 힐베르트계획의 주춧돌은 확고하게 자리 잡으며, 역설들이 촉발한 수학의 위기도 극복된다. 그러므로 이제 괴델의 이야기로 들어가 보자.

제3장
불완전성의 증명

쾨니히스베르크의 괴델

논리학자 야코 힌티카가 말한 '괴델의 위대한 순간'은 1930년 10월 7일에 일어났다. 그 장면은 "엄밀한 과학의 인식론Epistemology of the Exact Sciences"에 관한 쾨니히스베르크 학회의 셋째 날이자 마지막 날에 펼쳐졌는데, 이 학회는 빈서클과 물리철학자 한스 라이헨바흐가 이끄는 베를린의 과학철학회와 중복되는 경험철학회가 주최했다. 베를린 그룹과 빈서클의 목표와 활동은 서로 비슷했으며 처음부터 긴밀한 관계를 맺고 있었다. 이 학회에서 한 무리의 가장 영향력 있는 수학자, 논리학자, 수리철학자들이 초청되어 논문을 발표했다. 괴델은 이제 막 박사학위 논문을 마친 상태였으므로 이와 같은 거물급은 아니었다. 그는 몇몇 애송이 학자들과 함께 둘째 날에 20분짜리 발표를 하도록 일정이 잡혀 있었다.

첫날에는 네 사람의 발표자가 각각 고유의 초수학적 관점에 대해 이야기했다. 이때 논의된 초관심사는, 초수학에 관한 논의가 으레 그랬듯, 사람들의 애를 태우는 수학의 선험성과 확실성에 관한 것들이었다. 과연 우리는 어떻게 이 가장 선택된 인식론 클럽의 회원권을 받게 되었을까?

루돌프 카르납은 「논리주의Logicism의 주요 아이디어」라는 제목의 논문을 발표하기 위하여 빈에서 괴델과 함께 기차를 타고 왔는데, 수학적 진리들은 궁극적으로 논리학의 항진명제들로 환원될 수 있다는 게 그 핵심이었다. 네덜란드의 수학자 아렌드 하이팅Arend Heyting은 「수학의 직관주의적 기초」라는 논문을 발표하면서, 엄밀히 유한하거나 적어도 셀 수 있는 무한 이외의 것에 대한 인용을 금지하고, 엄격한 구성주의적 증명 이외의 것들도 모두 추방할 것을 촉구했다(이를 따르면 수학의 많은 아름다운 부분을 잃게 된다).

괴팅겐에 있던 형식주의의 선도적 대변자인 다비드 힐베르트는 오지 않았지만 그의 형식주의적 견해는 존 폰 노이만이라는 또 다른 저명한 대변인에 의하여 충분히 개진되었다. 그리고 비트겐슈타인의 아류로 오랜 고난을 겪었던 프리드리히 바이스만도 「수학의 본질: 비트겐슈타인의 관점」이라는 논문을 발표했다.

논리주의, 직관주의, 형식주의, 비트겐슈타인: 그러나 플라톤주의는 쾨니히스베르크의 첫날에 설 자리가 없었다. 그날 발표된 모든 견해들은 수학적 진리라는 관념은 증명가능성으로 환원될 수 있다고 선언했다. 다만 증명가능성의 조건에 대해 약간의 견해차가 있었을 뿐이었다.

비트겐슈타인이 1930년의 여름에 슐리크의 집에서 슐리크와 바이스만을 정기적으로 만났던 것은 바로 바이스만이 쾨니히스베르크에서 그의 견해에 관한 논문을 발표하려 했기 때문이기도 했다. 비트겐슈타인의 전기 작가 레이 몽크Ray Monk에 따르면 바이스만 논문의 핵심은 다음과 같은 기본 규칙을 얻기 위해 수학에 증명원리Verification Principle를 적용하는 것이었다.

"수학적 개념의 의미는 그 용법이며, 수학적 명제의 의미는 그 증명법이다."('증명원리'는 "어떤 명제가 유의미하려면 오감이나 논리학의 항진명제로 증명이 가능해야 한다"는 주장을 말한다: 옮긴이)

몽크는 이어서 "하지만 어쨌든, 바이스만의 강연을 비롯한 다른 모든 사람들의 발표는 괴델의 유명한 불완전성정리의 발표와 함께 빛을 잃고 말았다"라고 썼다.

그러나 역사적 사실의 관점에서 볼 때 그날 쾨니히스베르크에서의 일은 이와 아주 다르게 흘러갔다. 비트겐슈타인의 전기를 쓴 사람의 입장에서는 괴델의 '유명한 불완전성정리'의 발표가 학회의 참석자들 사이에 센세이션을 불러일으켰으리라고 여겼을 수도 있다. 첫날의 발표들은 수학적 진리가 어떤 방식으로든, 증명가능성으로 환원될 수 있다고 주장했지만 이것들은 모두 괴델의 결과와 양립할 수 없기 때문이다. 하지만 괴델의 발표는 이와 달리 거의 주목을 끌지 못했다.

바이스만의 발표도 다른 세 가지와 맞설 정도의 주목을 받지 못한 것은 사실이다. 하지만 이는 멩거나 다른 사람들이 지적했듯, 그 학회의 참석자들이 비트겐슈타인의 견해는 아직 논쟁의 대상이 될 정도로 충분히 여물지 못했다는 데에 의견을 같이 했기 때문이었다. 다시 말해서 괴델이 각광을 받았기 때문에 바이스만이 초라해진 것은 아니었다. 학회의 셋째 날이자 마지막 날의 요약 시간에 이루어진 괴델의 발표는 아주 약식으로 간략히 행해졌기 때문에 전혀 극적이지 않았고 나아가 도무지 어떤 '선포'라고 말할 수는 없었다. 이 때문에 참석자들 중 단 한 사람을 제외하고는 아무도 관심을 기울이지 않았다.

간과된 괴델의 위대한 첫 순간: 사소하지 않은 사소함

괴델이 둘째 날에 행한 20분짜리 발표도 역시 거의 아무런 주목을 받지 못했다. 기본적으로 이는 한 해 전에 마쳤던 박사학위 논문의 요약이었는데, 내용은 불완전성이 아니라 오히려 완전성에 관한 것이었다. 괴델이 이 연구에서 한 일은 '술어논리학predicate calculus', '일차논리학first-order logic', '정량논리학quantificational logic' 등으로 불리는 것의 완전성에 대한 증명이었다. 그런데 이런 이름들은 시적 영혼을 괜스레 움츠리게 하므로 새로 이름을 붙여 '투명논리학limpid logic'이라 부르기로 하자. 괴델은 투명논리학이 완전함을 증명했다. 이 논리학의 공리와 추론규칙은 우리로 하여금 그 안의 모든 논리적 진리나 항진명제들을 빠짐없이 증명할 수 있도록 해 준다. 그런데 이 '논리적 진리'나 '항진명제'란 것들은 도대체 무엇일까?

투명논리학의 기호법을 사용하면 명제들을 적나라한 논리적 형태로 표현할 수 있다. 이 기호법은 명제들과 그 관계의 논리적 형태를 기호로 나타내도록 해 주기 때문이다. 투명논리학은 '아니다not', '그리고and', '또는or', '만일 … 그러면 …if … then …', '오직 …인 때만if and only if …'과 같은 문구에 대한 기호들과 함께 '모든all', '전혀none', '어떤some'과 같은 '정량적(定量的)quantificational' 개념에 대한 기호들도 갖고 있다. 이런 용어들은 논리적으로 정당한 것들이다. 명제들의 논리적 형태는 바로 계의 규칙에 따라 정의된 이 용어들의 의미에 의하여 결정된다. 서로 다른 문장이라도 논리적 형태는 같을 수 있으며, 이처럼 논리적 형태가 같은 문장들은 본질적 의미에서 서로 같다(논리적 보편성을 향한 이와 같은 지속적 노력은 바로 아리스토텔레스가 시작한 논리학의 발전과 같다).

따라서 예를 들어 "모든 기혼자는 결혼했다", "모든 아름다운 꽃은 아름답다", "모든 귀여운 아기는 귀엽다", "모든 타당한 논증은 타당하다" 등의 문장을 생각해 보자. 이런 문장들은 모두 보다 일반적인 명제로부터 도출된다. 다시 말해서 어떤 대상이 P와 Q라는 두 술어의 특성을 가진다면, 예를 들어 아기이기도 하고 귀엽기도 하다면, 이는 이 두 술어 중 하나의 특성, 예를 들어 귀엽다는 특성을 당연히 가진다.

투명논리학은 수많은 문장들을 그것들의 논리적 형태에 따라 분류한다. 이때 문장들은 특정한 술어의 의미를 잃고 발가벗은 논리적 형태만 내보인다. 위의 예에서 보는 비논리학적 용어들을 보면 이것들은 개체나(특정의 것이든 임의적인 것이든), 술어나, 개체들 사이의 관계를 나타낸다. 투명논리학은 임의적인 개체를 가리킬 경우 x나 y와 같은 변수variable를 사용하고, 특정의 개체를 가리킬 경우에는 a나 b와 같은 상수constant를 사용한다. 개체의 성질은 P나 Q와 같은 술어상수predicate constant로 나타내며, 관계는 R과 같은 관계항(關係項)relational term으로 나타낸다. 투명논리학에서 가장 간단한 표현은 어떤 개체에 어떤 성질이 있음을 나타내는 것이며, $P(a)$로 쓴다. 이것보다 조금 복잡한 것은 어떤 개체들 사이에 하나의 특정한 관계가 있음을 나타내는 것이며, $R(a, b)$로 쓴다. 이제 다음으로 "어떤 특정한 성질을 가진 임의의 개체가 있다"는 표현을 생각해 보자. 이것은 '$\exists x P(x)$'로 쓰고, "P인 x가 존재한다"라고 읽는다. 한편 이와 반대로 "모든 개체는 P라는 성질을 가진다"라는 뜻을 나타내고자 할 때는

'(x)P(x)'로 쓰고, "모든 x는 P이다"라고 읽는다. (보통은 '∃x;P(x)'라고 나타내는데, '∃xP(x)'라고 쓰기도 한다. (x)P(x)의 경우도 '∀(x), P(x)'라고 표현하는 경우가 많다.) 논리적으로 참인 명제, 곧 항진명제는 비논리학적 용어들에 어떠한 의미를 갖다 붙이든 참인 명제이다. 이처럼 '논리적 참'은 의미를 언급하므로(비논리학적 용어들에 어떠한 의미를 부여하든 참이어야 논리적 참이다), 이는 구문론적syntactic이 아니라 의미론적semantic 개념이다.

따라서, 예를 들어, 어떤 대상이 두 가지의 특정한 술어를 가지면 당연히 그중 하나의 술어를 가진다는 말을 한다고 할 경우, 기호로는 다음과 같이 쓰면 된다.

$$(x)((P(x) \text{ and } Q(x)) \rightarrow Q(x))^{1)}$$

이것은 "모든 x에 대해서, x가 P란 성질을 갖고 또 Q란 성질도 가진다면 x는 Q란 성질을 가진다"라고 읽으면 된다. 이것은 논리적으로 참이므로 P와 Q에 특정의 성질들을 부여하면 수많은 참 명제들이 유도된다.

다음은 논리적으로 참인 명제의 또 다른 예이다.

$$(x)(y)((x=y) \rightarrow (P(x) \leftrightarrow P(y)))$$

---

1) 투명논리학에서 괄호는 구두점으로 쓰였음에 주목해야 한다. "~(p and q)"는 "p와 q가 모두 아니다"는 뜻을 나타내므로 "q이지만 p는 아니다"는 뜻을 나타내는 "~p and q"와는 다른 명제이다['~'는 '부정(否定)not'을 나타내는 기호이다: 옮긴이]. 구체적인 예를 들어 보면, "대통령은 선하고 어리석다"는 문장은 "대통령은 선하지 않고 어리석다"는 문장과 다르다.

이것은 "모든 x와 모든 y에 대해 x와 y가 같다면 오직 y가 P의 성질을 가질 때만 x도 P의 성질을 가진다"라고 읽으면 된다. 그리고 그 뜻은 여기의 두 대상이, 두 개의 서로 다른 개체가 아니라, 실제로는 완전히 동일한 하나의 대상이라고 보면 쉽게 이해된다. 다시 말해서, '여기의 두 대상'은 주머니 속에 있는 '하나의 대상'을 '두 번 뽑아서' 서로 비교하는 경우로 보면 되고, 이때의 두 대상은 모든 점에서 같은 성질을 가질 게 당연하다.

위 투명논리학의 마지막 논리적 참 명제로부터 우리는 다음과 같은 참 명제들을 이끌어 낼 수 있다. "만일 괴델이 불완전성정리를 증명했다면 오직 불완전성정리의 증명자가 플라톤주의자일 때만 괴델은 플라톤주의자이다." "만일 모리아티Moriarty 교수가 런던의 모든 범죄의 배후 주모자라면 오직 런던의 모든 범죄의 배후 주모자가 수학자일 때만 모리아티 교수는 수학자이다." "만일 달이 다이아나Diana 여신이라면 오직 다이아나 여신이 생치즈로 만들어질 때만 달은 생치즈로 만들어진다." 이와 같이 P라는 술어에 어떠한 말을 채워 넣든 언제나 참인 명제가 얻어지며, 그 이유는 "$(x)(y)((x=y) \rightarrow (P(x) \leftrightarrow P(y)))$"가 논리적 참이기 때문이다. 이것은 항진명제이며, 그 진리성은 이것을 구성하는 논리항logical term이 갖는 의미의 함수이다.

괴델이 쾨니히스베르크 학회의 저명한 논리학자들 앞에서 발표한 완전성정리는 이와 같이 논리적으로 참인 명제들은 모두 투명논리학의 형식체계 안에서 증명이 가능하다는 뜻을 나타낸다. 바꿔 말하면 이는 투명논리학의 경우 의미론적 진리와 구문론적 정리가 동등하다는 뜻이다. 이 계의 규칙들로부터 유도된 진리(구문론적 진리)들은 이 계 안에서 표현가능한 논리적으로 참인 명제들을 모두 이끌어 낼 수 있다. 그러므로 투명논리학은 무모순일 뿐 아니라(이 논리학의 무모순성은 이미 증명되어 있었다) 완전하기도 하다(모순인 계는 당연히 완전하다. 왜냐하면 그 안에서 우리는 무엇이든 증명할 수 있기 때문이다. 이런 점에서 모순인 계는 지나치게 완전하다고 말할 수 있으며, 따라서 완전성이 정말로 문제가 되는 경우는 무모순인 계의 경우이다. 과연 무모순인 계는 완전한가? 이 계의 형식적인 구문론적 규칙들을 사용하면 증명하고자 하는 모든 것을 증명할 수 있는가? 이 계는 우리가 그 안에서 표현가능한 모든 진리들을 증명하도록 허용할 것인가?)

완전성은 우리가 논리학의 형식체계에서 얻고자 하는 바로 그것이었으며, 힐베르트가 해결을 촉구한 문제들 가운데 하나였다. 따라서 이제 그 증명을 얻었으니 마음이 놓이기는 하다. 그러나 실제로 이에 대해 의심을 품은 사람은 거의 없었으므로 괴델이 그의 박사학위 논문으로 이를 확인한 사실도 거의 아무런 흥미를 끌지 못했다. 젊은 괴델은 모든 사람들이 당연히 여겨 왔던 것을 새삼스레 힘을 들여 증명했을 따름이었다.

이제 돌이켜 보면 괴델이 그의 박사학위 논문에서 증명한 것은 처음 생각했던 것보다 훨씬 흥미로운 것임을 알 수 있다(형식주의자들 및 그 동료 여행자들은 더욱 큰 염려를 해야 할 계기로 여겼어야 했을 것이다). 괴델은, 완전성이란 게 예상되어 왔던 결과이기는 하지만, 아주 어려운 과정을 통해서 증명에 성공했다. 사실 이 증명의 어려운 내용과 많은 단계는 사람들에게 예상 밖의 충격, 나아가서는 경고로까지 받아들여졌어야 했을 것이다. 투명논리학의 완전성을 실제로 증명하기가 이토록 복잡하다는 사실을 통해 괴델은 다른 무모순의 형식체계들, 특히 산술의 공리들로 가득한 형식체계의 경우 어쩌면 완전하지 않을 수도 있을 것이라는 가능성의 여지를 분명히 남겨 두었다. 술어논리학의 완전성 증명에 내포된 이 복잡함은 플라톤주의자인 괴델에게 산술의 형식체계 속에는 산술적으로 참이지만 증명불능의 명제가 존재할 수도 있다는 가능성을 강력히 시사해 주었음에 틀림없다.[2]

가장 조용한 폭발: 괴델이 그의 결과를 발표하다

괴델은 학회의 마지막 날까지 자신의 소매 속에 감추고 있는 혁명적 결과에 대해 아무런 암시도 드러내지 않았다. 이날은 지난 이틀 동안 발표되었던 논문들에 대한 일반적인 토론을 위한 예비일이었다. 그는 일반 토론도 거의 끝날 무렵까지 기다리다가 단 한마디의 꾸밈없는 말로 진실이되 증명불능의 산술명제가 있을 수도 있으며, 자신이 이를 증명했노라고 발

---

[2] 여러 해가 지난 뒤 괴델은 하오 왕에게 쓴 편지에서 박사학위 논문의 주제로 삼았던 술어논리학의 완전성에 대한 그의 증명 역시 플라톤주의적 신념에서 유래한 것이라고 밝혔다. "수학적으로 볼 때 완전성정리는 사실 스콜렘Skolem이 1922년에 쓴 「공리적 집합론에 대한 소고」의 사소한 귀결이나 마찬가지입니다. 그러나 당시에는 (스콜렘 자신을 포함하여) 아무도 이 결론을 이끌어 내지 않았습니다. …… 이와 같은 맹목적인 사태는 아주 놀라운 것이라 하겠지만, 그 이유 자체는 간단히 설명할 수 있을 것 같습니다. 그것은 당시에 널리 퍼져 있던, 초수학과 비유한추론에 대한 인식론적 자세의 결여 때문입니다. 수학에서 비유한추론은 유한한 초수학의 관념으로 해석되거나 정당화되는 한도 안에서만 의미가 있다고 보는 게 일반적이었습니다(그러나 나의 연구와 다른 후속 연구들에 의해 이는 대부분 불가능하다고 밝혀졌음을 주목하기 바랍니다). 이처럼 초수학은 수학의 유의미한 일부라는 견해에 따라 자체로는 무의미한 수학 기호들은 의미의 대체 관념, 곧 '용법'을 획득하게 되었습니다. 물론 이 견해의 핵심은 모든 추상적 또는 무한의 대상을 물리치는 데에 있는데, 수학적 기호들의 겉보기 의미도 그 예에 속합니다."

표했다.

고전적 수학이 형식적으로 일관된다는 가정 아래 우리는 이 형식체계 안에서 (골드바흐나 페르마의 문제와[3] 같은 형태의) 내용상 (실질적으로) 참이면서도 증명이 불가능한 명제의 예를 실제로 제시할 수도 있다.

그게 전부였다. '유명한 불완전성정리가 될 증명'은 괴델의 나이 23세인 1년 전에 이미 이뤄졌던 것으로 보이며(이는 지은이의 오류이다. 괴델은 23세인 1929년에 박사학위 논문을 완성하여 1930년에 박사학위를 받았고, 불완전성정리는 1930년에 증명을 완성하고 1931년에 발표했다: 옮긴이), 그 결과는 1932년 괴델이 오스트리아나 독일에서 강사가 되기 위한 오랜 기간의 마지막 단계에서 제출할 예정이었다. 이 정리는 수학적 추론이 창조된 이래 가장 놀

---

[3] '골드바흐와 페르마의 문제'는 각각 '골드바흐의 추측Goldbach's conjecture'과 '페르마의 마지막 정리Fermat's last theorem'를 가리킨다. 골드바흐는 제1장 각주 8에서 언급했듯, "2보다 큰 모든 짝수는 두 소수의 합으로 표현된다"고 추측했다. 프랑스의 수학자 피에르 드 페르마Pierre de Fermat(1601~1665)는 어떤 책의 여백에 "참으로 경이로운 명제의 증명을 발견했지만 여백이 좁아 적을 수 없다"는 기록을 남겼는데, 이는 그의 사후에 발견되었다. 이 명제는 "n이 3이상의 자연수일 때, $x^n+y^n=z^n$을 만족시키는 x, y, z의 정수해는 존재하지 않는다"는 것이다. 여러 세대에 걸친 수학자들의 노력에도 불구하고 괴델이 불완전성정리를 발표할 때까지 골드바흐의 추측과 페르마의 마지막 정리 모두 참인지 거짓인지 밝혀지지 않았다. 1991년 프린스턴대학교의 앤드루 와일즈Andrew Wiles는 페르마의 마지막 정리를 증명하는 데에 성공했는데, 수많은 다른 수학자들의 결과가 이용된 이 복잡한 증명의 분량은 150쪽이 넘었다. 하지만 골드바흐의 추측은 아직도 미해결로 남아 있다(증명보다 반증이 더 쉽다고도 할 수 있는데, 두 소수의 합으로 표현되지 않는 짝수를 하나만 찾으면 되기 때문이다). 괴델이 그의 위대한 순간에서 언급한 가능성은 이 두 명제와 같은 것들이 참이면서도 증명불능인 명제의 예일 수도 있다는 것이었다. 그는 참인지는 알 수 있지만 형식체계 안에서는 증명불능인 명제의 한 예를 직접 만들어 냄으로써 유명한 불완전성정리의 증명을 완성했다.

라운 업적들 가운데 하나로 꼽히며, 대체적 전략의 간략함과 구체적 세부의 복잡함이라는 두 측면에서도 놀랍다. 괴델은 이른바 '괴델기수법'이라는 기법을 창안하여 초수학을 수학으로 힘겹게 번역해 냈는데, 이것은 여러 겹의 '목소리'들을 정교한 질서 속에 혼합한 것으로, 이를 통해 초수학과 수학의 대응하는 요소들은 지금껏 들어 보지 못한 최상의 화음을 자아냈다. 아닌 게 아니라 음악은 아주 적절한 비유로 여겨지며, 이 때문에 어니스트 네이글Ernest Nagel과 제임스 뉴먼James R. Newman은 그들의 고전적 교양서 『괴델의 증명Gödel's Proof』에서 이 증명을 "놀라운 지적 교향곡"이라고 묘사했다.

　이와 같은 수학적 음악을 작곡하는 일은 분명 매우 유쾌한 경험일 것이며, 특히 적어도 그 작곡가의 귀에는 자신이 그토록 사랑하는 플라톤주의를 들려주는 수학적 음악이란 점에서 더욱 그럴 것이다. 하지만 괴델은 쾨니히스베르크의 그 숨죽인 순간까지도 자신의 교향곡에 들어 있는 음표 중 단 하나도 빠져나가지 않도록 단속했다. 그의 겉모습은 안으로부터 잔뜩 부풀어 오를 수학적 소음들과는 너무나 대조적이게도 무표정하고 조용했다. 그러다가 학회의 마지막 날 그는 마침내, 그동안의 발표들을 되새김하고 있는 청중들 사이에 하나의 간결하고도 정확한 문장으로 자신의 작품을 펼쳐 냈다. 괴델은 아무런 팡파르도 없이 겨우 피아니시모pianissimo(악보에서, 매우 여리게 연주하라는 말)로 연주했던 것이다.

　이 특유의 '선포'는 이 논리학자의 성품과 정확히 일치했다. 그의 위대한 순간을 구성하는 이 간결한 발표는 아마 30초쯤 계속되었겠지만, 정교하게 세공된 작은 걸작이었다. 거기에는 필요한 말만 담겼고, 더 이상은 없었다.

한Hahn 교수의 강의에 대한 괴델의 찬사에 비춰 볼 때, 그는 이 발표를 분명 매우 치밀하게 준비했을 것이며, 정확히 언제 토론의 장에 내놓을 것인지에 대해서도 깊이 숙고했을 것이다. 그래서 그는 사흘 일정의 학회 막바지에 들어 지금까지 제시된 초견해들에 대한 논의가 마무리될 시점까지 기다렸을 것이다. 그저 머리만 가볍게 움직여서 찬성하거나 반대하거나 의심스럽게 생각한다는 뜻을 표시했던 그는 자신의 선포에 담긴 엄청난 의미가 쾨니히스베르크의 청중들 사이에서 놀랍도록 뚜렷이 떠오르리라고 여겼을 것임에 틀림없다.

　가장 엄밀한 주제들의 경우에도 어떻게 제시하느냐에 따라 사람들의 반응은 사뭇 달라질 수 있다. 자기과시도 어느 정도 필요하며, 예를 들어 무겁고 정교하게 조각된 액자를 쓰면 스케치 수준의 작품도 그럴 듯하게 보인다. 1930년 10월의 그날, 괴델이 미의 본질 자체를 묘사하는 그림에 비유될 자신의 수학적 그림을 어떤 인상적인 액자로 둘러싸서 발표했는지에 대해 직접 말해 주는 자료는 알려져 있지 않다. 하지만 우리는 괴델의 유난히 반카리스마적인 기질과 겉모습 꾸미기를 싫어하는 성격과 논리적 함의에 대한 절대적 믿음을 잘 알고 있으므로, 과연 이 과정이 어찌 진행되었을지 어렵잖게 상상해 볼 수 있다. 그는 논의의 핵심을, 수사적 장식이나 청중들이 그 중요성을 이해하는 데에 도움을 줄 어떤 흥미로운 요소도 섞지 않은 채, 마냥 소박하고 진솔하게 이야기했을 것이다. 과묵한 천재가 더할 나위 없이 간결한 문장 속에 유례가 없는 의의와 영향력을 가진 증명을 내놓는 그 시간 동안 '질풍과 노도'가 몰아칠 기미는 추호도 찾을 길이 없었다.

　'비트겐슈타인주의자'들과의 저녁 모임 뒤 집으로 돌아오면서 괴델은 멩거에게 "언어에 대해 생각하면 할수록 사람들이 과연 정말로 서로 이해하고나 있는지 나는 놀라지 않을 수 없다"라고 말했다. 의사소통의 가능성을 (그의 업적에 관한 수많은 유명한 오해가 생기기 몇십 년 전이라는 이른 시기에 이미) 이처럼 비관적으로 보았기에 괴델은 수학적 진리와 지식의 본질에 대해 자신이 말해야 했던 모든 것을 오직 엄밀한 수학적 증명을 통해서만 이야기하기로 작정하고 그 길을 찾아 나서고자 마음을 불태웠던 게 틀림없다. 이제 그는 그런 증명을 가졌고, 이를 선포하고 있었으며, 특히 이로부터 도출되는 두 정리 가운데 첫째에 대해서는 분명 그러했다. 과연 그는 자신의 폭탄이 투하되고 난 뒤, 아연실색한 사람들의 마음속에서 의혹이 불길처럼 치솟고 격렬한 질문 공세가 펼쳐질 것으로 예상했을까? 나아가 그는, 비트겐슈타인의 전기 작가가 상상했던 것과 비슷하게, 자신의 발표 뒤에 자연스럽게 따라올 것으로 예상되는 더 분명히 설명해 달라는 수많은 요구들에 대처할 준비를 의식적으로 해 두었을까?

괴델은 자신이 면밀하게 준비해 둔 암시들을 다른 사람들이 잘 찾아내지 못하는 데 대하여 항상 실망해 왔는데, 특히 이곳 쾨니히스베르크의 경우 응답은 오직 침묵뿐이어서 더욱 크게 실망했을 게 분명하다. 그는 정결하게 작성된 문장을 펼쳐 냈지만 …… 아무 일도 없었다는 듯 논의는 다른 길로 흘러갔다. 그날의 논의는 따로 편집되어 〈인식Erkenntnis〉이라는 잡지에 실렸는데, 괴델의 언급에 대한 논의는 한마디도 눈에 띄지 않는다(이 잡지는 카르납과 라이헨바흐가 편집하며, 빈서클과 라이헨바흐의 베를린 그룹은 여기 실린 견해를 전파하는 주요 단체였다). 또한 한스 라이헨바흐가 작성한 이 학회에 대한 보고서에서도 괴델에 대한 언급은 찾아볼 수 없다.

괴델의 반카리스마적 성품을 충분히 고려한다 하더라도, 최소한 그의 선언은 다음과 같은 작은 물결이라도 불러일으켰어야 하지 않을까?

"잠깐만, 괴델 씨. 제가 듣기로는 조금 전에 증명불능의 산술적 진리가 존재함을 증명했다고 말씀하신 것 같은데요. 하지만 수학적 진리의 본질에 대해 우리들이 내놓은 견해들을 생각해 볼 때 그것은 분명 모순일 것 같습니다. 도대체 증명불능이면서도 참인 산술명제arithmetical proposition가 존재한다는 것을 어떻게 증명할 수 있단 말입니까? 그 명제가 참임을 보이는 것 자체가 그것에 대한 증명이 될 것이며, 그렇다면 증명불능성을 증명했다는 주장은 모순이 아닙니까? 하지만 괴델 씨도 논리학자인 이상 이처럼 빤한 모순을 공공연히 내놓지는 않을 것 같은데, 그렇다면 정말로 하고자 하는 말은 무엇입니까?"

괴델의 논문 지도교수인 한스 한도 쾨니히스베르크의 학회에 참석했을 뿐 아니라 마지막 날의 토론을 주재하기까지 했다. 그렇다면 괴델은 불완전성정리에 대해 지도교수에게도 아무 말을 하지 않았단 것일까? 이에 대해 확실히 알려진 것은 없다. 하오 왕은 괴델이 술어논리학(곧 투명논리학)의 완전성 증명을 지도교수에게 보여 주지 않은 채 논문을 완성했다고 썼다. 그 결과는 쾨니히스베르크의 학회 무렵에 출판할 상태가 되었으며, 한도 이때는 읽어 보았을 것으로 여겨진다. 괴델 논문의 머리말은 출판본에는 실리지 않았는데 그 이유는 알려지지 않았다. 산술의 불완전성에 대해 괴델은 증명을 했다고 적시하지는 않았지만 가능성은 제시했다. 한은 이를 읽었음에 틀림없지만 진지하게 여기지는 않았던 것 같으며, 그가 괴델에게 삭제하라고 권했을 수도 있다. 어쩌면 그는 제자에게 들은 것을 토대로(실제로는 듣지 **못했을** 가능성이 더 많지만) 아직 증명을 확보하지 **못한** 채 섣불리 나서는 것을 원치 않았는지도 모른다.

이 학회의 참석자 가운데 괴델의 발언에 반응을 보였을 수도 있었으리라 여겨지는 또 다른 사람으로는 루돌프 카르납이 있다. 카르납은 괴델의 뉴스를 다른 사람들에 비해 숙고해 볼 시간이 많았는데, 왜냐하면 괴델이 몇 주 전에 이미 그에게 자신의 결과를 털어놓았기 때문이다. 카르납이 남긴 문서에 따르면 1930년 8월 26일에 그는 괴델, 파이글, 바이스만과 빈의 라이히스라트Reichsrat 카페에서 만나 쾨니히스베르크로의 여행 계획을 논의했다. 여러 실무적인 일에 대한 이야기가 끝난 뒤, 카르납의 말에 따르면 그들의 논의는 "괴델의 발견: 『수학의 원리』에 사용된 체계의 불완전성; 완전성 증명의 어려움"으로 옮아갔다(여기서는 아직 '불가능성' 대신 '어려움'으로 썼다. 괴델은 학회가 끝나도록 제2불완전성정리의 증명을 완성하지 못했다). 그리고 3일 뒤 네 사람은 같은 카페에서 다시 만났다고 카르납은 기록했는데, 파이글과 바이스만이 오기 전에 괴델이 자신의 발견에 대해 그에게 이야기했다고 썼다. 그런데도 카르납은 쾨니히스베르크 학회에서 그의 옛 주장, 곧 수학 형식체계의 적합성에 대한 유일한 판단기준은 무모순성이란 주장만 펼쳤으며, 완전성에 대한 의문은 제기조차 하지 않았다. '괴델의 발견'을 이미 들은 터에, 어떻게 카르납은 자신의 옛 주장에만 매달릴 수 있었을까?

가능한 답은 아마도 카르납이 괴델이 얻은 발견의 본질을 전혀 이해하지 못했기 때문인 것 같다. 의미론적 진리의 판단기준과 증명가능성의 판단기준이 분리될 수 있다는 아이디어는 실증주의자적 관점에서는 거의 생각조차 할 수 없는 것이며, 따라서 이 정리의 핵심은 그에게 전혀 스며들지 못했던 것으로 보인다.

괴델이 카르납에게 이야기하려 했던 것의 중요성에 대한 카르납의 이해가 늦어졌다는 사실은 1931년 2월 7일에 발간된 잡지에 실은 그의 글에서도 발견된다. 괴델의 유명한 논문은 이미 발간되었는데, 카르납은 이에 대해 "괴델의 연구가 이미 나왔다. 하지만 나는 이해하기가 어렵다"라고 말했다.

괴델의 선포에 대한 반응이 이처럼 놀라운 침묵뿐이었다는 사실은, 이제 돌이켜 보면, 토마스 쿤Thomas Kuhn이 그의 유명한 저서 『과학혁명의 구조 The Structure of Scientific Revolutions』에서 이야기한 '무관심'의 고전적 예 가운데 하나로 여겨진다.

> 과학에서 …… 새 이론은 오직 그 전망에서 유래한 저항으로 드러나는 어려움과 함께 떠오른다. 나중에 돌이켜 보면 혼란에 처했던 상황에서도 처음에는 통상적이고 예상되는 것들만 행해진다.

폰 노이만이 암시를 붙잡다

쾨니히스베르크의 학회에서 젊은 논리학자의 파격적인 암시를 놓치지 않은 한 사람이 있었으니 그는 바로 존 폰 노이만이었다. 괴델의 간결한 언급에 대한 그의 주목은 그가 전적으로 힐베르트의 견해를 따르고 있었으며(노이만은 쾨니히스베르크의 학회에서 형식주의의 대변인 역할을 맡았다), 실증주의에 강하게 기운 성향을 가졌다는 점에 비춰 보면 참으로 인상적인 일이라고 말할 수 있다. 노이만의 이런 배경에 따르면 형식체계와 독립적인 의미론적 진리가 존재한다는 괴델의 지적은 아마 위험한 형이상학적 주장으로 여겨졌을 것이다. 노이만은 그날의 토론 시간이 끝나자 괴델을 붙들고 끈질긴 질문 공세를 펴면서 구체적인 내용을 알아내려고 노력했다. 이때 괴델은 노이만이 스스로 들었던 것을 진지하게 받아들일 수 있도록 자신이 어떻게 그 결론에 이르게 되었는지를 충분히 자세하게 설명했을 것임에 틀림없다. 노이만은 프린스턴의 고등과학원으로 돌아간 뒤, 쾨니히스베르크에서 들었던 놀라운 선언에 대해 숙고를 거듭했다.

노이만은 괴델의 결과에 대한 숙고 과정의 어느 단계에선가 하나의 경이로운 따름정리를 얻게 되었다. 먼저 노이만은 괴델의 증명이 조건부로 이뤄졌음을 깨달았다. 곧 괴델의 증명은 산술의 한 형식체계 S가 무모순이라면 이 체계 안에서 참이지만 증명불능의 명제 G를 만들 수 있다고 말한다. 따라서 만일 S가 무모순이라면 G는 참이면서 증명불능이므로, 당연히 S가 무모순이면 G는 참이다. 노이만은 또한 괴델이 이 증명을 산술의 체계 안에서 할 수 있다고 한 점도 이해했다(여기에 사용된 기법이 바로 괴델기수법이다). 그러므로 만일 S의 무모순성이 S 안에서 증명될 수 있다면 G도 S 안에서 증명될 것이다(왜냐하면 G가 참이라는 것은 S의 무모순성에서 도출되기 때문이다). 그러나 이런 결론은 G가 증명불능이라는 사실과 모순이다. 이 모순을 해소할 유일한 길은 S의 무모순성이 그 안에서 증명될 수 있다는 주장을 부정하는 것이다. 따라서 괴델의 결론으로부터 또 다른 불가능성이 얻어진다 : "산술체계의 무모순성을 그 체계 안에서는 증명할 수 없다."

폰 노이만은 괴델에게 연락하여 자신이 발견한 따름정리를 알렸다. 괴델은 정중한 투로 이 연장자에게 그가 올바른 결론을 이끌어 냈다는 점에 동의하며, 사실 괴델 자신이 이를 엄밀하게 증명했다고 답했다(괴델은 폰 노이만이라는 지적 거인에게 이 내용을 알리면서 미미하게나마 씩 뒤틀린 미소를 지었으리라 상상되기도 한다). 이 따름정리는 괴델의 제2불완전성정리로 알려져 있는데, 제1불완전성정리의 단순한 귀결에 지나지 않지만, 폰 노이만이 고등과학원에서 괴델의 업적을 공표할 때 먼저 주목을 끈 것은 바로 이것이었다. 제2불완전성정리의 중요성은 힐베르트계획의 맥락과 직결되기 때문이다. 다시 말해서 이로써 괴델은 힐베르트의 둘째 문제가 해결될 수 없음을 증명한 것이다. 산술체계 안에서 그 공리들의 무모순성을 유한한 형식적 증명으로는 결코 밝혀낼 수 없다. 따라서 힐베르트계획의 주춧돌로 삼을 만한 증명은 존재하지 않는다. 형식주의의 귀결은 완전한 파멸인 셈이다.

의미론적 관점에서 볼 때(곧 산술의 엄격한 형식체계가 무엇인가 하는 점을 생각해 볼 때) 산술이 무모순이란 점은 자명하다. 왜냐하면 산술은 자연수에 그 모델이 들어 있기 때문이다. 형식체계에 대한 모델은 해석interpretation이라고도 부르며 다음과 같이 구성된다. 첫째로 변수가 투영될 개체영역domain of individual이라고도 불리는 명제우주를 규정하고, 둘째로 술어상수와 관계항의 의미를 해석하고, 셋째로 각각의 술어상수가 개체영역의 어떤 원소를 가리키는지를 규정한다. 산술의 형식체계에 자연수와 그 성질들을 이용하여 통상적인 의미를 부여하면 그 공리들은 참이란 점이 선명히 드러난다. 따라서 산술의 형식체계는 무모순임에 틀림없는데, 왜냐하면 참된 명제에서 거짓된 결과가 유도될 수는 없기 때문이다. 다시 말해서 수라는 관념을 믿는 한 문제는 산술의 무모순성 자체가 아니라 그 무모순성을 어떻게 증명하느냐 하는 것이며, 이는 플라톤주의를 제외한 다른 모든 초수학적 관점들에서 중요한 의미를 가지면서도 시급한 해결이 요청되는 과제이다.

어떤 체계의 무모순성은 그 체계의 규칙을 사용했을 때 어떤 모순도 도출되지 않는다는 명제와 동등하다. 따라서 이 명제는 조합적인데, 왜냐하면 이 명제는 기호 다루기, 곧 어떤 기호의 배열로부터 어떤 기호의 배열이 나올 것인지를 규정하는 간단한 규칙에 관한 것이기 때문이다. 이처럼 이 명제는 바로 조합적이라는 성격 때문에 산술적인 것과 동등하다. 그러므로 이 명제는 이 체계 안에서 구성될 수 있으며, 남은 문제는 과연 이것이 그 체계 안에서 증명될 수 있느냐 하는 것인데, 그 답은 불가능하다고 밝혀졌다. 형식체계의 구문론은, 본래 역설을 낳는 직관을 제거하기 위한 것이었지만, 그 체계의 모든 진리를 다 포섭하지 못할 뿐 아니라, 그 자체의 무모순성도 그 안에서는 밝혀낼 수 없다. 괴델은 수학에서 역설의 형성을 미리 제거하려는 힐베르트계획의 기초를 확고히 하는 데에 필수적인 무모순성이 이 계획의 범주를 초월한다는 점을 증명했던 것이다.

힐베르트계획에 의해 영원히 제거될 것으로 여겨졌던 역설의 가능성은 오히려 새롭게 확인되었다. 나아가 역설에 대한 힐베르트의 저항을 무너뜨린 이 특이하고도 아름다운 증명에서 가장 기이한 점 가운데 하나는 이 증명에서 역설이 교묘한 형태로 스며들어 핵심적 역할을 한다는 사실이다.

제1불완전성정리: 전반적 전략

20쪽 남짓한 괴델의 유명한 증명은 밀도 높게 짜여 있다. 거기에는 예비단계로 46개의 정의가 제시되어 있고, (고려된 형식체계 안에서 참이되 증명불능인 산술명제를 구축함으로써 마무리되는) 최종 정리의 증명에 필요한 여러 개의 예비정리들도 증명되어 있다. 각각의 추론 단계는 고도로 압축되어 있으며, 명제들의 위계질서가 긴밀하게 엮여 있어서, 전체적으로 교향곡처럼 잘 조화된 음악을 펼쳐 낸다.[4]

증명의 세부 사항들은 어렵지만 다행스럽게도 전반적 전략은 아주 단순하다. 그런데 이처럼 단순하지만 교묘하게도 이 증명은 자기모순의 경계로 아슬아슬하게 접근하는 가운데 **참이되 증명불능**인 산술명제가 존재한다는 결론을 이끌어 낸다. 특히 가장 기이한 것 중의 하나는 괴델이 우리의 이성이 그토록 혐오하는 자기언급적 역설의 논리적 구조를 추출하여 이 증명에 사용한다는 점이다. 다행스럽게도 즐거운 마음으로 접근할 수 있는 이 증명의 전반적 전략은 가장 오래된 역설, 곧 거짓말쟁이역설의 구조를 통해서 파악할 수 있다.[5]

---

[4] 선정된 형식체계 S에 들어 있는 문장들을 'S-문장' 이라고 부르자. S-문장을 자연수에 관한 것이라는 식으로 자연스럽게 해석하면 이는 산술명제가 되는데, 이를 'A-문장' 이라고 부르자. 한편 S-문장과 형식체계에 관한 초수학적 명제들도 있으며, 이것들은 'M-문장' 이라고 부르자. M-문장들은 형식체계의 원소들 사이의 순수한 형식적 관계를 기술하는 조합적 명제들이며, 따라서 어떤 의미에서 이것들은 이미 수학적 명제로 볼 수 있다. 그러나 M-문장을 A-문장으로 바꾸기 위해서는 괴델기수법과 같은 독창적인 방법이 필요하며, 이를 통해 우리는 M-문장으로 형식체계에 대해 이야기하면서 A-문장이라는 산술명제를 만들어 낼 수 있다.

[5] 이 증명이 제시된 1931년의 유명한 논문에서 괴델은 거짓말쟁이역설과 리샤르의 역설 Richard's paradox을 언급한다. 그는 이것들에 대한 간편한 이해를 독자들에게 알려 줌으로

따라서 이제부터 가볍고도 쉬운 길을 통해 이 핵심을 알아보고, 이어지는 절들에서는 이 증명을 완성하기 위해 얼마나 힘든 과정을 거쳐야 했는지를 알게 해 주는 몇 가지의 세부적 사항들을 집중적으로 살펴본다.

전통적으로 거짓말쟁이역설의 기원은 크레타Creta인 에피메니데스Epimenides로 보며 "모든 크레타인은 거짓말쟁이다"라는 뜻의 말을 했다고 전해진다. 이 문장 자체는 역설적으로 보이지 않지만, 에피메니데스가 다음과 같은 뜻으로 말했다고 보는 한 역설이 된다.

이 문장은 거짓이다.

이미 보았다시피 이 문장은 오직 그것이 거짓일 때만 참이며, 논리적으로 볼 때 이는 좋지 않은 상황이다. 괴델의 전략은 이 역설적 문장과 비슷한 명제를 생각하는 데에서 출발한다.

써 교묘한 그의 증명으로 나아갈 토대를 마련해 준다. 리샤르의 역설은 프랑스의 수학자 쥘 리샤르Jules Richard가 만들었는데, 서술하기가 좀 복잡한 것으로, 괴델의 증명처럼 약간 특수한 변환이 필요하다. 이 역설에서는 자연수의 여러 성질들을 배열하고 그 순서대로 자연수를 매긴다. 그러면 이렇게 매겨진 수는 그 성질을 갖거나 갖지 않을 수 있다. 예를 들어 '짝수'라는 특성에 22란 수가 매겨졌다면 이 수는 리샤르의 배열에서 그 특성을 가진 수에 해당한다. 이런 준비 아래, "리샤르의 배열에서 규정된 특성을 갖지 않는 특성"이란 것을 상정하고, 이것을 '리샤르 특성'이라고 부른다. 그러면 다음 질문으로부터 역설이 나온다: "리샤르 특성에 매겨진 수 자체도 리샤르 특성을 갖는가?"

괴델의 증명을 다른 방법으로 증명한 것들도(예컨대 앨런 튜링Alan Turing이나 채틴G. J. Chaitin의 증명) 모두 나름대로 역설 특유의 구조를 이용하고 있다. 이 역설들은 구체적으로는 모두 다르지만 자기언급성을 가진다는 점은 공통이다. 다시 말해서 불완전성정리와 자기언급적 역설의 관계는 매우 긴밀한데, 이에 대한 모든 증명들이 그 배경에 자기언급적 역설들의 특성을 깔고 있기 때문이다.

이 문장은 이 체계 안에서는 증명불능이다.

이 문장을 G라고 부르자. 앞서의 예와 달리 G는 역설은 아니지만, 다른 모든 자기언급적 명제들처럼 어딘지 이상하다(사실 "이 문장은 참이다"라는, 전혀 역설적이지 않은 자기언급적 문장도 신비스러울 정도로 이상하다. 도대체 이것은 무엇을 말하는 것일까? 그 내용은 어디에 있을까?)

우리가 괴델기수법이라고 부르는(물론 자신을 잘 드러내지 않는 괴델이 이렇게 부른 것은 아니었다) 기법에 의하여 G는 산술적 표기를 갖게 되며, 나아가 산술명제를 이루게 된다. 이 대목에서 힘겨운 작업이 끼어드는데, 조금 뒤 우리는 이에 대해 약간 자세히 살펴보기로 한다. 괴델은 아주 독창적인 방법을 통해 산술적 언어가 그 자체의 형식화에 대해 말할 수 있도록 했다. 이 기법의 핵심은 G로 하여금 산술적 주장을 하게 함과 동시에 그 자신의 증명불능성도 단언하도록 하는 것이다. 다시 말해서 G는, 직설적인 산술적 내용과 함께(이것은 사뭇 기괴한 수학적 명제가 되는데, 그 과정에서 수많은 번잡스러움이 따른다) 다음 내용까지 담아야 한다.

G는 이 체계 안에서 증명할 수 없다.

G의 부정은 다음의 명제가 된다.

G는 이 체계 안에서 증명할 수 있다.

만일 G를 증명할 수 있다면 G의 부정은 (스스로 증명할 수 있다고 말하므로) 참이다. 그런데 만일 어떤 명제의 부정이 참이라면 명제 자체는 거짓이므로, 이 관점에서 볼 때 G를 증명할 수 있다면 G는 거짓이다. 그러나 G를 증명할 수 있다면 이는 곧 G가 참이란 뜻이다. 이 체계가 무모순이라고 가정할 때(모순이라면 무엇이든 증명할 수 있으므로) 이 증명은 이밖에 다른 것을 보여 줄 수는 없다. 따라서 이 체계가 무모순이라는 가정 아래에서는, G를 증명할 수 있다면 이것은 참이면서 거짓이라는 모순이 나오며, 이런 뜻에서 G는 증명할 수 없다. 다시 말해서 이 체계가 무모순이면 G는 그 안에서 증명할 수 없다. 그리고 이것은 바로 G의 내용 자체이므로 G는 참이다. 그러므로 G는 참이면서 증명불능이며, 이것이 곧 유명한 괴델의 결론, 다시 말해서 만일 어떤 계가 무모순이면 그 안에서 표현이 가능한 참이면서 증명불능인 명제가 존재한다는 것이 불완전성정리이다. 한편 G는 또한 G가 참이라면 그 자신이 참이라는 직설적인 산술적 의미를 가지므로, 괴델의 증명은 산술적 진리 가운데(예를 들어 바로 G!) 무모순성이 가정된 형식체계 안에서 증명불능인 게 있다는 점을 보인 셈이다. 따라서 어떤 형식체계는 무모순이거나 불완전하거나 둘 가운데 하나일 뿐이다.

나아가 이 증명은 만일 우리가 이 체계의 불완전성을 치유하기 위하여 G를 또 다른 공리로 추가해서 확장된 새 형식체계를 만들면 그곳에서도 다시금 G에 대응하는 새로운 증명불능의 참 명제가 생겨 나온다는 점을 보여 준다. 따라서 결론은 이렇다: 기본적 산술을 품은 무모순성이 가정된 **어떤** 형식체계에서든 참이면서 증명불능의 명제가 존재한다. 산술을 품을 정도로 풍부한 체계는 무모순이면서 완전할 수 없다.

전반적 전략은 이상과 같으며, 그 자신과 산술을 함께 이야기하는 명제라는 기발한 아이디어만 잘 소화하면 사실 이는 단순하다고 말할 수 있다. 그러나 세부적으로 파고들면 결코 만만치 않은데, 이제부터는 이 괴물 같은 세부적 내용을 살펴보기로 한다.

제1단계: 형식체계의 수립

괴델은 그의 형식체계를 수립함으로써 그의 증명을 시작한다. 이 체계는 다른 모든 형식체계들이 그렇듯, 기호들과, 이 기호들을 결합하여 정형식으로 만드는 규칙과, 공리라고 불리는 정형식의 특수한 집합과, 정형식을 공리 또는 공리의 결론으로부터 (논리적 귀결로) 도출하는 연역적 도구로 구성되어 있다.

대부분의 형식논리학 체계에서 '그리고and: conjunction 연언(連言)(논리곱)', '또는or: disjunction 선언(選言)(논리합)', '만일 … 그러면 …if … then …: material implication조건언(조건문)', '오직 …인 때만if and only if …동치언(쌍조건문)'에 대한 기호를 만들어 두면 편리하다. 또한 '모든all'이나 '어떤some'과 같은 '정량어(定量語)quantifier'를 나타내는 기호도 있다. 이와 같은 기본 기호는 적을수록 편리하므로 가능하면 그 수를 줄이는 게 좋다. 예를 들어 연언(논리곱)은 선언(논리합)을 이용하여 제거할 수 있다. 왜냐하면 "p 그리고 q"는 "(p가 거짓이거나 q가 거짓이다)의 부정인 경우"이기 때문이다. 구체적으로 "나는 먹고 싶고 날씬해지고 싶다"는 말은 "나는 굶거나 뚱뚱해지고 싶지 않다"는 말과 동등하다. 또한 선언도 조건언을 이용하여 제거할 수 있다. 왜냐하면 "if p, then q"는 "not-p or q"와 동등하기 때문이다. (기호 논리학으로 표현하면, $(p \rightarrow q)=(\sim p \vee q)$이다.) 또한 '어떤'도 '모든'을 이용하여 제거할 수 있다. 왜냐하면 "어떤 x는 거짓이다"라는 말은 "모든 x가 참인 것은 아니다"는 말과 동등하기 때문이다. 구체적으로 "어떤 논리학자는 합리적이다"는 말은 "모든 논리학자가 비합리적이지는 않다"는 말과 동등하다. 이렇게 가능한 제거 과정을 모두 거치고 나면 9개의 원시개념primitive concept과 이에 대한 기호가 남으며, 이를 이용하면 형식체계 안의 모든 산술을 표현할 수 있다.

제2단계: 괴델기수법

증명의 다음 단계는 체계 안의 모든 명제에 대해 고유의 수를 부여하는 기계적 방법을 고안하는 일이다. 산술명제가 초수학적 명제의 목소리도 함께 가질 수 있도록 하는 '음성 혼합'이 바로 이를 통해 이뤄진다.

논리학자 사이먼 코첸Simon Kochen은 괴델의 증명이 프란츠 카프카Franz Kafka의 작품과 뚜렷이 닮은 데가 있다는 점을 보여 주는 아름다운 묘사를 전해 주었다(우연찮게 괴델도 그의 작품을 높이 평가했다). 카프카와 괴델의 작품 모두에는 『이상한 나라의 앨리스Alice In Wonderland』적인 요소가 있는데, 이는 우리가 어떤 기이한 변환과정을 거쳐 이상한 나라로 들어가는 느낌을 말하며, 언어의 의미 자체도 여기에 포함된다. 다만 두 사람의 작품에서 모든 과정은 매우 엄격한 논리적 규칙에 따른다(카프카의 엄격한 논리는 과소평가되었다). 따라서 코첸의 표현에 따르면 괴델의 증명은 상당 부분 '부기(簿記)'에 해당한다. 괴델의 증명에 내포된 기이함과 엄밀함이라는 양면성은, 다시 코첸의 말에 따르면, 괴델의 정신적 본질을 비춰 준다. 단조롭고 규칙적인 걸음 속에서 거대한 상상의 도약이 펼쳐지기 때문이다. 이 양면성이 바로 괴델기수법에서 드러나며, 그 기본 아이디어는 다음과 같다.

형식체계에는 다양한 형(型)type의 대상들이 있음을 상기하자. 기호들, 기호들의 조합으로 이루어진 정형식들, 특수한 정형식(다시 말해서 증명)들이 그 예들이다. 모든 것은 기본적인 기호들로부터 만들어진다. 정형식은 기호의 배열이며, 증명은 정형식의 배열이다(증명의 결론은 그 마지막 정형식이다).

괴델기수법은 각각의 원시기호에 고유의 번호를 붙이는 데에서 시작한다. 이 예비단계가 끝나면 다음으로 정형식에도 고유의 번호를 붙이는데, 이는 정형식에 쓰인 원시기호들의 고유번호를 이용하면 된다. 이렇게 정형식에 대한 번호붙이기가 끝나면 다음으로 정형식의 배열, 곧 어떤 증명에 대한 고유의 번호를 붙임으로써 전체적 과정이 마무리되며, 이것이 바로 괴델기수법이다.

이렇게 정형식마다 고유의 번호가 붙여지고 나면 우리는 단순히 이 번호들 사이의 산술적 관계를 분석함으로써 본래 명제들 사이의 구조적 관계를 파악해 낼 수 있다. 그리고 이 관계는 거꾸로도 추적할 수 있다. 다시 말해서 한 정형식의 괴델수Gödel number가 다른 정형식의 괴델수와 올바른 산술적 관계로 연결되어 있다면 이 두 정형식은 그에 해당하는 논리적 관계로 연결되어 있다. 한 번 더 바꿔 말하면, 괴델기수법에 의해 서로 다른 두 종류의 묘사가 하나로 통합되며, 형식체계 안에서 수들 사이의 관계로 표현되는 산술적 묘사와 그 계 안의 정형식들 사이에 성립하는 논리적 관계에 관한 초산술적 묘사가 그것들이다. 이 초명제는 순수하게 구문론적인데, 왜냐하면 이는 단순히 형식체계의 구문론, 곧 그 규칙들의 귀결일 뿐이기 때문이다.

괴델기수법의 아이디어는 기본적으로 암호화와 같으며, 이를 통해 본래 명제와 암호 사이를 오갈 수 있다. 초등학교 때 나와 내 친구도 이와 비슷한 암호를 쓴 적이 있다. 26개의 영어 알파벳에 1부터 26의 숫자를 붙이는 방식이었는데, 이에 따르면 "Meet me"라는 문장은 "13 5 5 20 13 5"라는 암호와 같다.

괴델기수법은 서로 다른 대상이 같은 괴델수를 갖지 않도록 짜여 있다. 예를 들어 한 정형식의 괴델수가 어떤 증명의 괴델수와 같지 않다. 이 암호화 규칙은 한 단계에서 다음 단계로 어떻게 나아갈 것인지를 규정한 것이란 점에서 일종의 알고리듬이다. 또한 이 역과정도 알고리듬이며, 어떤 괴델수가 주어지면 이를 통해 그것이 형식체계 안의 어떤 대상인지 알 수 있다. 끝으로 괴델기수법은 한 가지 조건을 더 충족해야 한다: 정형식들 사이의 논리적 관계를 구문론적으로 번역하여 얻어진 산술명제는 그 형식체계 안에서 표현이 가능한 것이어야 한다.

괴델기수법의 핵심은 간단히 제시될 수 있다(물론 괴델이 그랬듯 엄밀히 하고자 한다면 그다지 간단하지는 않다). 우리가 사용하고 있는 현대적 기수법인 자리수법 positional notation 에 따르면, 예를 들어 365는 3 곱하기 10의 제곱 더하기 6 곱하기 10 더하기 5이다. 다시 말해서 자리수법은 우리가 너무 익숙하기 때문에 잊고 있을 뿐 이것도 하나의 암호화법으로, 엄밀히 말하자면 그 정당성은 형식체계 안에서 증명되어야 한다. 괴델기수법은 소수(素數)prime number와 그 지수곱을 사용하며, 배경 원리는 소인수분해정리 prime factorization theorem, 곧 모든 수는 소수들의 곱으로 표현되는데 소수의 순서를 무시하는 한 그 형태는 유일하다는 법칙이다. 따라서 이 소인수분해정리에 의하여 정형식과 괴델수는 원리적으로 아무 혼란 없이 서로 변환될 수 있다. 아래에서 우리가 사용할 기수법은, 엄밀히 만들면, 괴델이 사용했던 것과 똑같이 복잡해진다. 하지만 이 책에서 그렇게 엄밀히 나아가지는 않기로 한다.

먼저 형식체계의 각 기호에 임의로 하나씩의 자연수를 붙인다. 산술의 형식체계와 관련하여 할 수 있는 모든 일은 9개의 기호만 사용하면 가능하므로, 이것들에 대해 아래와 같은 괴델수를 부여한다.

기본 기호	괴델수	의미
~	1	부정 not
→	2	만일 … 그러면 … if … then …
x	3	변수 variable
=	4	같다 equals
0	5	0 zero
s	6	연수(連數) the successor of
(	7	열기 괄호
)	8	닫기 괄호
′	9	프라임 prime 기호

정량어 '모든'은 괄호와 변수로 나타내진다. 예를 들어 '$(x)F(x)$'는 "모든 x는 F이다"라는 뜻이다. 프라임기호를 이용하면 x, x', x'', x''' 등과 같이 추가적인 변수를 만들 수 있다. 또한 0에 대한 기호와 연수를 나타내는 방법이 마련되었으므로, 이를 이용하면 모든 자연수를 나타낼 수 있다.

다음으로 정형식에 괴델수를 부여하는 규칙을 정한다. 그런데 정형식은 기호의 배열에 지나지 않으므로 나와 친구가 초등학교 때 썼던 것과 같은 가장 단순한 규칙을 택한다. 다시 말해서 정형식의 각 기호에 왼쪽 표에서 정한 기호를 대입하면 된다.

한 예로 다음 정형식을 보자.

$$(p_1) \quad (x)(x')((s(x) = s(x')) \rightarrow (x = x'))$$

우리의 명제우주(변수들이 가리키는 것으로 풀이되는 대상들)가 자연수라고 가정하면, p_1은 두 수의 연수가 같으면 두 수는 같은 수라는 뜻을 나타낸다. 다시 말해서 한 수는 두 개의 서로 다른 연수를 가질 수 없다는 뜻이다. 더 정확히는 "모든 x와 모든 x'에 대해 만일 x의 연수가 x'의 연수와 같으면, x와 x'은 같다"라고 말할 수 있다.

다음으로 이 정형식의 각 기호에 위에서 제시한 괴델수를 차례로 대입하여 이 전체를 하나의 수로 나타낸다. 이렇게 하면 다음과 같은 매우 큰 값의 자연수가 나오는데, 이것을 '명제 p_1의 괴델수'라 부르고 '$GN(p_1)$'이라 쓰기로 한다.

GN(p₁) = 738739877673846739882734398

이처럼 정형식에 괴델수를 부여하는 방법을 확장하면 정형식의 배열인 정리에도 고유의 괴델수를 부여할 수 있다. 그런데 이 간단한 기수법에는 한 가지 약점이 있다. 명제와 명제 사이를 구분해 놓지 않으면 한 명제가 어디서 시작하고 어디서 끝나는지에 대해 혼란이 일어날 수 있다는 게 그것이다. 그러므로 이를 위한 기호를 생각해야 하는데, 이는 마치 타자기로 문서를 작성할 때 줄바꿈할 위치에 대한 표시와 같다. 우리는 이 표시의 기호로 '0'을 사용하기로 하며, 따라서 0이 나오면 새로운 줄로 접어든다고 보면 된다.

한 예로 어떤 명제들의 배열에서 p_1에 이어 다음과 같은 p_2의 정의(定義)_{definition}가 이어진다고 하자.

(p₂)   s(0) = s(0)

그러면 p_1에 이어 p_2가 나오는 배열의 괴델수는 다음과 같다.

GN(p₁, p₂) = 7387398776738467398827343980675846758

괴델의 독창적 고안을 통해 형식체계의 명제들 사이에 성립하는 모든 논리적 관계들은 그 체계 자체의 산술적 언어로 표현이 가능한 산술적 관계로 전환된다. 그리고 이것이 바로 이 증명의 숨 막힐 듯 아름다운 정수(精髓)이다. 예를 들어 정형식1(wff$_1$)에서 논리적으로 정형식2(wff$_2$)가 도출된다고 하자. 그러면 GN(wff$_1$)과 GN(wff$_2$)는 뭔가 순수한 산술적 관계로 얽혀 있을 것이다. 다시 예를 들어 정형식1에서 정형식2가 논리적으로 도출될 경우 GN(wff$_2$)가 GN(wff$_1$)의 약수라고 해 보자. 그러면 우리는 두 가지의 방법으로 정형식1에서 정형식2가 논리적으로 도출된다는 점을 보일 수 있다. 첫째로 형식체계의 규칙을 써서 정형식1로부터 정형식2를 유도할 수 있으며, 둘째로 GN(wff$_2$)에 어떤 자연수를 곱하면 GN(wff$_1$)이 됨을 보임으로써 이 논리적 도출관계를 보일 수 있다. 만일 GN(wff$_1$)이 195589이고 GN(wff$_2$)가 317이라면, 317에 617을 곱하면 195589가 되므로 GN(wff$_2$)는 GN(wff$_1$)의 약수이다. 따라서 정형식2가 정형식1의 논리적 귀결이란 점은 형식적 증명규칙을 이용하거나, "195589 = 317×617"이라는 산술을 통해 증명할 수 있다. 초구문론과 산술이 하나로 통합된 것이다.

일단 이처럼 논리적 함의와 산술적 관계를 통합하고 보면 정규식들의 배열, 곧 증명에 해당하는 것들도 그 체계 안에서 표현될 수 있는 산술적 성질을 갖게 됨이 드러난다. 증명은 논리적 귀결로부터 얻어진다. 따라서 형식체계 안에서 증명이 될 수 있는 것들의 괴델수가 가진 산술적 성질을 유도하는 것은 앞 문단에서 이야기한 통합의 한 귀결이다. 이 형식체계 안에서 정당한 증명이 되는 정규식의 배열은 그 안에서 의미를 갖는 산술적 성질, 예를 들어, 짝수라거나 홀수라거나 소수라거나, 소수의 제곱이라거나, 그리고 대부분 이보다 훨씬 복잡한 성질을 가질 것이다. 이와 같이 증명가능성의 초구문론적 관계는 산술적 관계로 환원되며, 다시 말해서 이는 어떤 정형식이 증명을 나타낸다는 점이 수에 관한 어떤 성질로 드러난다는 뜻이다. 실제로 이를 토대로 우리는 형식체계 안에서 증명이 가능한 정형식들, 곧 정리들만이 수에 관한 어떤 성질을 갖게 된다는 점을 보일 수 있다. 이상의 내용으로부터 우리가 어디로 향하고 있는지 드러나며, 구체적으로 이는 "형식체계 안에서 자신의 증명가능성에 대해 이야기함과 동시에 그 안에서 표현될 수 있는 산술명제"이다. 괴델기수법은 흥미롭게도 어떤 명제들에게 두 가지의 목소리를 낼 수 있도록 하는데, 하나는 형식체계 안에서 그 자신의 처지와 산술적 성질에 대한 것이고, 다른 하나는 그 자신의 증명가능성에 대한 것이다.

  이 명제들의 이중 음성은 때로 영화나 드라마에서도 일어난다. 어떤 배우나 출연자가 그 속에서 자신의 실생활을 연기로 해내는 경우가 이에 해당한다. 교묘한 연출에 따라 배우가 '극(진짜 극) 안의 극(실생활이 담긴 극)'에서 말을 하면 이는 '극 안의 극' 밖과의 관계에서 실생활의 의미를 가진 것으로 해석될 수 있다. 괴델의 전략은 레온카발로Leoncavallo의 오페라 〈팔리아치 Pagliacci〉에서의 시골 관객들이 배우의 대사가 오페라(진짜 극) 안의 극(실생활이 담긴 극)에서 뿐 아니라 오페라 안의 극 밖에서도 의미가 있다는 점을 이해하는 것과 같은 상황을 우리에게 요구하고 있다. 괴델의 독창적인 무대에서 대사는 계 안의 형식적 관계라는 극 안의 극적 요소에 대해 이야기함과 동시에 산술적 관계라는 실체적 요소도 이야기한다. 이처럼 괴델의 증명에서 구성된 명제는 자신의 증명불능성의 증명에 대해서와 함께 참이되 증명불능인 산술적 관계도 이야기하는데, 이는 바로 〈팔리아치〉의 비극적인 마지막 대사의 이중적 성격과 비슷하다: "연극은 끝났다 La commedia è finita!."(〈팔리아치〉의 줄거리: 유랑 극단 단장 카니오는 극단을 이끌고

한 마을에 이른다. 그의 아름다운 아내 네다는 단원 중의 한 사람인 토니오의 구애를 거절하고 전부터 사랑하는 이 마을의 청년 실비오와 함께 도망가기로 약속한다. 토니오의 밀고로 네다의 불륜을 안 카니오는 격분하지만 막이 오를 때가 되어 연극을 시작한다. 극 중에서 아내가 간통하는 장면이 나오자 그는 극과 현실을 혼동한 끝에 아내를 칼로 찔러 죽이고 구경하다 달려온 실비오도 살해한다: 옮긴이).

제3단계: 증명불능이라 하기 때문에 참인 명제 만들기

독창적인 의미의 복층구조를 구축한 뒤 괴델은 사뭇 경이로운 수학적 성질을 불러낸다. 그것은 '증명가능provable'이라는 성질로, 앞으로 우리는 이를 'Pr'로 나타내기로 한다. Pr은 순수한 산술적 성질이지만 지금껏 고안한 모든 요소들이 목표로 삼고 나아가는 바로 그 성질이기 때문이다. 이것은 체계 안에서 증명이 가능한 명제들의 괴델수에서만 참인 산술적 성질이다. 나는 여기서 의도적으로 '불러낸다conjure'라는 동사를 사용했는데, 왜냐하면 초구문론적 측면과 산술적 측면의 통합이 Pr로 향하기는 하지만 아직도 Pr 어귀에는 뭔가 마술적인 느낌이 감돌기 때문이다.

그 성질에 다가서기에 앞서 어떤 성질을 특정하는 방법이라는 작은 기술적 논점 하나를 살펴보기로 한다. 이것은 한 변수의 명제함수propositional function라는 것으로 $F(x)$와 같은 형태에 관한 것으로 생각할 수 있다. 이 형태는 하나의 변수에 관한 형식체계의 한 표현으로, x는 어떤 정해진 영역에 들어 있는 모든 개체들을 대표한다. x라는 변수에 어떤 값을 집어넣으면 참 또는 거짓인 정형식, 곧 어떤 명제 F(x)가 얻어지는데, 그러기 전에는 참 또는 거짓 여부를 판단할 수 없다. 예를 들어 F(x)가 "x는 1의 연수이다"라는 뜻을 나타낸다고 하자. 그러면 이 자체로는 참이나 거짓을 판단할 수 없으므로 명제가 아니다. 이제 x에 2를 넣으면 참인 명제가 되지만, 그 밖의 모든 수는 거짓인 명제를 낳는다. 이상의 내용이 형식체계 안에서 한 변수의 명제함수를 이용하여 어떤 성질을 나타내는 방법에 대한 설명이다.

이제 Pr(x)를 살펴보는데, 이것은 수에 관한 조금 복잡한 성질이다. 먼저 형식체계의 각 정형식에는 독창적인 괴델기수법에 따른 숫자가 매겨져 있다는 점을 상기하자. 따라서 모든 정형식 p에 대해 우리는 GN(p)라는 자연수를 갖고 있다. 정리는 증명할 수 있는 명제이므로 정형식의 특별한 부분집합이다. 이제 어떤 자연수 n을 택하면 이것은 형식체계의 어떤 정리가 될 수도 있고 아닐 수도 있다. 다시 말해서 어떤 명제 p에 대해 "n = GN(p)"라는 등식이 성립할 수도 성립하지 않을 수도 있다.

다음 단계는 Pr(x)를 정의할 차례이다. 이 명제함수의 변수에 투입할 것은 자연수이다. 형식체계의 한 정리 p와 어떤 자연수 n 사이에 "n = GN(p)"라는 등식이 성립한다면 n은 "Pr(x)라는 성질을 충족한다" 또는 "Pr(n)은 참이다"라고 말한다. 괴델은 이 성질이 형식체계 안에서 표현될 수 있는 것 중의 하나임을 보였다. 다시 말해서 이것은 F(x)의 한 예라는 뜻이다. Pr(x)의 구체적 형태는 매우 복잡하여 여기서 그대로 보여 주기는 곤란하지만 형식적으로 표현할 수 있는 산술적 성질이다. 그러나 이 성질에 의하여 괴델은 계에 관한 초문장, 곧 어떤 명제가 계의 정리인지에 대해 서술하는 문장을 취해 그 계 안의 산술적 문장으로 변환시킬 수 있게 되었다. 곧 "p는 정리이다"라는 문장이 Pr(GN(p))로 바뀌게 된 것이다. 따라서 어떤 특정한 n이 Pr(x)라는 성질을 가진다고 말하는 것은 이 수 n이 그 형식체계의 정리라고 말하는 것과 같다.

어쩌면 이렇게 생각할 수도 있다 : "n이라는 숫자가 Pr(x)라는 성질을 가진다는 것은 n의 진짜 성질이 아니다." 예를 들어 n이란 수는 짝수일 수도 홀수일 수도 있다. 그런데 2로 나눠지면 짝수이며, 실제로 n이 짝수라고 하자. 그러면 이 수의 '짝수성'은 진짜 산술적 성질이다(이 수가 짝수가 아니라면 n은 이 수가 될 수 없다). 이와 대조적으로 Pr(x)라는 성질을 초체계적으로 보면 도무지 타당한 숫자적 성질로 보이지 않는다. 숫자 n은 오직 임의적으로 이런 성질을 가질 텐데, 이는 n이 차지하는 임의적 위치가 괴델 기수법을 만드는 방법의 단순한 귀결에 지나지 않기 때문이다.[6] 하지만 이처럼 임의적임에도 불구하고 Pr(x)가 진정한 산술적 성질이란 점은 사실이고, n은 이런 성질을 갖든지 갖지 않든지 둘 중 하나이다(만일 이런 양자택일적 특성이 없다면 n은 이 수가 될 수 없다). 따라서 Pr(x)가 초의미를 가진다고 해서 그 산술적 성격이 훼손되지는 않는다. Pr(x)의 이런 성질은 실로 엄청난 것으로, 이를 통해 우리는 이 증명의 핵심으로 뛰어들 수 있다.

다음으로 우리가 사용할 것은 '대각도움정리diagonal lemma'라고 부르는 것이다. 이것은 일반적 서술이며, 그 특수한 경우의 하나가 괴델의 정리를 증명하는 데에 필요하다(사실 괴델은 이것을 사용하지 않았고 이 특수한

---

[6] 이것과 괴델이 자신의 증명에 대한 직관적 이해를 돕기 위하여 거짓말쟁이역설과 함께 인용했던 각주 5에 소개한 리샤르의 역설을 비교해 보자. 리샤르의 역설도 어떤 수에 사람을 미혹케 하는 비현실적인 성질을 부여하는데, 임의적인 위치 때문에 어떤 수는 그 성질을 갖기도 하고 갖지 않기도 한다.

경우를 유도했을 따름이다). 이 일반적인 도움정리를 사용하면(물론 여기서 증명하지는 않겠지만) 문제를 크게 단순화할 수 있다.

대각도움정리에 따르면 어느 한 변수의 명제함수 $F(x)$에는 $F(n)$의 괴델수가 n인 경우, 곧 $F(x)$의 x에 n을 대입해서 얻는 괴델수가 n 자체와 같아지는 경우가 존재한다. 다시 말해서 대각도움정리는 어떤 $F(x)$에 대해 다음 식이 성립하도록 하는 n이 존재한다고 말한다.

$n = GN(F(n))$ (0)

이 식에 어떤 수를 넣으면 그것과 같은 수가 나온다. 주어진 F와 관련된 이 특별한 n은 $y = GN(F(x))$라는 그래프가 대각선, 곧 $y = x$라는 그래프와 마주친 곳에서 발견되며, 이 때문에 '대각도움정리'라는 이름이 붙여졌다.

[참고: $n = GN(F(n))$이라는 서술은 초언어에 속한다. 이것은 '일반적 서술'로서 '형식적 서술'이 아니며, 좌변의 n은 (일반적인) 자연수를 나타낸다. 그러나 우변의 n은 형식체계 안에서 n을 나타내는 표현을 가리킨다. 곧 우변의 n은 실제로는 $s(s(\cdots s(s(0))\cdots))$로서, 여기 s의 개수는 n이다.]

대각도움정리를 명제함수 $F(x)$에 적용해서 얻은 n에 담긴 의미는 무엇일까? 이 결과에 따르면 괴델수 n을 가진 명제는 "n 자체가 F라는 성질을 가진다"고 말하고 있다. 대략 달리 말한다면 이는 "이 문장은 F이다"라는 형태이다. 조용해졌는가 싶더니 자기언급의 속삭임이 다시 들려오고 있다.

이제 괴델이 만들어 낸 엄청난 성질 Pr로 돌아가자. 이것은 형식체계 안에서 증명이 가능한 정형식, 곧 정리들의 괴델수에 대해서만 참이다. 어떤 수는 Pr이란 산술적 성질을 갖는데, 이는 오직 증명이 가능한 명제의 괴델수일 경우에만 그렇다. 다시 말해서 이는 아래와 같다.

오직 p가 증명가능일 때만 Pr(GN(p))이다.

이렇게 하여 Pr(x)의 초구문론적 의미를 갖게 되었는데(산술적 의미는 아직 말하지 않았지만 그게 존재한다는 사실만 알아 두도록 하자) 다음으로 아래의 성질을 보자.

~Pr(x)

이 두 번째 성질은 정리가 아닌 것들의 괴델수에 대해서만 참일 것이다. 다시 말해서 형식체계 안에서 증명할 수 있는 명제가 아닌 것들의 괴델수의 경우에만 참이며, 다음과 같이 나타낼 수 있다.

오직 p가 증명불능일 때만 ~Pr(GN(p))이다.　　**(1)**

(1)은 어떤 종류의 문장일까? 이것은 초수학적 문장이다. 이것 자체로는 형식체계의 문장이 아니며 산술적 문장도 아니다. 그러나 (1)에 의하여 우리는 어떤 초수학적 문장을 산술적 문장으로 변환시킬 수 있다.

대각도움정리는 어떤 명제함수 F(x)에도 적용되므로 이것을 ~Pr(x)라

명제함수에 적용시켜 보자. 대각도움정리에 따르면 어느 한 변수의 명제함수 F(x)에는 F(n)의 괴델수가 n인 경우, 곧 F(x)의 x에 n을 대입해서 얻는 괴델수가 n 자체와 같아지는 경우가 존재한다. 우리는 지금 ~Pr(x)라는 명제함수를 생각하고 있는데, 이것이 아래처럼 대각도움정리를 만족시킬 경우의 수를 g라 부르기로 한다.

$$g = GN(\sim Pr(g)) \quad (2)$$

(2)와 (0)을 비교해 보면 F는 ~Pr, n은 g로 바뀌었음을 알 수 있다. (2)는 "g에는 산술적 성질 Pr이 없다"고 말하는 명제의 괴델수가 g라고 말하고 있다(Pr이라는 산술적 성질은 증명할 수 있는 명제들의 괴델수만 가진다).

이제 우리의 명제 G를 만들 준비가 되었으므로 G를 아래와 같이 정의한다.

$$G = \sim Pr(g) \quad (3)$$

명제 G는 g에 Pr이라는 성질이 없다고 말한다. 나아가 (2)와 (3)에 따라 다음 식을 얻는다.

$$GN(G) = g$$

다음으로 (1)로 돌아가 어떤 치환을 하기 위하여 (1)을 아래에 다시 써

보자.

 오직 p가 증명불능일 때만 ~Pr(GN(p))이다. **(1)**

 (1)의 p를 G로 치환하고 GN(G) = g라는 관계를 이용하면 다음과 같이 말할 수 있다.

 오직 G가 증명불능일 때만 ~Pr(g)이다. **(4)**

 (3)을 다시 참조하면 (4)는 오직 G가 증명불능일 때만 G라는 말이다. 그리고 (4)는 오직 G가 증명불능일 때만 G가 참이라고 말한다!

 물론 G는 순수한 산술명제인데, 동시에 이는 그 자신에 대해 이야기하고 있으며, 그 내용은 바로 그 자신이 증명불능이란 것이다. 그렇다면 G가 말하는 게 참이기도 할까? 이게 거짓이기는 어려운데, 왜냐하면 만일 거짓이라면 증명이 가능하고 그렇다면 또 참이기 때문이다. 산술의 형식체계에 무모순성이 없어서 심지어 모순인 명제들까지도 증명할 수 있지 않는 한 그렇다. 이것이 바로 이 증명에서 형식체계의 무모순성을 미리 가정해 놓은 이유이다. 이 가정에 따라 G는 증명불능이면서도, 그 자신이 말하는 대로, 참이기도 하다. 우리는 형식체계 안에서 이에 대한 증명을 찾음으로써, 곧 그 체계의 순수한 기계적 규칙을 적용한 연역적 방식으로 이것이 참임을 보인 것이 아니다. 우리는, 아이러니컬하지만, 이 형식체계의 밖으로 나가 이 체계 안에서 이에 대한 증명이 이뤄질 수 없음을 보임으로써 오히려 이게 참임을 보인 것이다. 우리는 G가 증명될 수 없음을 보임으로써 G가 참임을 보였고, 이는 바로 G의 내용 그 자체이다.

이처럼 괴델은 참이되 증명불능인 명제를 어떻게 만드는지 보여 주었는데, 사실 그는 이에서 더 나아가, 지금껏 우리가 논의했던 형식체계뿐 아니라 산술을 포함하는 어떤 형식체계에서도 똑같은 일이 가능함을 보여 주었다. 따라서 예를 들어 우리가 위의 G를 하나의 공리로 덧붙여 새로운 형식체계를 만든다 하더라도 다시 똑같은 문제가 발생하며, 이런 과정은 무한히 계속된다. 산술을 포함하는 형식체계가 무모순인 한 참이면서도 증명불능인 명제는 언제까지나 존재하며, 이것이 바로 괴델의 제1불완전성정리이다.

제2불완전성정리

제2불완전성정리는 산술을 포함하는 어떤 형식체계의 무모순성이 그 안에서는 증명불능이라고 한다. 이것은 제1불완전성정리로부터 직접적으로 얻어지는 듯 보인다. 제1불완전성정리는 조건문의 형태, 곧 "산술의 형식체계가 무모순이라면 G는 증명불능이다"로 되어 있음을 상기하자. 이제 C가 "산술의 형식체계가 무모순이다"라는 명제를 나타낸다고 하자. 그러면 제1불완전성정리는 "만일 C라면 G는 증명불능이다"로 쓸 수 있다. 그리고 "G는 증명불능이다"라는 명제의 산술화는 바로 G이다. 따라서 제1불완전성정리는 "C→G"로 축약되며, 이 결론은 산술의 형식체계 안에서 증명되었다. 이제 만일 C를 산술의 형식체계 안에서 증명할 수 있다면 바로 이 사실에 의하여 G가 증명되는 것이나 마찬가지이다("C → G"가 이미 증명되어 있으므로). 그런데 G는 산술의 형식체계 안에서 증명불능으로 증명되었다. 그러므로 C 또한 산술의 형식체계 안에서 증명불능이며, 이것이 바로 괴델의 제2불완전성정리이다.

하지만 제2불완전성정리는 산술의 형식체계가 그 어떤 방법으로도 절대로 증명할 수 없다고 단언하지는 않는다는 점을 주목해야 한다. 이 정리는 다만 산술을 품은 형식체계는 자신의 무모순성을 증명하지 못한다고 말할 뿐이다.[7] 산술의 형식체계는 분명 무모순인데 이는 의미론적으로 살펴보면 쉽게 이해할 수 있다. 다시 말해서 자연수는 바로 산술의 형식체계에 대한 모델이며, 이처럼 어떤 형식체계가 모델을 가지는 한 그 체계는 무모순이다. 나의 뉴욕 아파트를 예로 들었던 설명을 상기해 보자. 내가 거기에 침실이 하나밖에 없다고 명확하게 사실대로 이야기하는 한 "거기의 침실은 넷"이라는 식의 모순이 스며들 것을 걱정할 필요가 없다. 다시 말해서 산술의 형식체계가 자연수와 그 성질을 포함하는 통상적 의미들을 타고난 이상 그 공리와 그로부터 도출되는 모든 것들은 참이며 따라서 무모순이다. 하지만 이런 식의 논의는 형식체계의 밖으로 나가 거기에 모델로 존재하는 자연수를 근거로 한다. 그리고 이는 괴델과 같은 플라톤주의자를 기쁘게 할지언정 형식주의자들에게 위안을 주는 추론방식은 아니다. 힐베르트에 따르면 유한한 형식체계는 한 점 흐림 없이 순수하다. 모든 것들이 규정된

---

[7] 1936년에 힐베르트학파의 일원인 게르하르트 겐첸Gerhard Gentzen은 유한한 형식체계를 벗어나서 산술의 무모순성을 증명했다. 그의 증명은 힐베르트가 유한한 형식체계를 옹호했기 때문에 배제하자고 제안했던 초한적 추론을 이용했다.

기계적 절차의 논리적 귀결로 환원되고 나면 (모순이 감염된) 모호함이란 것들은 스며들 틈이 없다. 힐베르트계획에 의하면 유한한 형식체계는 무한의 관념으로부터 모순적 요소를 빼내는 수단이다.

무한 다루기는 오직 유한을 통해 파악될 수밖에 없다. 무한에게 남겨진 역할은 순수하게 이데아의 역할뿐이다. 여기의 이데아는 칸트적인 것을 말하며, 이는 모든 경험을 초월한 이성의 관념으로 구체적 현상을 전체적으로 완성한다. 나아가 우리의 이론으로 구성된 틀 안에서 조금도 주저함 없이 믿는 그런 이데아의 역할뿐이다.

직관에 대한 모든 인용을 일소하려 했던 힐베르트계획이 무한에 관한 우리의 직관에 특히 주의를 돌린 것도 놀랄 일은 아니다. 우리는 유한한 존재이므로 무한에 대한 직관은 애초부터 문제의 소지가 가장 많았던 것이다. 유클리드도 그의 다섯째 공리를 마음 깊이 꺼렸으며, 오랜 세월 동안 이런 경향은 지속되어 왔는데, 이는 바로 우리가 무한과 관련된 모든 문제들에서 완전한 자신감을 가질 수 없었기 때문이다. 하지만 묵시적으로라도 무한을 인용하지 않는 한 어떤 수학, 심지어 가장 기본적인 산술조차도 제대로 해낼 수 없다. 만일 우리가 무한을 우리의 유한한 형식체계 안에 포함시킬 수 있다면 그야말로 완벽한 타협책을 얻어 내는 셈이다. 힐베르트의 말에 따르면 이런 무한은 "유한을 통해 확신할 수 있다".

괴델의 결과는 사실상 무한이라는 수학적 관념의 건실함을 선언한 것으로 볼 수 있다. 무한이 수학에 들어오지도 않으면서 생기를 잃은 채 저 높이 어디선가에서 유령과도 같은 칸트식의 이데아로 떠돌 수는 없다. 무한에 대한 수학자의 직관, 특히 자연수의 무한 구조는 수학에서 추방될 수도 없을 뿐더러 유한한 형식체계로 환원될 수도 없다.

무한에 대한 우리 직관의 건실함은 괴델의 업적으로부터 산술의 '비표준모델nonstandard model'이 도출된다는 사실을 통해서도 이해할 수 있다. 괴델의 완전성정리(첫인상과 달리 중요한 의미가 담긴 것으로 드러난 그의 박사학위 주제)는 무모순인 모든 형식체계에는 반드시 상응하는 모델이 존재한다고 말한다. 어떤 형식체계의 모든 정리들이 참된 묘사가 되도록, 명제우주를 특정하고 술어와 관계와 상수를 해석하는 방법이 반드시 존재한다는 뜻이다. 이것과 괴델의 제1불완전성정리를 결합하면 산술의 비표준모델이 적어도 하나는 존재한다는 결론이 도출된다. 이 모델에서는 산술의 형식체계가 가진 모든 공리가 충족되는데, 표준 산술에서는 참이지만 여기서는 거짓인 것(예를 들어 G)도 반드시 존재한다. 따라서 이 표준모델은 우리가 알고 또 사랑하는 형태의 자연수로 이루어지지는 않는다.[8]

자연수는 위의 형식체계가(자신이 무엇에 관한 것이란 점을 보여 주기 위한) 자신의 모델로 자연수를 택하지는 않는다는 뜻에서 산술의 형식체계를 초월한다고 말할 수 있다. 그리고 이는 산술을 포함한 더 큰 형식체계들에 대해서도 언제나 참이다. 형식체계의 범주를 빠져나가는 것은 항

---

[8] 모델론은 자연수를 명제우주로 삼는 표준모델이나 비표준모델을 해석하는 것인데 형식체계의 순수한 구문론적 연구라고 할 증명론과 다른 분야로서 괴델의 불완전성정리에 의하여 열렸다. 사이먼 코헨에 따르면 괴델의 증명은 수학적 지도 위에 논리학뿐 아니라 새롭고도 독특한 기술적 연구 분야로 나아갈 길도 제시했다. 괴델 자신은 그의 증명이 열어젖힌 분야의 연구에 별다른 관심을 보이지 않았는데, 오직 초수학적 의의를 지닌 수학에만 전념하려는 그의 웅대한 야망에 비춰 보면 이는 놀랄 일이 아니다.

상 있게 마련이다. 괴델은 바로 이와 같은 초관점으로 자신의 불완전성정리를 바라보았다.

제1불완전성정리의 직접적 귀결인 제2불완전성정리는, 폰 노이만도 재빨리 간파했듯, 힐베르트계획을 허물어뜨린다. 왜냐하면 유한한 형식체계는 그 형식체계 안에서 표현이 될 수 없는 논증에 의지해서 그 무모순성이 증명되기 때문이며, 이 결론은 이 형식체계를 아무리 확장하고 수정하더라도 마찬가지이다.

제2불완전성정리는 형식주의를 헤어날 수 없는 궁지로 몰아넣었다. 형식주의자들은 형식체계의 투명성을 위하여 (공간, 수, 집합 등) 실체의 본질에 내포된 불투명성을 추방하고자 했다. 그런데 만일 공리들이 참으로 서술적이라면 그 무모순성은 자연스럽게 확립되지만, 이와 같은 서술적 내용을 모두 제거해 버린 형식체계의 경우에는 그 무모순성의 증명이 최우선의 과제로 떠오른다. 그러나 이 목표는 형식체계의 밖으로 나가 형식화될 수 없는 직관에 호소할 때만 달성된다. 괴델은 생애의 마지막으로 펴낸 논문에서 객관적인 수학적 실체에 대해 어떤 가정을 내세울 경우 산술의 무모순성을 어떻게 구성할 수 있는지 보여 주었다. 형식체계의 순수한 구문론적 측면(투명한 측면)은, 그 체계 안에서 표현할 수 있는 참된 산술명제들을 모두 증명할 수는 없다는 점에서(제1불완전성정리) 뿐 아니라 그 내적 무모순성을 증명할 수도 없다는 점에서도(제2불완전성정리) 만족스럽지 못하다.

힐베르트는 자신의 아름다운 계획에 가해진 논리적 고문을 어떻게 생각했을까? 괴팅겐으로 와서 힐베르트의 조수로 일한 수학자 파울 베르나이즈Paul Bernays(1888~1977)는 괴델의 증명이 나오기 전부터 그 자신 역시 형식체계의 완전성에 대해 의문을 품었다는 편지를 쓴 적이 있다. 그는 이런 생각을 힐베르트에게 털어놓기도 했는데, 이때 힐베르트는 화를 냈다고 한다. 하지만 결국 힐베르트는 물론 다른 모든 사람들도 증명은 증명이라고 인정하게 되었다.

비트겐슈타인과 불완전성

괴델의 증명에 대한 비트겐슈타인의 반응은 힐베르트의 반응과 두드러지게 달랐다. 힐베르트는 괴델의 업적이 아무리 자신의 철학적 견해 및 전반적 계획과 어긋난다 하더라도 결국 받아들였음에 비하여 비트겐슈타인은 결코 이에 적응하며 살아가려 하지 않았다. 수학의 근본에 대한 비트겐슈타인의 관점과(실증주의적으로 보였던 전기의 관점은 물론 포스트모던적으로 보였던 후기의 관점까지도) 괴델의 불완전성정리 사이에는 논리적 상반성이 있었다. 다른 많은 사람들은 괴델의 수학적 결론을 자신들의 기호에 맞게 실증주의적이거나 실존주의적이거나 포스트모던적인 것 등의 초수학적 형태로 왜곡시켰음에 비하여 비트겐슈타인은 이 상반성을 그대로 받아들였다. 나아가 그는 이 상반성을 토대로 자신이 이미 증명했다고 여긴 것을 괴델은 증명하지 못했다고 주장했다.

감각이 완전할 수 없는 것과 정확히 대조적으로 수학은 불완전할 수 없다. 내가 이해할 수 있는 것은 무엇이든 나는 완벽하게 이해해야 한다. 이는 나의 언어가 쓰인 그대로 합당하다는 사실, 그리고 나의 명제가 완벽한 명확성을 갖도록 하기 위해 굳이 어떤 논리적 분석을 통해 거기에 담긴 의미 이외의 그 어느 것도 덧붙일 필요가 없다는 사실과 부합한다.

비트겐슈타인은 특히 괴델의 정리에 괴델이나 다른 수학자들이 들어 있을 것이라고 여겼던 중요한 초수학적 내용이 빠져 있다고 보았다. 따라서 그가 괴델의 결과를 '시시한 논리적 책략'이라고 폄하하면서 물리친 것도 그다지 놀랄 일은 아니다. 비트겐슈타인은 전기와 후기의 두 비트겐슈타인으로 나뉘지만, 이런 변천 과정에서도 변함없이 유지되었던 신조에 의하면 괴델의 증명은 물론 이와 같은 종류의 증명이 성립할 가능성 자체도 부정된다. 전기의 비트겐슈타인은 언어와 그 규칙에 대해 획일적인 견해를 가졌던 반면 후기의 비트겐슈타인은 언어를 자족적인 여러 가지의 언어게임으로 나누었고 각 게임은 나름의 규칙들에 따라 기능한다고 보았다. 그는 형식언어formal language가 괴델의 증명이 보인 방식으로 말하는 것은 불가능하다고 철석같이 믿었다. 또한 그는 역설이란 것은 언어의 기능에 수반되는 사소한 현상에 지나지 않는다고 보았고, 따라서 거기에 어떤 중요하고 흥미로운 귀결이 있으리라는 가능성도 완강하게 부정했다. 비트겐슈타인은 바로 이 점에 대하여 논리학자 앨런 튜링과도 논의했다. 하지만 튜링은 비트겐슈타인을 무시했을 뿐 아니라 이에서 더 나아가 괴델의 증명과 많은 점에서 닮은 또 하나의 경이로운 증명을 이룩했다. 사실 이 증명은 괴델의 증명에 내포된 속성을 매우 많이 공유했고, 그 결과 산술을 표현하기에 충분한 형식체계의 불완전성을 보이는 또 다른 증명을 낳기도 했다. 비트겐슈타인은 수학적 결론을 전반적으로 강하게 부정했다. 그의 생각에 따르면 이것들은 단순한 구문론적 결론에 불과하므로 광범위한 초수학적 문제에 대해 흥미로운 귀결을 제시할 수 없다. "어떤 계산도 철학적 문제를 결정할 수 없다. 계산은 수학의 근본에 대해 우리에게 아무런 정보도 줄 수 없다." 한마디로 비트겐슈타인은 괴델의 것과 같은 증명들의 성립 가능성 자체를 철저히 부정했다.

대립을 더욱 굳히기만 하는 이 모든 것들은 수학자들을 자극하는 비트겐슈타인의 말을 이해하는 데에 도움을 준다 : "나의 임무는, 예컨대 괴델의 증명에 대해 말하려는 게 아니라, 오히려 이를 우회하는 것이다." 하지만 그는 쳇바퀴를 돌듯 자꾸만 다시 돌아온다. 비트겐슈타인은 그의 『수학의 기초에 관하여』에서 괴델의 불완전성정리를 마치 포스트모더니스트들처럼 해체하면서 그 의의와 의도의 불일치에 대한 주장, 곧 불완전성정리는 본래의 의도를 뜻할 수 없다는 주장을 끈질기게 펼쳤다.

하지만 만일 우리가 비트겐슈타인과 괴델의 초수학적 견해차를 뛰어넘어 살펴본다면 두 사람 사이에서, 특히 적어도 실증주의자적 해석으로 가려진 전기의 비트겐슈타인과 괴델 사이에서, 놀라운 공통점을 발견하게 된다. 어떤 의미로는 전기의 비트겐슈타인이 쓴 『논리철학논고』의 마지막 명제는 불완전성에 대한 그 자신의 버전이라고 말할 수 있다. 괴델이 우리의 형식체계가 그 안에 있는 수학적 실체를 모두 소진할 수 없다는 사실을 보인 것과 마찬가지로 전기의 비트겐슈타인은 우리의 언어체계가 그 안에 있는 비수학적 실체를 모두 소진할 수 없다는 주장을 펴낸 셈이다. 『논리철학논고』에 따르면 말해질 수 있는 모든 것은 분명 말해질 수 있다. 그러나 가장 중요한 것들은 말해질 수 없다. 우리는 말해질 수 없는 진리를 말할 수 없지만 그것들은 존재한다. 우리는 다시 비트겐슈타인이 왜 실증주의자들에게 호통을 쳤는지, 어쩌면 제자가 될 수도 있었을 사람들에게 왜 가끔씩 그토록 분노를 터뜨렸으며, 등을 돌리고 벽을 마주보며 신비로운 인도의 시를 읊었는지(만일 실증주의자들에게 적대적인 행위란 게 있다면 이는 분명 그중 하나인데, 어떤 배경에서 이 감춰진 적의가 그들을 그냥 지나친 것처럼 보이는지는 우리의 호기심을 자아낸다) 이해할 수 있다.

괴델의 경우 각각의 형식체계에는 그 안에서 표현가능이되 증명불능인 진리들이 존재하며, 그 계에 대해 가장 중요한 진리 가운데 하나는 그 계가 무모순이더라도 이를 그 계 안에서 증명할 수 없다는 것이다. 따라서 괴델과 초기의 비트겐슈타인은 실증주의자들이 자꾸 되풀이하는 "인간은 만물의 척도"라는 고대 소피스트들의 슬로건에 대하여 공동으로 맞서는 처지이다. 두 사람 모두 인간에 대한 척도를 가진 근본적 불완전성이 존재함을 단언했던 것이다.

그런데 비트겐슈타인의 명제가 불완전성에 대한 훨씬 더 과격한 표현이다. 괴델은 표현가능이되 형식화될 수 없는 지식이 있다고 말한다. 형식화의 한계, 곧 모든 수학적 지식을 어떤 계의 특정 규칙들로 환원하는 과정의 한계는 우리가 가진 지식의 한계와 일치하지 않는다. 우리의 수학적 지식은 우리의 체계를 초과한다. 전기의 비트겐슈타인은 표현이 가능한 지식 가운데 자신이 그은 한계를 벗어나는 것은 없다고 보았다. 유의미성의 다른 쪽에 미학과 윤리학과 인생의 의미 자체 등 가장 중요한 모든 것들이 존재한다. "말로 나타낼 수 없는 것들이 정말로 존재한다. 이것들은 스스로 나타난다. 신비로운 것들은 바로 이것들이다."

비록 무의미한 신비이기는 하지만, 신비라는 관념에 대한 비트겐슈타인의 비실증주의자적인 실증적 자세는 괴델의 공감을 불러일으킬 수도 있었을 것이다. 사실 괴델은 그의 불완전성정리가 신비로움, 특히 적어도 종교의 세계에서 어떤 귀결들을 내놓을 것이라는 암시에 공감하기도 했다. 괴델은 1963년 10월 20일 어머니에게 보낸 편지에서 아직 읽지는 않았지만 어머니가 보내온 자신의 업적에 대한 글을 가리키면서 다음과 같이 썼다. "조만간 제 증명이 종교에 유용할 것이라는 예상이 듭니다. 어떤 의미로 종교는 의심할 바 없이 정당화되었다고 볼 수도 있기 때문입니다." 최소한 괴델은 그의 제1불완전성정리가 영원한 진리들을 품은 초감각적 세계가 존재한다고 주장하는 플라톤주의를 뒷받침한다고 믿었다. 플라톤주의는 물론 종교나 신비주의에 상당하는 것은 아니다. 하지만 뭔가 닮은 점들이 있는 것도 사실이다.

괴델과 마찬가지로 전기의 비트겐슈타인도 실체를 체계화하려는 시도, 곧 이것들을 우리의 명료한 구조 안에 넣음으로써 모든 모순과 역설들을 배제하려는 노력은 결국 실패할 것이라고 보았다. 괴델의 제1불완전성정리는 산술의 표현에 적절한 어떤 무모순의 형식체계라도 수많은 수학적 실체를 다 붙들지 못한다고 말하며, 그의 제2불완전성정리는 이러한 형식체계의 어느 것도 자기무모순성을 스스로 증명하지 못한다고 말한다. 물론 괴델은 이런 체계들이 **무모순임**을 믿었는데, 왜냐하면 이것들은 진정으로 존재하는 추상적 영역에서 그것들에 대한 모델을 갖고 있기 때문이다. 비트겐슈타인도 완전성과 자기무모순성을 동시에 얻으려는 노력이 부질없다는 생각을 열정적으로 받아들였다. 그리하여 그는, 말할 수 없는 것을 말해서는 안 된다는 명제에서 보듯, 자신의 『논리철학논고』로 하여금 그것의 자기모순을 스스로 명백히 드러내도록 했다.

아마 괴델은 어느 수준에선가 그와 (전기의) 비트겐슈타인이 불완전성에 대한 깊은 신념 그리고 "인간은 만물의 척도"라는 소피스트의 주장을 인증한 논리실증주의자들에 대한 반감을 서로 공유하고 있다는 사실을 알지 못했을 것으로 여겨진다. 실제로 그는 그랜진의 질문서에 대한 보내지 않은 답변에서 개인적으로 비트겐슈타인을 연구한 적이 없다고 썼다. 괴델은 스스로 이 철학자와의 교류가 피상적이었다고 평가했는데, 아마도 이는 그가 혼자서 이 철학자에 대해 공부해 보려 했을 때 간접적으로 전해 들었던 것들에서(그는 빈서클의 토론을 통해서 들은 것만 알았을 뿐이다) 별 흥미를 느끼지 못했기 때문인 것 같다. 사실 말하자면 모호하다고 해야 할 『논리철학논고』를 명제마다 하나하나 면밀히 공부하던 논리실증주의자들은 그들의 정확하고도 질서정연한 시도를 빠져나가는 실체가 항상 존재한다고 믿는 괴델의 취향에 어울릴 측면들은 체계적으로 무시하고 나아갔다.

물론 괴델과 비트겐슈타인은 빠져나온 실체들을 도무지 어울릴 수 없는 전혀 다른 방식으로 배치했다. 괴델의 신념, 곧 불완전성정리와 연속체가설의 연구 결과에 대한 초수학적 해석은 (우리의 지식이 아니라) 우리의 형식적 체계화를 반드시 빠져나가는 수학적 실체의 성질에 관한 것이었다. 하지만 수학의 근본에 대한 비트겐슈타인의 견해는 이런 신념을 지지하지 않았다. 적어도 전기 비트겐슈타인은 모든 지식, 더욱이 수학적 지식은 분명

체계화가 가능하다고 보았다. 체계적으로 우리의 체계를 빠져나가는 것은 말할 수 없는 것들이고, 중요한 모든 것들은 여기에 포함된다. 괴델은 표현이 가능한 지식은, 수학적 지식을 통해 증명되었다시피, 우리의 체계보다 더 크다고 믿었다. 따라서 비록 형식화는 못하지만 그래도 알 수 있는 것들에 대해 수학자들도, 예언자적 성향이 있다면, 뭔가 말할 수 있을 것이다.

비트겐슈타인은 괴델의 결과가 자신의 초수학적 견해에 장애가 되는 것을 결코 용인하지 않았다. 비트겐슈타인은 『논리철학논고』를 발간하고 스스로 폐기한 이후 오랜 세월에 걸쳐 초수학적 분야에 점점 더 깊이 빠져 들어갔다. 스스로 말했듯 그의 목표는 괴델의 정리를 우회하는 것이었다. 이것은 그 자체로 뿐 아니라 괴델에게 괴로운 영향을 주었다는 점에서도 흥미롭다. 이 철학자는 필수적 침묵에 대해 이야기했다. 아마도 괴델은 비트겐슈타인 자신이 이 침묵에 감싸이기를 바랐을 것이다.

퍼져 가는 불완전성

불완전성정리의 증명은 완전히 새로운 연구 분야를 이끌어 냈는데, 그 가운데 특히 재귀론recursion theory이나 모델론model theory이 두드러진다. 하지만 괴델 자신은 이런 분야의 문제들에 대해 결코 특별한 흥미를 보이지 않았다. 영혼의 동반자인 아인슈타인처럼 괴델도 아인슈타인이 '진정한 중요성을 가진 문제'라고 부르는 것들을 추구하는 데에만 관심을 쏟았다. 이 문제들은 철학과 정확한 과학 사이에 존재하며 초암시를 내뿜는다. 괴델은 토마스 쿤이 멋들어지게 표현한 이른바 '소탕작업mop-up work'은 다른 사람들에게 맡겼다. 심약하고 자신을 숨기는 성격과는 기이하게도 대조적인 드높은 지적 야망과 자신감에 찬 괴델은 그가 실제로 얻은 결과를 다 내놓지 않았을지도 모르지만 어쨌든 그 결과의 영향력이 미치는 범위는 참으로 방대했다.

괴델의 불완전성정리는 단지 기술적으로 유망한 새 연구 분야를 열었다는 점으로 우리를 놀라게 하는 것은 아니다. 과학 분야의 심오한 발견들은 때로 정확히 이와 같은 효과를 불러일으킨다. 하지만 괴델의 결과가 놀라운 것은 그것이 말할 수 있는 것들의 내용이 엄청나게 풍부하다는 데에 있다. 실증주의자들의 틈바구니에서 항의다운 말 한마디도 내뱉지 않은 열정적인 플라톤주의자는 수학사상 가장 떠들썩한 정리를 유도해 냈던 것이다.

비트겐슈타인과 같은 철학자들이 괴델의 결과를 받아들이지 못한 것은 그들의 **능변성**(能辯性)volubility, 곧 스스로 떠맡은 임무라는 게 그것을 논의하는 게 아니라 우회한다는 식으로 말하기 때문이었다.

(비트겐슈타인은 영국의 논리학자 앨런 튜링과 함께 그의 확장된 논의를 괴델의 결과와 같은 가능성들을 반박하는 데에 적용하려고 했다. 하지만 튜링은 괴델의 증명과 아주 닮은 또 다른 증명을 해냈으며, 이 과정에서 초수학적 관념을 정교한 수학적 표현으로 만들었고 나름의 목표를 위해 자기언급적인 역설의 구조를 활용했다. 1936년에서 1937년 사이에 튜링은 고등과학원에 머물렀는데, 당시 거기서 괴델의 불완전성정리는 폰 노이만과 주변 사람들의 중요한 논제였다. 폰 노이만은 괴델의 결과를 널리 알리는 데에 누구보다도 큰 역할을 했다.[9] 케임브리지로 돌아오면서

튜링은 괴델의 증명에 온통 마음을 빼앗겼다. 영국으로 돌아온 뒤의 첫 학기에 그는 '수학의 기초'란 제목의 강의를 했는데, 같은 학기에 비트겐슈타인도 정확히 같은 제목의 강의를 했지만, 두 강의의 성격은 더 이상 다를 수 없을 정도로 차이가 났다. 튜링의 강의는 사실상 수리논리학의 입문 과정이었지만 비트겐슈타인은 수리논리학의 일반적 가능성을 반박하는 데에 주안점을 두었고 특히 그 초수학적 함의에 대해 공박했다. 튜링은 비트겐슈타인의 강의를 적어도 한동안 청강했는데, 비트겐슈타인은 튜링의 마음을 바꾸려는 데에 온 힘을 기울였고, 특히 튜링이 자리에 있는 동안 비트겐슈타인의 강의는 거의 온통 이 목표에 집중되었다. 언젠가 튜링이 다음 주의 세미나에 참석하지 못할 것이라고 말하자 비트겐슈타인은 그렇다면 그 주의 토론은 단지 삽화적인 것에 지나지 않을 것이라고 대답했다.[10] 결국 튜링은 청강을 그만두었고 얼마 지나지 않아 자신의 중요한 초수학적 결과를 얻어 냈다.)

---

[9] 예를 들어 논리학자 스티븐 클레니Stephen Kleene는 괴델이 어떻게 자신의 지적 생활에 들어왔는지에 대해 다음과 같이 말했다. "1931년 가을 어느 날 프린스턴의 수학토론회에 초청된 연사는 존 폰 노이만이었다. 그런데 그는 수많은 자신의 연구는 제쳐 두고 최근에 나온 괴델의 1931년 논문의 결과에 대해 이야기했다. 이때 처치Church 교수와 그의 강의를 듣는 우리들은 이 논문을 아직 몰랐다. 폰 노이만은 제1불완전성정리를 개략적으로 소개하고 1930년 9월 쾨니히스베르크의 학회에서 괴델과 나누었던 지적 교제에 대해서도 이야기했다. 토론회가 끝난 뒤 휴식 시간도 없이 처치 교수가 자신의 형식체계를 집중적으로 강의했다. 하지만 우리는 한쪽에서 괴델의 논문을 읽었으며, 그 안에서 황홀한 아이디어와 전망이 담긴 새 세계가 펼쳐지는 것을 보았다. 나는 괴델의 논의가 간결하고도 예리했기에 오히려 더욱 커다란 감명을 받았다."

[10] 그 학기 동안 튜링과 비트겐슈타인 사이에 벌어진 격렬한 논쟁의 핵심은 모순과 역설이 어떤 의의를 가질 수 있는가 하는 문제였다. 비트겐슈타인은 거기에 어떤 의의도 있을 수 없다는 입장을 견지했다. 예를 들어 거짓말쟁이역설에 대한 비트겐슈타인의 견해는 다음과 같았다. "이것은 그 내용보다 누군가를 혼란케 한다는 것 때문에 기이한데, 도대체 이것이 인간의 우려를 자아낸다는 사실 자체는 생각보다 훨씬 이례적이다. 왜냐하면 그 작용은 다음과 같기 때문이다. 어떤 사람이 '나는 거짓말을 하고 있다'라고 말하면 우리는 그가 거짓말

힐베르트계획이 폐기된 것도 그들의 **능변성** 때문이었다. 힐베르트는 수학에서 직관에의 호소를 모두 제거하여 역설이 감염되지 않도록 하는 예방주사를 놓으려고 했다. 괴델은 직관에의 호소가 제거될 수 없음을 보임으로써 형식주의의 예방계획을 무너뜨렸다. 특히 무한에 대한 우리의 직관은 악명 높은 역설들이 분명히 보여 주듯 부조리한 오류에 물들기 쉬움에도 불구하고(이를 피하려면 러셀과 화이트헤드가 고안한 것 같은 임시방편적 규칙을 채택하는 수밖에 없다) 이를 의미론으로부터 자유로운 무심한 기호다루기라는 기계적 과정으로 대치할 수는 없다.

선험적인 수학적 증명으로 얻어지는 이러한 초수학적 결론들은 그 자체만으로도 매우 특출하다. 따라서 만일 이와 같은 초수학적 결론들만이 괴델의 불완전성정리로부터 얻어지는 모든 것이라고 해도 괴델의 업적은 매우 풍부한 내용을 가졌다고 말할 수 있다. 하지만 불완전성정리로부터 용

을 하지 않는다고 말한다. 그리고 이로부터 그는 거짓말을 하고 있다는 결론이 나오고, 이야기는 다시 되풀이된다. 그래서 어떻단 말일까? 결국 우리는 지겨워서 화가 치밀고 말 것이다. 그렇지 않을 것이라고? 어쨌든 이것은 아무것도 아니다." 하지만 튜링은 수리논리학에 충실할 뿐 아니라 괴델이 거짓말쟁이역설과 같은 전통적 역설을 어찌 사용했는지 잘 알고 있었으므로, 거짓말쟁이역설을 위시한 여러 역설과 모순들이 일반적으로 결코 아무것도 아닌 게 아니며, 때로 이것들은 거의 **필수적**으로 놀라운 진리로 향하는 길을 제시한다고 보았다. 비트겐슈타인은 어떤 체계의 모순은, 결국 모든 것은 언어게임의 임의성으로 환원되므로, 정당한 관심사가 아니라는 생각을 굽히지 않았다. 그러고는 튜링은 비트겐슈타인의 강의를 그만 듣기로 했으며, 얼마 뒤 그 자신의 초수학적 증명을 이뤄 냈다. 괴델은 그의 변환기법으로 '증명가능성'과 '완전성'의 개념을 다루었음에 비하여, 튜링은 '결정가능성decidability'과 '계산가능성computability'의 개념에 수학적 표현을 부여했다. 어떤 형태의 수학적 문제(무한히 많은 특정 문제들도 포함)는 오직 그 해결 여부를 판단할 알고리듬이 있을 때만 '**결정가능**decidable'이라고 말한다. 여기서의 해답은 이유까지 설명할 필요는 없지만 반드시 '예' 또는 '아니요'의 둘 가운데 하나를 내놓아야 한다. 또 여기서의 알고리듬은 하나의 단일한 연속적 연산을 말하는데, 단지 제대로 작동하기만 하면 되며, 반드시 그것이 구체적으로 어떻게 작동하는지를 알 필요는 없다. 특히 이 문제들 가운데 "어떤 명제가 형식적으로 증명가능인가?"라는 문제가 있다. 이 문제는 각주에서 다룰 범위를 조금 넘기는

솟음쳐 나오는 물결은 이런 범위마저도 훨씬 뛰어넘는다. 저명한 사상가들은 불완전성정리가 인간성, 곧 "우리가 인간인 소이(所以)는 도대체 무엇인가?"와 같은 심중한 문제에 대해서도 뭔가 이야기해 줄 게 있다고 여긴다. 수학적 정리가 인간적 굴레의 복잡한 문제와 깊이 결부된 이런 주제에 대해 뭔가 이야기할 수 있다는 것은 아주 이례적인 일이라 할 것으로, 기타의 내용과 더불어 더욱 높은 수준에서 우리를 놀라게 한다.

형식주의자들은 직관을 제거하여 수학적 확실성을 확보하려고 했다. 괴델은 수학이 직관 없이 나아갈 수 없음을 보였다. 우리의 사고를 형식적인 구문론적 범주로 한정하려 하면 무모순성조차 확보되지 못한다. 하지만 수학적 직관은 제거되지도 형식화되지도 않는다. 그렇다면 과연 직관은 무엇일까? 도대체 우리는 어떻게 그것을 활용할 수 있게 되었을까? 우리는 다

하지만 이해하기가 크게 어려운 것은 아니다. (비록 괴델에 의하여 거짓임이 판명되었지만 모든 수학적 명제에는 증명 또는 반증이 존재한다고 보는) 힐베르트의 형식주의는 "어떤 명제가 증명가능한가?"라는 문제가 결정가능이라고 암시한다. 만일 우리가 어떤 명제 또는 그 부정이 증명가능임을 보여 줄 알고리듬을 갖고 있다면 힐베르트의 형식주의에 따라 수학적 진리에 대한 알고리듬을 갖게 될 것이다. 이런 알고리듬은 (수학적 증명가능성의 개념을 붙잡는 것과 똑같이) 수학적 진리의 개념을 붙잡는 데에 필요한 순수하게 유한한 조합적 방법을 제공해 줄 것이다. 튜링은 이런 알고리듬이 존재하지 않음을 보였으며, 이로써 힐베르트의 형식주의는 또다시 좌절을 겪게 되었다. 튜링의 이 증명은 괴델의 불완전성정리와 긴밀하게 얽혀 있었고, 실제로 튜링은 이로부터 불완전성정리에 대한 다른 증명을 얻을 수 있었다. 괴델은 튜링의 결과를 크게 기뻐했으며, 1963년에 그의 유명한 1931년의 논문이 재출간되었을 때 그의 두 가지 불완전성정리가 튜링의 연구로 보강되었다는 구절을 덧붙였다. "이어진 발전, 특히 앨런 튜링의 연구, 곧 「결정문제에 대한 응용을 포함한 계산가능수에 대하여[Turing (1937) 'On computable numbers, with an application to the Entscheidungsproblem', *Proceedings of the London Mathematical Society*, 2nd series, 42, 230~265]」라는 논문에 의하여 형식체계의 일반적 개념에 대한 정확하고도 의문의 여지없이 적절한 정의와 6번 및 11번 정리의 완벽한 일반적 형태도 제시할 수 있게 되었다. 다시 말해서, 유한수론의 일부를 포함한 모든 무모순인 형식체계에는 결정불능의 산술명제가 존재하며, 나아가 그 체계의 무모순성도 그 체계 안에서는 증명할 수 없다." 아쉽게도 튜링과 괴델은 서로 만난 적이 없으며, 튜링은 42세에 자살로 생을 마감하고 말았다.

시금 수학적 지식의 본질이라는 신비에 마주친다. 도대체 우리는 어떻게 우리의 지식을 갖게 되는 것일까? 어떻게 그럴 수 있을까? 플라톤은 우리의 이성적 마음이 영원한 추상의 영역과 접촉할 수 있다는 사실 자체가 우리 안에도 뭔가 영원한 것이 있다는 뜻이며, 우리가 수학을 알 수 있도록 하는 바로 이 요소가 우리의 육체적 죽음을 초월하는 요소라고 주장했다. 그리고 스피노자도 이와 비슷한 논리를 펼쳤다.

괴델 이후의 과학적 사고를 갖춘 사상가로서 수학적 지식을 붙드는 우리의 능력으로부터 우리의 불멸성을 이끌어 내는 플라톤과 스피노자의 주장을 따르는 사람은 거의 없다. 우리는 괴델의 진리 못지않게 다윈의 진리 속에서 사는 존재가 아닌가 말이다. 우리의 지성은 맹목적인 진화의 산물이다. 그럼에도 불구하고 과학적 성향을 가진 괴델 이후의 사상가들 중 많은 사람들은 괴델의 수학적 정리가 들려주는 기이한 음악으로부터 인간성의 본질에 대한 선율을 듣는다고 확언했다. 그들은 괴델의 불완전성정리로부터 우리가 무엇인지, 또는 좀 더 정확히 말하자면 우리가 무엇이 아닌지에 대한 결론을 이끌어 낼 수 있다고 주장했다. 이런 주장을 펴는 사람들에 따르면 괴델의 정리는 우선 우리의 지성이 될 수 없는 것을 명확히 알려 준다고 말한다.

논리적 추론이란 게 지금껏 살펴본 바와 같다면 우리의 지성이 될 수 없는 것으로 특히 먼저 꼽을 것은 컴퓨터이다. 괴델의 제1불완전성정리는 우리가 가진 수학적 지식을 형식체계로는 얻을 수 없다고 말해 주는 것 같다. 그런데 컴퓨터의 계산과정은 바로 형식체계를 정확히 본뜬 것이다. 따라서 이것들은 의미에 의지하지 않고 결론을 이끌어 낸다. 컴퓨터는 알고리듬에 따라 작동하지만 우리는 그런 것 같지 않으며, 따라서 이로부터 우리의 지성이 컴퓨터와 같지 않다는 결론이 직접적으로 따라 나온다.

1961년 옥스퍼드의 철학자 존 루카스John Lucas는 괴델의 제1불완전성정리와 지성의 본질 사이의 관계에 대한 논증을 처음으로 펴냈다.

> 내가 보기에 괴델의 정리는 기계론mechanism이 오류임을 증명한 것 같고, 따라서 지성은 기계로 설명될 수 없다는 뜻인 것 같다. 그리고 많은 사람들이 이에 동의하는 것 같다. 내가 이 문제를 제시했을 때 거의 모든 수리논리학자들은 비슷한 생각을 털어놓았다. 하지만 그들은 모든 논쟁이 마무리될 때까지, 다시 말해서 모든 항변과 그에 대한 적절한 대답이 마련될 때까지는 그들의 입장을 단정적으로 내세우려 하지 않았다. 그런데 여기서 내가 하려는 바가 바로 이것이다.

루카스의 논증은 대담하고 직설적이다. 우리가 아무리 복잡한 '사고기계thinking machine'를 만든다 하더라도 어차피 이 기계는 형식체계 안에서 기술되는 경직된 규칙을 따라 작동할 수밖에 없다. 따라서 우리가 이 기계에게 참 명제가 무엇인지 이야기하라고 하면 그것은 오직 체계의 규칙에 따라 어떤 명제가 도출되는지를 살펴볼 수 있을 뿐이다. 이처럼 규칙에 얽매인 증명가능성이 기계가 아는 진리의 한계이며, 괴델의 정리에 따르면 이것을 벗어나는 명제들이 항상 존재하는데, 우리의 지성은 기계와 달리 이런 진리들도 파악할 수 있다. 전에 빠져나간 진리들을 새로운 공리로 덧붙여 기계를 하염없이 강화해 가더라도 또다시 빠져나가는 진리들이 있지만, …… 우리의 지성마저 빠져나가지는 못한다.

이 식은 기계는 참이라고 결론짓지 못하지만 지성은 참임을 알아볼 수 있다. 따라서 기계는 지성의 적절한 모델일 수 없다. 우리는 기계적인 지성의 모델을 만들려고 하지만 이것은 본질적으로 '죽은' 것임에 비하여 우리의 지성은 '살아 있는' 것이므로 형식적이고 굳어 있고 죽은 것보다 언제나 더 우월하다. 괴델의 정리 덕분에 마지막 말은 언제나 지성의 몫이 되었다.

옥스퍼드대학교의 수학자인 로저 펜로즈는 『황제의 새 마음』과 『마음의 그림자』라는 두 권의 책을 펴내 괴델의 증명은 기계론의 오류성이 따라 나온다고 주장했다. 또한 그는 인공지능 분야도 우리의 사고를 완전히 설명하려는 분야임을 자처한다면 막다른 골목에 이를 것이라고 말했다. 펜로즈와 루카스의 논리는 거의 비슷한데, 다만 펜로즈는 예상되는 모든 항변에 대해 좀 더 철저한 답을 내놓으려고 했다.

괴델의 정리가 해낸 일은 무엇일까? 1930년 걸출한 젊은 수학자 쿠르트 괴델은 쾨니히스베르크의 학회에서 나중에 그의 유명한 정리가 될 발표를 통해 세계의 선도적인 수학자와 논리학자들을 경탄케 했다. 이 정리는 급속히 수학의 기초에 대한 근본적 공헌으로 받아들여졌으며, 어쩌면 역사상 최고의 근본적 공헌일 것이다. 이제 나는 이에 더하여 그의 정리가 지성에 관한 철학 분야에도 하나의 거보를 떼도록 했다는 점을 이야기하고자 한다.

괴델의 업적에서 반론의 여지가 없이 받아들여지고 있는 점 하나는 견고한 수학적 증명 규칙들을 갖고 있는 **형식체계** 중 그 어느 것도, 최소한 원리적으로라도, 통상적 산술의 모든 참된 명제를 남김없이 확립할 수는 없다는 것이다. 이는 자체만으로도 충분히 경이로운 업적이다. 하지만 그의 결과는 이를 뛰어넘은 곳에서도 강력한 논거로 쓰일 수 있으며, 인간의 이해와 통찰은 어떤 규칙들의 집합으로도 환원될 수 없음을 보였다는 것이 그 한 예이다. 이 책의 목표 가운데 일부는 바로 괴델의 정리에 따를 때 정말로 이런 결론이 나온다는 점을 독자들에게 확신시키는 데에 있다. 또한 나는 오늘날 우리가 갖고 있는 컴퓨터라는 기계의 의미에 비춰 본다면 인간의 지성에는 컴퓨터로는 도저히 이룰 수 없는 것들이 있다는 점도 그의 정리를 토대로 함께 확신시키고자 한다.

펜로즈는 지성이 컴퓨터는 아니지만 물리적 계라고 믿었다. 곧 지성은 바로 뇌라는 것이다. 따라서 그는 괴델의 제1불완전성정리를 통해 간파할 수 있는 지성의 비기계적 본질은 우리의 사고를, 예를 들어 양자역학에서 제시되는 것들과 같은, 비기계적 물리법칙 쪽으로 이끌어 간다고 주장한다. 수학적 직관을 낳는 지성은, 기계적으로는 포괄할 수 없음이 밝혀졌지만, 물리적 계의 일종이다. 그러므로 우리는 우리 지성의 비계산적 측면을 수용할 수 있는 전혀 새로운 종류의 비기계적 과학을 개발하는 쪽으로 나아가야 하는데, 양자역학의 신비들은 이 과정에서 좋은 안내자가 될 것이다. 또한 우리 사고의 비조합적이되 **물리적인** 본질은 기본적 물리법칙들의 비조합적 본질을 밝혀 줄 것이다.

괴델 자신은 그의 유명한 수학적 정리들로부터 인간 지성의 본질에 관한 결론을 끌어내는 데에 훨씬 보수적인 태도를 취했다. 하오 왕과의 대화나 1951년 2월 26일 로드 아일랜드Rhode Island의 프로비덴스Providence에서 행한 깁스강연Gibbs lecture에서 밝혔듯(이 강연 내용은 출판되지 않았다), 엄밀하게 증명된 것은 지성에 대한 정언명제(定言命題)categorical proposition(어떤 대상이나 현상에 대해 단정적으로 말하는 명제 : 옮긴이)가 아니다. 오히려 이는 '이것 아니면 저것' 형식의 선언명제(選言命題)disjunctive proposition이며, 따라서 괴델은 비기계론이 그의 불완전성정리로부터 간단하고도 명료하게 얻어지는 것은 아니라고 보았다. 곧 기계론자들을 위한 결과도 있을지 모른다는 뜻이다.

하오 왕에 따르면 괴델은 불완전성정리를 토대로 엄밀하게 증명된 것은 다음과 같다고 믿었다 : "인간의 지성이 모든 기계를 초월하거나(더 정확히 말하면 인간의 지성은 수론의 문제들을 어떤 기계보다 더 많이 결정할 수 있거나) 아니면 인간 지성으로도 결정할 수 없는 수론의 문제들이 있거나의 둘 가운데 하나이다."

괴델이 위의 둘째 가능성을 통해 말하려는 것은 도대체 무엇일까? 내 생각에 그는 우리가 실제로는 기계일 가능성을 염두에 둔 것으로 보인다. 다시 말해서 우리의 사고는 본래 경직된 규칙에 따라 결정되는 기계적 과정에 지나지 않는데도 불구하고 어떤 알지 못할 미혹에 빠져 형식화할 수 없는 수학적 진리에 접근할 수 있다고 여길 가능성이 있다는 뜻이다. 우리는 수학적 장엄함이라는 미혹 속에서 헤매는 기계일 수도 있다. 그가 자신의 정리를 통해 말하려는 것은, 우리가 수학적 진리를 파악할 수 있다는 게 미혹이 아니라면, 그리고 우리가 직관을 갖고 있다는 게 미혹이 아니라면, 우리는 기계가 아니라는 것이다. 우리가 진정한 의미의 직관을 갖고 있다면, 우리의 모든 수학적 직관을 형식화(또는 기계화)하는 것은 불가능하며, 우리는 정녕 기계가 아니다. 물론 우리가 안다고 생각하는 모든 것을 우리가 알고 있다는 점에 대한 증거는 없다. 왜냐하면 우리가 안다고 생각하는 모든 것을 형식화할 수는 없기 때문이며, 이것도 불완전성의 한 측면이다. 그리고 이 때문에 우리는 기계가 아니란 점을 엄밀히 증명할 수 없다. 불완전성 정리는 형식화의 한계를 보여 줌으로써 우리의 지성이 기계를 초월할 수도 있지만 그 점을 증명할 수는 없다는 사실을 암시하고 있다. 참으로 거의 역설에 가까운 결론이라고 하지 않을 수 없다.

그래서 괴델은 자신의 불완전성정리가 인간의 본질에 어떤 귀결을 제시하는지에 대해 조심스런 태도를 보였다. 그는 지성의 본질에 대한 직관을 갖고 있었지만, 신중한 논리학자였기에, 자신의 불완전성정리만으로는 선부른 결론을 내리려 하지 않았다. 괴델에게 직관과 엄밀한 증명의 구별은 언제나 불을 보듯 뚜렷했다. 그리고 그의 유명한 증명이 그토록 강하게 암시하는 것이 바로 이 뚜렷한 구별을 피할 수 없다는 사실이었다.

그렇다면 수학적 인식이라는 지성에 관해 괴델이 내린 선언명제적 결론의 두 번째 것은 수학적 지식이 모든 형식화를 초월한다는 주장이 한낱 미혹일 가능성이 있다는 뜻이다. 괴델도 잠시 멈춰서 숙고해 보지 않을 수 없었던 이 가능성은 앞서 살펴보았던 괴델의 불투명한 내적 측면, 곧 그 자신의 심각한 망상을 고려할 때 특히 흥미로워진다.

괴델의 정리는 정신병리의 고통에도 어둡게 반영되어 있다. 형식체계의 무모순성이 그 체계 안에서는 증명될 수 없는 것과 똑같이 우리의 이성, 곧 우리의 정신이 말짱하다는 사실의 증명이 우리의 이성 안에서는 이뤄질 수 없다. 어떤 신념에 대한 믿음을 포함하여, 신념들의 체계 속에서 살아가는 한 인간이, 그 체계가 합리적이란 점을 보이고자 할 때 어떻게 그 체계를 벗어날 수 있을까? 만일 한 인간의 합리적 판단기준을 포함하는 전 체계가 광기로 오염되어 있다면, 그 사람은 과연 어떻게 그 광기를 벗어나 합리적으로 자신의 나아갈 길을 판단할 수 있을까?[11]

정신병리학의 한 교재에는 다음과 같은 말이 나와 있다. "망상은 고도로 발전된 합리화의 구도 속에서 **체계화**될 수 있으며, 그 기본적 전제를 받아들인다면 내적으로 고도의 일관성도 성립한다. …… 망상은 극도로 치밀하고 복잡한 가운데 논리적으로 보이는 때가 많다."

편집증은 이성의 포기가 아니며, 오히려 이성이 미친 듯이 날뛰는 것으로, 뭔가에 대한 해명을 찾는 창조적 노력이 무자비하게 펼쳐지는 현상이다. 심리학자인 내 친구는 이런 식으로 표현했다. "편집증에 걸린 사람은 비이성적으로 이성적이다. …… 편집증적 사고는 비논리적인 게 아니라 오도된 논리, 미쳐 날뛰는 논리라는 게 그 특징이다."

이 장을 비할 데 없이 아름다운 초인간적 증명에 대한 약간의 감상을 전달함과 동시에 아리스토텔레스의 후계자이자 정신병의 희생자라는 비극적 평행선의 주인공에 의해 제시된 독창적 증명의 한계에 대한 언급으로 마무리한다는 것도 하나의 아이러니라고 하겠다.

---

[11] 이 어두운 반영은 괴델이 학부시절에 좋아했던 수학과 교수 푸르트뱅글러의 말에서도 엿보이는데, 이 말은 올가 타우스키-토드의 괴델에 대한 회고록에 나온다. "아우구스테 비크Auguste Bick는 내게 푸르트뱅글러 교수가 괴델의 결과에 대해 남긴 흥미로운 말을 전해주었다. 그는 괴델이 편집증 발작을 일으켰을 때 '그의 병은 증명불가능성에 대한 증명의 귀결일까 아니면 그런 증명을 이루기 위한 필요조건이었을까?' 라고 말했다."

제4장
괴델의 불완전성

홍학

'K. Goedel'이란 이름이 거의 눈에 띄지 않게 다른 이름들과 마찬가지로 밝은 오렌지색의 프린스턴 지역 전화번호부에 나와 있었다(Gödel을 영어로는 흔히 Goedel로 쓴다: 옮긴이).

이는 참으로 감미로운 초현실적 순간이었다. 나는 대학원생으로 이제 막 프린스턴에 도착해서 이곳의 가장 매혹적인 지성의 이름을 찾았고, 희박한 가능성을 고대하며 전율에 휩싸였다. 고등과학원에 은둔하면서도 이미 전설로 드높여져 군림하는 신이었던 그를 내가 사는 곳에서 한가로이 걸어도 3분이면 충분한 곳에서 만나 볼 수 있었다.

그 시절 가장 위대한 수학적 지성은 바로 쿠르트 괴델이었는데, 나아가 그는 또한 필연적으로 모든 지성 가운데 가장 위대한 지성이라는 게 내게는 거의 공리처럼 여겨졌다. 따라서 전화번호부에서 그의 이름을 찾는 것은 마치 스피노자나 뉴턴의 이름을 찾는 것과 같았다.

프린스턴의 지역 전화번호부는 믿기지 않게도 전화번호뿐 아니라 괴델의 주소까지 알려 주었다. 이 정보를 본 내게 선택의 여지는 없었다. 나는 재빨리 자전거에 올라타고 린덴로(路)Linden Lane 145번지로 달려갔다. 그

집은 단순한 목조건물이었다. 주변의 모든 집들이 길을 정면으로 향하고 있음에 비하여 이 집은 대각선 방향으로 놓였는데, 특이하면서도 어딘지 오히려 당연하게 여겨졌다. 건물 자체는 수수하고 아담했으며, 빨간 타일 지붕에서 어렴풋이 유럽풍이 느껴졌다. 이와 대조적으로 아인슈타인이 살았던 머서로Mercer Street 112번지의 집은 대저택이었다(이 당시에는 아니었다).

이 주변은 분명 프린스턴의 가장 좋은 지역이라고는 할 수 없다. 때는 뜨거운 9월 한낮이었고 나무 한 그루 없는 거리는 강한 햇볕 아래 침울하게 노출되어 있었다. 괴델의 집에는 아무도 없었지만 나는 또 다른 초현실적 감흥을 느꼈다. 좁다란 앞마당에는 한 마리의 분홍색 플라스틱 홍학이 가느다란 다리로 균형을 잡은 채 그곳의 분위기를 완전히 압도하고 있었다.

나는 의아한 마음에 이 새를 계속 쳐다봤다. 인간 사고의 가장 정교한 걸작 가운데 하나를 완성한 사람이 어떻게 그의 앞마당에 분홍빛 홍학을 세워둘 생각을 했을까?

물론 여기에는 괴델의 아내도 살고 있는데, 대중적 자료에 따르면 그녀는 전직 카바레 댄서였다. 영화 〈푸른 천사Der Blaue Engel〉의 이미지가 머릿속으로 춤추며 파고들자 나는 곧 이 잔디 장식물을 예기치 못하게 뉴저지의 주부가 된 마를레네 디트리히Marlene Dietrich 타입의 여인이 놓은 것으로 여겼다 [마를레네 디트리히(1901~1992)는 독일 출신의 미국 여배우로 〈푸른 천사〉는 그녀를 세계적 스타로 끌어올렸다: 옮긴이].

프린스턴에 사는 사람치고 이 은둔적인 순수이성의 명사(名士)에게 나처럼 홀리지 않은 사람은 없었다. 언젠가 나는 철학자 리처드 로티Richard Rorty가 데이비슨스 푸드 마켓Davidson's food market에서 약간 멍하니 서 있는 모습을 보았다. 그는 숨죽인 목소리로 조금 전 냉동식품 코너 부근에서 카트를 밀고 가는 괴델을 보았다고 말했다. 나는 사람들 틈을 비집고 거기로 갔지만 논리의 유령은 이미 사라지고 없었다.

괴델은 거의 아무것도 먹지 않는다는 소문이 돌았기에 나는 "뭘 사던가요?"라고 로티에게 물었다. 로티는 애처롭게 머리를 저으며 너무 놀라 주시할 경황이 없었다고 하면서도 이렇게 대답했다.

"하지만 아마 냉동식품 종류였겠지요."

프린스턴에서 철학, 수학, 물리학 분야 등의 교수들과 나와 같은 대학원생들은 가끔씩 둥글게 모여 앉아 토론을 했으며 그때 괴델에 관한 이야기도 나누었던 것으로 기억한다. 그때 누군가 파이어스톤도서관에 있는 라이프니츠에 관한 책은 모두 괴델이 대출한 것으로 되어 있었다는 말을 했다. 그 대출표들은 곧 사라졌는데, 운 좋게 처음 가서 손에 넣은 사람은 마치 트로피처럼 자랑했다.

한 모임에서 동료 대학원생이 전해 들은 이야기를 꺼냈다. 괴델이 그의 연구실에서 책을 읽고 있을 때 어떤 사람이 살며시 뒤로 다가가 어깨너머로 무슨 책인가 보았더니 오비디우스Ovidius(BC43~AD17)가 쓴 사랑의 시들이 아무런 주석도 없이 라틴어 원어 그대로 적혀 있었다. 이름을 밝히지는 않겠지만 이제 저명한 철학교수가 된 그때의 이 대학원생은 어느 모임에서 토론이 조금 잘못 전개되어 국제전화 체계가 충분히 복잡해지면 의식을 가진 체계가 될 수도 있지 않은가 하는 의문으로 번지자 괴델의 집에 직접 전화를 걸어 물어보기로 했다. 하지만 내 기억으로 그 학생은 저편에서 괴델의 부인이 "쿠르치Kurtsy!"(Kurt의 애칭: 옮긴이)라고 부르는 소리를 듣고는 전화를 털썩 내려놓고 말았다.

우리 모두는 우리의 영웅이 무엇을 탐구하고 있는지 궁금해했다. 이상한 소문이 돌기를 그가 신의 존재에 대한 증명을 내놓았다는데 이는 사실로 드러났다. 라이프니츠처럼 괴델도 모종의 악명 높은 '신의 존재에 대한 존재론적 증명ontological proof for God's existence'이 옳을 것이라고 믿었다. 이는 신의 존재를 신에 대한 올바른 정의로부터 연역해 내는 논증이다.[1] 괴델은 최소한 고등과학원의 한 동료, 철학자 모턴 화이트Morton White에게 신의 존재에 대한 자신의 존재론적 증명이 단 하나의 고비만 넘기면 출판해도 좋을 것 같다고 말했다.

괴델에 대한 우리의 열광이 언제나 경의에 찬 것만은 아니었다. 때로 밑바닥에는 명확히 경박한 흐름이 깔리기도 했다. 예를 들어 아리스토텔레스 이후 가장 위대하다는 논리학자가 신의 존재를 선험적으로 증명할 수 있다는 믿음으로 스스로를 미혹한다는 게 우리로서는 사뭇 황당하게 여겨졌다. 어쩌면 그는 언젠가 무신론자들을 유익하고도 딱딱한 정량논리학의 강좌에 둘러앉도록 할 생각에 빠져 있는지도 모른다. 우리가 신랄하게 내뱉은 이야기는 유쾌하기도 했는데, 이는 기이한 행동을 하는 천재들의 이야기가 으레 그랬다는 것과 통한다. 우리는 그들의 일상적 괴이함이 담긴 이야기들을 듣게 되면, 그들도 역시 우리와 같은 인간이란 생각이 들고, 그들의

---

[1] 최초의 존재론적 증명은 성 안셀무스St. Anselmus(1033~1109)가 내놓았으며, 그 내용은 대략 다음과 같다. 신은, 정의상, 그보다 위대한 것은 상상할 수 없는 그런 것이다. 따라서 신은 존재하지 않는 것으로 여겨질 수 없다. 왜냐하면 만일 그럴 경우 그보다 더 위대한 것, 곧 실제로 존재하는 신이란 것을 상상할 수 있기 때문이다. 이처럼 신이 존재하지 않는다고 여길 수는 없으므로 신은 존재한다.

숭엄한 풍모도 껴안고 싶을 정도의 귀여움으로 바뀌는 듯한 느낌을 받는다.

괴델의 이야기로 인해 나 또한 보다 개인적인 아이러니와 맞서야 했다. 왜냐하면 이는 내가 예전에 그토록 깊이 빠져 숙달했던 수리논리학 분야에 다시 친숙해질 것을 요구했기 때문이다. 이후 픽션의 그림자가 깔린 다른 분야에 빠지는 기간이 이어졌다. 우리의 정식 이해에 따르면 픽션은 논리적이지 않지만 그렇다고 본격적인 논리학을 저버리도록 한 것이 픽션인 것은 아니었다. 나아가 픽션의 논리가 수리논리학처럼 놀랍고 복잡하고 미혹적인 것도 아니었다. 하지만 어쨌든 픽션의 논리는 형식적 증명과는 사뭇 다른 것이었고, 젊은 시절 괴델의 천재성과 광기에 관한 이야기를 주위 사람들과 철없이 떠들며 주고받던 당시만 해도 나는 꽤 괜찮은 수학자였다. 그러나 밝음 때문에 오히려 눈이 멀었던 그 당시 내가 괴델의 이야기를 지금과 별반 다르지 않게 이해했는지 의문스럽다.

은둔 생활에 빠진 괴델이었지만 1973년 새로운 임시 멤버들을 위한 고등과학원의 가든파티에 그는 자못 놀라운 모습으로 참석했다. 오스카 모르겐슈테른이 그의 저널에 썼듯, 이 논리학자는 그날 저녁 특히 우스꽝스런 복장으로 나타났지만 나중에는 "그를 숭배하는 한 무리의 젊은 논리학자들에 둘러싸여 이야기를 나누게 되었다". 나도 한 새내기로 그 무리에 끼어 이 신적 존재에 온 정신을 빼앗겼다. 파티는 당시 원장이었던 칼 케이슨Karl Kaysen의 관저인 올든팜Olden Farm의 뒤쪽 잔디밭에 쳐진 거대한 텐트 아래에서 열렸다. 때는 온화한 10월의 오후였는데, 괴델은 말쑥한 검은색 옷 위에 기다란 모직 스카프를 두르고 있었다. 나는 어디선가 그의 키가 167센티미터 정도라고 나온 것을 보았지만 실제로는 더 작게 보였고 게다가 새처럼 바싹 마른 체구였다. 우리 모두는 그가 거의 먹지 않는다는 사실을 잘 알고 있었다. 모르겐슈테른이 묘사했듯, 그는 분명 드물게(오직 나만 아직 그게 얼마나 드문 행동이었는지 모르고 있었다) 젊은이들을 따뜻이 대해 주려고 노력했다. 그래서 우리 모두(특히 나는 더욱) 경외심으로 넋을 잃어버렸다. 그래서 우리는 하나같이 마음에 품었던 의문들은 꺼내지도 못했으며, 우리들 각자에게 가벼운 목례와 함께 앞날의 연구가 잘 되길 빈다는 말을 남기고 땅거미가 내리는 어스름 속으로 사라지고 난 뒤에야 하릴없이 서로 위로의 말을 주고받을 수밖에 없었다. 나는 그에게 옥스퍼드의 철학자 존 루카스가 펴낸 논문에 대해 어찌 생각하는지 물어볼 용기를 내지 못한 것을 아주 후회했던 것으로 기억한다. 루카스는 이때 지성에 관한 철학의 결론들이 제1불완전성정리로부터 도출된다고 주장했었다.

우리는 괴델이 당시 무엇을 탐구하고 있었는지를 알고 싶었다는 데에 모두 동의했다. 그는 거의 매일 고등과학원의 연구실에 가서 조용히 일한다고 알려져 있었다. 이 변덕스런 논리학자는 또 어떤 관념적 혁명으로 우리를 놀라게 하려 했을까? 그가 쓴 논문의 양은 얼마 되지 않지만(모두 합쳐 100페이지도 안되지만) 그 하나하나가 모두 경이로운 것들이었다. 그런데 가장 최근에 나온 논문은 1958년 〈다이알렉티카 Dialectica〉지에 실린 것으로 산술의 무모순성에 관한 증명이었다.[2]

이 논문이 실렸던 호(號)는 힐베르트의 조수였던 파울 베르나이즈의 70회 생일을 기리는 특별 『기념논문집 Festschrift』으로 발간되었다. 그는 아리안계

---

[2] 결국 이게 그의 생애 전체를 통해 마지막 논문이 되었다.

가 아니란 이유로 괴팅겐에서 쫓겨난 뒤 한동안 그의 능력에 어울리는 교수직을 찾지 못했다. 베르나이즈는 괴델과 SS조지아$_{SS\ Georgia}$호를 타고 함께 여행하는 동안 제2불완전성정리에 대한 이야기를 들었고, 나중에 이에 대한 최초의 엄밀한 증명을 내놓았다. 그는 또한 폰 노이만의 공리적 집합론을 개선했으며, 괴델은 이를 높이 평가하여 자신의 집합론 연구에도 활용했다. 따라서 이런 정황 때문에 괴델도 출판에 대한 평소의 거리낌을 무릅쓰고 이 『기념집』에 기고했다고 여겨진다.

괴델은 산술의 무모순성에 대한 새로운 종류의 증명에 대해 썼다. 그런데 이것은 유한체계를 이용한 것이 아니므로 자신의 제2불완전성정리와 모순되지 않는다(물론 유한체계가 아니므로 힐베르트계획의 요구조건도 충족하지 않는다). 괴델은 1941년에 예일대학교와 고등과학원에서 이미 이 새로운 종류의 증명에 대해 강의한 적이 있다. 따라서 1958년의 이 논문은 이런 아이디어를 아름답게 간추린 것일 뿐, 전에 없던 새 결과를 담은 것은 아니다.

사람들은 그가 펴내지 않은 자료들이 엄청나게 많았다고 말했다.[3] 도대

---

[3] 괴델이 남긴 문서들 가운데는 괴델이 작성한 한 장의 목록도 있는데, 하오 왕에 따르면 1970년에 작성된 것으로 보이는 이 목록에는 1940년 이래 펴내지 않은 모든 연구들이 열거되어 있다. 그 내용은 대략 다음과 같다.
1. 깨끗한 속기로 쓴 약 1000페이지 정도의 6×8인치 규격 철학 노트(=철학적 언명들).
2. 출판해도 좋을 정도로 거의 마무리된 두 편의 철학 논문(상대성이론과 칸트의 철학에 대한 논문 및 수학과 구문론에 관한 논문. 본래 카르납을 위한 『기념논문집』에 실을 예정이었지만 그에 의해서는 펴내지지 못했다).
3. 수천 페이지 분량의 철학적 발췌문과 문헌들에 대한 노트.
4. 그의 우주론적 결론들에 대한 깨끗한 증명.
5. 깨끗하게 쓰인 약 600페이지 분량의 집합론 및 논리학에 대한 연구 결과와 의문, 그리고 추론들(어느 정도는 다른 사람들의 최근 연구에 의해 추월당했다).
6. 직관주의와 다른 수학기초론적 의문들에 대한 많은 노트들.

체 왜 그는 그처럼 펴내기를 꺼려했을까? 괴델은 자신의 아이디어들이 의심의 눈초리를 받거나 배격 당할 것으로 보았다는 데 대한 많은 증거가 있다. 하오 왕은 다음과 같이 말했다. "괴델은 자신이 좀 더 우호적인 철학계에 살고 있다고 여겼다면 아마 더욱 많이 펴냈을 것이다. 예를 들어 그는 청중들이 어딘지 적대적일 것으로 생각되면 강연을 거절하곤 했다."

괴델은 위대한 친구 아인슈타인을 잃고 나자 점점 더 은둔적이 되어 갔다. 그는 빈대학교의 볼품없는 방에서 매주 목요일 6시에 모이던 슐리크그룹에서 겪었던 실증주의의 분위기가 풍긴다고 판단되는 곳에서는 자신의 견해를 내놓으려 하지 않았다. 빈서클의 영향력은 갈수록 지배적이 되어 갔고 괴델은 이를 감지하고 있었다. 파이글이 그의 에세이 「미국의 빈서클 The Wiener Kreis in America」에서 밝혔듯, 그와 한스 라이헨바흐와 페테르 헴펠 Peter Hempel과 같은 실증주의자들은 나치의 박해를 피해 미국으로 건너와 자신들의 사상을 퍼뜨리는 데에 큰 성공을 거두었다. 영국에서 아이어는 『언어와 진리와 논리』를 펴내 큰 영향력을 발휘했는데 그 주요 아이디어는 빈에 머물 때 받아들인 것들이었다. 하버드대학교의 윌러드 반 오먼 콰인 Willard Van Orman Quine도 빈서클을 방문하여 그들의 일반적 조망을 흡수하였고, 미국으로 돌아와 미국 철학계의 지배적 세력을 구축하게 되었다(다만 그는 자신의 『논리적 관점에서 From A Logical Point of View』라는 책에 실은 「경험주의의 두 도그마 Two Dogmas of Empiricism」 등의 논문에서 보듯 몇 가지 특정 관점에서는 그들의 견해에 동의하지 않았다). 비트겐슈타인의 이름은 사후에도 더욱 뚜렷이 부각되었고 (심지어 그의 주장을 이해하지도 않은 채) 그를 선험적으로 받아들이려는 경외심에 찬 흐름은 설득력 있는 그의 존재가 사라진 뒤에도 분석철학계에 뿌리 깊게 지속되었다. 또한 실증주의가 여전히 강하게 번져 갔던 물리학 분야에서는 닐스 보어와 베르너 하이젠베르크의 실증주의적 관점이 주요 노선이 되다시피 했다(닐스 보어와 루트비히 비트겐슈타인이라는 두 인물은 모호하면서도 카리스마가 넘친다는 점에서 비교 연구를 해 보는 것도 흥미로우리라 여겨진다. 이들의 모호함은 같은 종류의 결론을 지향하고 있는데, 다시 말해서 이들은 각자의 분야에서 추상적 사고와 객관적 실체 사이의 관계에 대한 의문의 제기를 금지하는 경향을 보인다).

따라서 괴델이 자신의 견해와 적대적인 사상들의 분위기를 판단하는 데에 특별히 편집적으로 굴었다고 볼 필요는 없다. 다만 그는 미국의 대학교에 퍼진 실증주의의 정도를 과대평가한 반면 자신에 대한 평판과 그의 견해에 대한 동조, 또 이에 상응하는 존경심의 정도를 과소평가했던 것으로 보인다. 따라서 만일 그가 마음을 다잡고 논쟁에 뛰어들었다면 당시의 지배적인 이데올로기에 상당한 영향을 미쳤을 것이다. 하지만 이는 전혀 그의 방식이 아니었다. 그는 자신과 적대적인 입장에 대해 자신의 목소리를 공적으로 드러낼 경우 결정적인 증명 이외의 어떤 방식도 결코 사용하려 하지 않았다.

나는 이 책을 쓰게 되면서 철학자 모턴 화이트에게 괴델이 마치 지적 망명객처럼 보인다, 또는 적어도 그 자신은 스스로를 망명객으로 여겼던 것 같다고 이야기했다. 화이트는 잠시 생각에 잠기더니 다음과 같은 이야기를 떠올렸다. 그가 하버드대학교의 교수로 있을 때 괴델이 영예로운 윌리엄 제임스 강연William James lecture 가운데 하나를 맡도록 주선하고 나섰다. 하지만 괴델은 이를 거절했고 화이트는 유감스럽게 여겼다. 이것은 1960년대의 일이었는데, 1970년 화이트가 고등과학원의 영구 멤버로 옮겨 옴에 따라 그는 괴델이 그때 왜 거절했을까 하는 생각이 떠올랐다. 이에 대한 괴델의 답은 대략 두 갈래로 나뉜다.

첫째로 괴델은 하버드대학교의 철학과가 너무 경험주의적이어서 자신이 말하고자 하는 바에 대해 비판적일 것으로 여겼다고 말했다. 둘째로, 화이트는 이 답변이 참으로 흥미로웠다고 하는데, 괴델은 그 강연이 자신의 아이디어 자체에 대해 불공정한 일이 될 것으로 여겨서 거절했다고 말했다. 그는 당시 자신의 아이디어가 아직 완결되지 않았다고 판단했으며, 따라서 이런 상태로 공감하지도 않을 청중들 앞에 내놓는다는 것은 불공정하다고 보았다는 것이다.

그러므로 적어도 이 이야기를 토대로 본다면 스스로 보기에 그다지 인기 있을 것으로 여겨지지 않는 자신의 직관을 증명보다 떨어지는 형태로 발표하는 것은 논쟁을 싫어하는 개인적 취향에도 어울리지 않을 뿐 아니라 그 아이디어에 대해 품은 윤리적 의무감에도 어긋나는 일이 된다. 그리고 이 의무감은 열정적인 플라톤주의자에게 참으로 자연스런 감정이라 할 것이다.

1964년 프린스턴대학교의 철학자 폴 베너세러프와 하버드대학교의 철학자 힐러리 퍼트넘은 공동으로 『수리철학』이란 책을 편집해서 펴냈는데, 그들은 여기에 괴델의 두 논문, 곧 「러셀의 수리논리학Russell's Mathematical Logic」과 「칸토어의 연속체 문제는 무엇인가?What is Cantor's Continuum Problem?」를 실었으면 한다는 허가를 받고자 했다. 괴델은 둘째 논문을 이 책에 맞도록 개정하고 확장했으며, 빈서클의 실증주의자들 사이에서 그들이 실험적 증명가능성을 넘어선 그 어떤 존재도 영원히 부정한다고 천명하는 것을 말없이 지켜보면서도 굳게 견지해 온 자신의 형이상학적 플라톤주의를 뚜렷하고도 선명하게 기술했다.

> 초한집합론transfinite set theory의 대상은 …… 분명 물리적 세계에 속하지 않으며 나아가 물리적 경험과의 간접적 관계도 매우 약하다 …….
> 하지만 감각경험과 이토록 동떨어져 있음에도 불구하고 우리는 집합론의 대상들에 대한 것과 같은 또 다른 인식력을 갖고 있으며, 이는 공리들이 우리로 하여금 그 자신들을 참이라고 여기게끔 한다는 사실에서 분명히 드러난다. 나는 이런 종류의 직관, 곧 수학적 직관에 대해 감각지각에 대한 것보다 낮은 정도의 확신밖에 갖지 못할 이유는 없다고 본다. 우리는 감각지각을 토대로 물리적 이론을 세워 왔고, 장래의 감각지각도 이에 합치할 것으로 예상하며, 나아가 지금은 결정할 수 없는 문제도 의미를 가질 뿐 아니라 장차 결정될 수도 있을 것이라고 믿는다. 수학이 집합론의 역설들 때문에 혼란을 겪는 것은 물리학이 때로 감각지각 때문에 혼란을 겪는 것과 전혀 다를 바가 없다.

괴델은 이 논문에서 칸토어의 연속체가설이 집합론의 공리들과 어떻게 독립적인지 설명하고, 그가 이 가설을 거짓이라고 보는 이유도 제시했다(그의 증명은 연속체가설의 결정불능성에 대한 증명의 일부로, 현재의 집합론 아래서는 연속체가설을 거짓이라고 증명할 수 없다는 사실을 보여 주었다. 한편 폴 코헨은 현재의 집합론 아래서는 연속체가설을 참이라고 증명할 수 없다는 사실을 보여 주었다. 따라서 두 사람은 연속체가설의 결정불능성을 함께 증명한 셈인데, 괴델이 연속체가설이 거짓이라고 믿었다는 점은 그의 증명에 비춰 볼 때 자못 흥미롭다고 하겠다). 그는 연속체가설과 같은 결정불능명제들의 객관적 진실성에 대한 플라톤주의적 신념을 자신의 불완전성정리와 결부시키고 있다.

그러나 이와 같은 집합론의 진리기준criterion of truth을 받아들이는 것은 다른 무엇보다도 수학적 직관이 초한집합론의 문제들에 대한 명확한 답을 얻는 데에 필요할 뿐 아니라 관련된 개념들의 유의미성과 명확성에 대해 거의 아무런 의문이 제기되지 않는 유한수론의 문제들에 대한 답을 얻는 데에도 계속해서 필요하다는 점에서 타당하다(유한수론 문제의 한 예로는 2보다 큰 짝수는 두 소수의 합으로 나타내질 것이라는 골드바흐의 추측이 있다). 그리고 이런 결론은 모든 공리계에는 이와 같은 형태의 결정불능명제가 무한히 많이 있다는 사실로부터 나온다.

베너세러프는 괴델이 매일 그 또는 퍼트넘에게 전화를 걸어 자신의 논문을 그들의 책에 싣는 데 대한 염려와 주저를 나타냈다고 말했다. 괴델은 하루는 허락했다가도 이튿날이면 철회했으며, 다음 날에는 철회한 것을 또 재고했다. 그는 이들 두 '실증주의적' 편집자가 서문을 통해 자신의 아이디어를 공격하지 않을까 걱정했다. 두 사람은 각자 또는 함께 되풀이하여 괴델에게 그들은 이 논문들을 전체적 맥락상 가장 적절한 곳에 배치하고자 하며 실린 논문들에 대해 어떤 평가도 내릴 의향이 없다는 점을 명확히 밝힌 뒤에야 최종적으로 실어도 좋다는 허락을 받을 수 있었다.

나는 베너세러프에게 괴델이 그나 퍼트넘을 실증주의자로 여기게 된 어떤 근거가 있느냐고 물어보았다.

"글쎄요, 퍼트넘 교수는 적어도 어느 시기에는 분명 실증주의자였지요. 어쨌든 그의 논문 지도교수가 바로 라이헨바흐였으니까요."

베너세러프와 퍼트넘의 책은 4개의 부(部)로 나뉜다. 제1부: 수학의 기초. 제2부: 수학적 대상의 존재. 제3부: 수학적 진리. 제4부: 비트겐슈타인과 수학. 이 책은 프레게, 힐베르트, 괴델이라는 수학의 기초에 대한 선구자들의 논문도 싣고 있지만, 괴델이 세운 정리의 중요성을 결코 인정하지 않은 비트겐슈타인에게 한 부를 할애하기에 충분하다고 볼 정도의 의의를 부여하고 있다. 따라서 우리는 괴델이 이 두 편집자에게 어떤 반응을 보였을지 궁금하지 않을 수 없다.

괴델은 분명 자신의 정리에 담긴 모든 암시가 다른 사람들에게도 자신이 보는 것처럼 투명하게 전달되리라 예상했던 것 같다. 그리고 이 예상이 어긋난 데 대한 그의 실망과 심지어 분노에 가까운 반응은(비록 그의 두터운 보수적 성향에 가려 뚜렷이 드러나지는 않았지만) 완전히 정상적인 사람의 수준을 벗어난 것은 아니었다. 괴델에 대한 올가 타우스키-토드의 회고록에 따르면 그는 자신의 불완전성정리가 나온 뒤에도 힐베르트가 형식주의를 계속 옹호하는 데 대해 불만을 털어놓았다. "취리히Zurich에 있을 때로 기억되는데, 그는 힐베르트의 논문「배중률에 대해Tertium non datur」(Göttinger Nachr. 1932)를 혹평하면서 '내 증명이 나온 마당에 어찌 이런 논문을 쓸 수 있단 말인가?'라고 말했다."

괴델은 갈수록 심한 외로움에 빠져 순수이성의 가장 높은 탑에서 싸울 채비를 갖춰야 한다고 느꼈던 것으로 보인다. 결국 그는 지구상에서 그보다 풍부한 완전성을(정녕 찾는 게 이것인지는 모르겠으나) 제공할 곳은 거의 없다고 보이는 고등과학원과 같은 곳에서 일종의 근본적 고립이라는 피난처를 찾았다.

커피가 맛을 잃다

괴델은 고등과학원이 문을 연 1933년에서 1934학년도에 이곳을 처음으로 방문했다. 이제 막 태어난 고등과학원의 첫 영입 대상 가운데 한 사람이었던 수학자 베블렌은 빈에서 이 젊은 논리학자를 만나 이야기를 나눈 끝에 일시적 방문을 허용할 정도로 충분히 깊은 감명을 받았다. 역시 프린스턴에서 얼마간의 세월을 보낸 적이 있는 폰 노이만도 쾨니히스베르크에서 뚜렷하고도 간결한 문장으로 혁명적인 정리를 발표한 이 논리학자에 대해 상당한 흥미를 보였다. 괴델은 미국에 온 뒤 첫 학기에는 영어에 자신이 없어 강의를 맡으려 하지 않았지만 둘째 학기에는 불완전성에 대해 일련의 강의를 했다. 이렇게 하여 1936년에서 1937학년도 사이에 영국에서 프린스턴으로 건너온 앨런 튜링이 폰 노이만과 그의 그룹이 괴델에 관해 펼치는 왕성한 논의를 접하게 되었고, 나중에 케임브리지로 돌아간 그는 괴델의 추론을 계속 탐구하여 나름대로 빛나는 성공을 거두었다.

괴델은 첫 방문 중에 아인슈타인을 만났다. 이때 독일은 나치가 이미 완전히 장악하고 있었으므로 다시 돌아갈 가능성을 찾지 못한 아인슈타인은 영구적으로 이곳에 자리를 잡았다. 두 사람은 베블렌의 소개를 통해 알게 되었는데, 둘 사이의 유명한 우정은 이로부터 몇 년 뒤 괴델마저 프린스턴에 영구적으로 자리를 잡은 뒤에야 싹트게 되었다.

괴델은 아리안으로 분류되었으므로 그 학년도가 끝난 뒤 빈으로 돌아갔다. 멩거는 괴델이 다시 돌아왔을 때 더욱 연약해진 것 같다고 말했다.

미국에서 다시 온 괴델은 전보다 더 위축되어 있었지만, 여전히 토론회에서 방문객들과 이야기를 나누곤 했다. …… 괴델은 토론회에 참석한 모든 사람들의 견해에 관대했고 수학 및 논리학적 질문에 조언을 주기도 했다. 그는 문제가 되는 요소를 언제나 빠르고도 철저하게 간파했고, 그에 대한 답은 최소한의 단어로 최대한 정확하게 제시했으며, 때로 질문자에게 문제의 새로운 측면을 열어 보이기도 했다. 그는 이 모든 것들을 완벽하게 당연한 것처럼 묘사했다. 하지만 가끔씩 분명한 수줍음을 드러냈고, 많은 사람들은 그의 이런 매력적인 모습에서 개인적으로 따뜻한 감정을 느꼈다.

사실 괴델은 빈으로 돌아간 뒤 몇 주 동안 요양소에서 지냈는데, 1927년에 노벨상을 수상한 정신과의사 율리우스 바그너-폰야우레크Julius Wagner-Von Jauregg는 그가 지나치게 일한 탓에 신경쇠약에 걸린 것이라고 진단했다. 물론 지나치게 일한 것만은 아닐 수도 있다. 괴델의 이 위기는 모리츠 슐리크가 빈대학교의 계단에서 총에 맞아 죽은 뒤 얼마 되지 않아 발생했다. 이 사건은 심리 상태가 가장 안정적인 사람에게도 심대한 영향을 미쳤다. 빈 서클의 영향력은 이후에도 계속 확산되어 갔지만 이 사건으로 본래의 빈서클은 사실상 종막을 고했고 대부분의 멤버들은 유럽 밖의 피난처를 찾아야 했다. 어쨌든 괴델은 몇 주가 지난 뒤 충분히 회복되어 수리논리학에 대한 강의를 계속하게 되었다.

빈대학교에서 괴델의 지위는 꽤 낮은 편이었다. 그는 1933년에 사강사

(私講師)Privatdozent가 되었는데, 이는 강의할 자격만 있을 뿐 보수는 없는 직책이다. 하지만 이것을 얻기 위해 후보자는 박사학위에 이어 두 번째의 학위논문을 써야 했다. 술어논리학(투명논리학)에 대한 괴델의 증명은 박사학위 논문이었으며, 산술의 불완전성에 대한 증명은 이 두 번째 학위논문으로 독일어로는 '하빌리타치온쉬리프트Habilitationsschrift'라고 부른다. 괴델의 신청에 대한 위원회는 1932년 11월 25일에 열렸다. 사강사의 후보자는 후견인이 필요한데 괴델은 박사학위 논문의 지도교수인 한스 한을 내세웠다. 한스 한은 위원회에서 "괴델의 박사학위 논문은 과학적으로 큰 가치를 지니며, 이 사강사 논문은 최상급의 성과로 과학계의 많은 주목을 받고 있다"라고 말했고, 후자의 경우 이미 수학사에 기록될 예정으로 있다고 덧붙였다(하지만 전체적으로 그의 평은 다소 약한 칭찬이라고 할 수 있다).[4] 한스 한은 괴델의 연구가 사강사의 요구 조건을 훨씬 능가한다는 평가로 마무리했고(사실 이는 결코 넉살 좋은 과대평가라고 할 수는 없다) 위원회는 만장일치로 괴델의 신청을 승인했다.

하지만 사강사 후보가 넘어야 할 관문은 이게 마지막이 아니었다. 전체 교수진이 후보자에 대해 투표를 하는데 이때 과학적 능력뿐 아니라 인간성도 판단 대상이 된다. 1933년 2월 17일로 적혀 교육부에 제출된 학장의 보고서를 보면 먼저 인간성에 대한 투표에서는 51명이 찬성하고 1명이 반대했다. 다음으로 과학적 능력에 대한 투표에서는 49명이 찬성했으며 놀랍게

---

[4] 두 번째 천 년기가 저무는 것을 기념하면서 〈타임Time〉지는 지난 세기의 가장 위대한 100인의 지성에 대한 특집을 발행했다. 쿠르트 괴델은 20세기의 가장 위대한 수학자로 꼽혔는데, 흥미롭게도 루트비히 비트겐슈타인과 앨런 튜링도 이 목록에 올랐다. 한편 알베르트 아인슈타인은 20세기의 가장 위대한 지성으로 꼽혔다.

도 1명이 반대했다(두 투표 사이에 두 교수가 자리를 떴음에 틀림없다). 존 도슨은 개인적인 편지에서 "베르너 쉬마노비치Werner Schimanovich 박사는 둘째 투표의 반대자가 비르팅거Wirtinger 교수라고 보고했는데, 불완전성정리의 논문이 박사학위 논문과 너무 많이 중복된다는 게 반대의 이유였다"라고 썼다. 하지만 이는 거의 터무니없다고 해도 좋을 정도로 잘못된 평가이다. 왜냐하면 박사학위 논문은 형식체계의 불완전성이 아니라 술어논리학(투명논리학)의 완전성에 대한 증명이었기 때문이다.[5] 그럼에도 불구하고 빈대학교에서 괴델이 불완전성정리로 교수직의 가장 낮은 단계마저 만장일치로 차지할 만한 가치가 없다고 판단한 것은 괴이한 일이 아닐 수 없다. 이처럼 만장일치에 미치지 못한 투표 결과에 대한 괴델의 내적 반응은 어땠을까? 경멸? 분노? 불안감의 증폭? 물론 괴델은 자신의 증명들에 담긴 수학적 및 초수학적 광휘의 엄청난 의의를 속속들이 잘 알고 있었다. 하지만 그의 지적 야망은 소심함과 너무나도 기이하게 얽혀 있었으므로 불투명한 장막으로 가려진 그의 내면을 추측하는 것은 역시 부질없는 일일 것이다.

괴델은 지위나 직책을 노리고 추구하는 일에 대해서는 가장 초보적인 가르침도 받은 적이 없었다. 따라서 수학자의 자존심으로 수학적 성과의 중요성을 판단할 경우 빈대학교의 어떤 교수라도 잘못을 저지를 가능성이 있다고 봐야 할 것이다. 사실 이런 점은 고등과학원에서도 마찬가지였다. 그래서 그는 불완전성정리를 20세기의 가장 중요한 발견으로 평가하면서 하

---

[5] 비르팅거는 그의 동료 수학자인 푸르트뱅글러 교수가 대수적 정수론algebraic number theory 분야의 중요한 연구로 어떤 상을 받은 것에서 쓰라림과 비참함을 맛보았다고 전해진다. 이것도 20세기 수학의 가장 중요한 결과를 통해 수학사의 주석에 이름을 남긴 한 방법이라 해야 할까?

버드대학교가 명예학위를 수여하고 미국의 국립과학아카데미 National Academy of Sciences가 회원으로 선출한 뒤인 1953년에야 비로소 고등과학원의 영구 멤버가 되었다. 이 과정에서도 폰 노이만이 중요한 역할을 했으며 다음과 같은 말을 남겼다고 한다. "괴델이 교수로 불리지 못한다면 우리 가운데 어느 누가 교수라고 불릴 수 있나?" 이처럼 세속적 지위가 괴델의 진정한 가치에 미치지 못했기에 그의 아내는 항상 괴델의 형제 가운데 의사인 형이 더 성공한 편으로 여겼다고 한다.

괴델(1906~1978)은 결혼 전의 성이 포케르트 Porkert였던 아델레 님부르스키 Adele Nimbursky와 1938년에 결혼했다. 하오 왕은 1976년 봄에 괴델의 지적 발전에 대한 개요를 쓰기로 마음먹고 괴델에게 결혼에 대한 언급을 부탁했다. 하오 왕은 나중에 이 개요의 끝 주석에 다음과 같이 썼다. "괴델은 아델레 포케르트와 1938년 9월 20일에 결혼했다. 괴델은 아내가 그의 연구와 아무 관계가 없다는 이유로 초고에서 이 정보를 삭제해 달라고 요청했다." 거의 모든 사람은 괴델의 결혼이 기이했다고 말한다. 특히 괴델의 어머니는 아들의 선택을 도무지 이해할 수 없었다. 그의 아버지는 이미 세상을 떴고 따라서 가까이 지낼 기회도 없었다. 그러나 어머니와의 관계는 전혀 달랐으므로 이처럼 예상 밖의 선택을 본 어머니는 혼란에 빠지고 말았다.

아델레에 대한 어머니의 불만은 대략 다음과 같은 것들이었다. 아델레는 종교(가톨릭)가 다른 이혼녀이며, 사회적 지위도 낮고, 나이도 여섯 살이나 연상이며, 옆얼굴에 붉은 반점(화염상모반) port-colored stain이 있었고, 가장 문제가 되는 것은 직업이 카바레 댄서였다는 점이었다(그녀는 사람들에게 발레 댄서였다고 말했다).

프린스턴 '사회'도 대부분 괴델의 어머니와 같은 생각을 품었다. 아델레가 프린스턴에 도착했을 때 오스카 모르겐슈테른은 그녀가 빈의 전형적인 세탁부라고 묘사했으며 음울한 사회적 실패자가 될 것이라고 정확히 내다봤다. 또한 자신의 저널에 "물론 괴델 자신도 반쯤 미쳐 있었다"고 썼다. 어차피 괴델도 그녀에게 별 도움이 될 수 없었지만 모르겐슈테른의 예측이 맞아들어감에 따라 아델레의 비탄은 깊어 갔다. 괴델은 이러한 냉대뿐 아니라 그 원인에도 무관심했다. 그는 주부이자 간호인과 결혼한 것이었으며, 아델레는 불치의 병자나 다를 게 없는 그의 연약한 몸과 마음을 잘 돌봐 주었다. 빈에 있을 때부터 이미 아델레는 괴델의 음식을 미리 맛보곤 해야 했다. 이웃의 친구에게 말한 바에 따르면 그녀는 괴델과 처음 얽히게 된 때부터 이런 일을 겪었으며, 괴델의 이러한 증세는 갈수록 심해져서 결국 그를 편집증에 이르게 한 어두운 비극의 전조가 되었다.

빈에서의 결혼 얼마 뒤 괴델은 다시 혼자서 고등과학원을 방문했다. 폰 노이만은 이때 괴델의 정리에 대한 관심을 크게 고취하고 있었으며, 괴델

---

6) 선택공리는 집합의 모임, 특히 무한개의 모임에 대한 것이다. 이를 기술하는 방법에는 여러 가지가 있는데, 실제로는 하나의 책을 이룰 정도이며, 『선택공리와 상등명제Equivalents of the Axiom of Choice』(H. Rubin and J. Rubin)라는 책이 그 예이다. 한 간단한 표현에 따르면 이 공리는 "공집합이 아닌 서로소(공통되는 원소가 없는 경우)인 집합들이 있을 때 이 각각으로부터 하나씩의 원소를 뽑아 만든 집합이 존재한다"라고 나타내진다. 다시 말해서, 서로 겹치지 않는 수많은 집합들이 있을 때, 이 각각으로부터 하나씩의 원소를 뽑고, 이것들을 모아 하나의 새로운 집합을 만들 수 있다는 뜻이다. 전제로 내세운 집합들이 유한개일 경우에는 직접해 보면 이 공리가 옳다는 게 그냥 확인되므로 사실 이 공리가 필요한 경우는 전제되는 집합의 수가 무한일 경우이다. 약간 다른 방식으로는 다음과 같이 말할 수 있다. "공집합이 아닌 집합들의 모임이 있을 때 그 각 집합에 대해 그 한 원소를 대응시키는 함수가 존재한다." 그런데 무한히 많은 선택을 해야 할 경우가 있으며 이런 때에 선택공리가 필연적으로 주목을 받는다. 선택공리는 최종 결과로서의 집합이 특정되거나 실제로 구축되지 않았더라도 어쨌든 존재한다고 말한다. 선택공리는 수학에서 아마 유클리드의 평행선공리 다음

은 그 학기 동안 집합론에 대한 자신의 연구, 곧 선택공리axioms of choice와[6] 연속체가설에 대한 강의를 했다. 고등과학원에서 가을학기를 보낸 괴델은 노트르담대학교University of Notre Dame에서 봄학기를 보내기 위해 인디애나주의 사우스벤드South Bend로 갔다. 그의 이 방문은 이민하기로 결정하고 인디애나에서 자리를 잡은 멩거의 주선으로 이뤄졌다.

괴델이 사우스벤드에 있는 동안 체코슬로바키아가 히틀러의 손아귀에 들어갔다. 이는 운명의 해인 1939년의 일로서 전 세계가 숨을 죽였다. 그런데 괴델은 아델레에게 편지를 써서 미국에 정착할 계획을 세우기는커녕 빈으로 돌아가겠다고 고집을 피워 멩거를 당황케 했다. 괴델은 나치의 새 체제 아래 그의 교수직이 취소될까봐 격노하면서 하루라도 빨리 돌아가 그의 권리를 지키고자 했다. 괴델에 헌신적이었던 멩거는 그에 대한 자신의 호의가 심각한 위기에 처했다고 느꼈다.

으로 많이 논의된 공리일 것이다. 평행선공리와 마찬가지로 선택공리도 집합론의 다른 공리들과 독립적이란 점이 증명되었다. 먼저 괴델은 선택공리가 집합론의 다른 공리들과 모순되지 않는다는 점을 보임으로써 독립성의 절반을 증명했고, (연속체가설의 독립성을 증명한) 코헨이 1963년에 연속체가설의 부정도 집합론의 다른 공리들과 모순되지 않는다는 점을 보임으로써 나머지 절반을 증명했다. 평행선공리의 논리적 독립성으로부터 비유클리드기하학이 얻어졌던 것처럼 선택공리의 부정을 채택하면 비칸토어집합론non-Cantorian form of set theory이 얻어진다. 선택공리는 무한 번의 선택이란 관념을 사용하므로 수학자들의 심사를 다소 거스르기는 하지만, 대부분의 수학자들은 주저하지 않고 이를 이용하여 각자의 비구성적 증명을 수립해 왔다. 왜냐하면 선택공리의 귀결이 미치는 범위는 아주 광범위하여 사실상 수학의 전 범위에 걸치며, 따라서 그 적용을 거부할 경우 수학자들은 심각한 장애에 부딪히기 때문이다. 괴델이 언제부터 집합론의 연구를 시작했는지, 그리고 선택공리가 집합론의 다른 공리들과 모순되지 않는다는 점을 언제 증명했는지 확실하지 않다. 그는 고등과학원에 다시 돌아온 이듬해까지도 그의 증명에 대해 아무에게도 이야기하지 않았다. 1938년에 발표된 이 새로운 결과의 중요성을 제대로 확신한 사람도 역시 폰 노이만이었다는 사실은 그다지 놀랄 일은 아닐 것이다.

그는 교수직의 취소에 대해 불만을 터뜨렸고 침해된 권리에 대해 이야기했다. 나는 "이 상황에서 어떻게 권리에 대해 이야기할 수 있습니까? 또한 이 지경에서 빈대학교에서의 권리라는 게 무슨 실제적 가치가 있습니까?"라고 물었다. 하지만 노트르담대학교와 고등과학원에 있는 모든 지인들의 간청과 경고에도 불구하고 그는 돌아갈 결심을 굳혔고 결국 그렇게 했다.

독가스를 내뿜는다고 냉장고를 무서워하며 떨던 사람이 나치에 짓밟힌 자신의 권리를 지키겠다면서 빈으로 돌아갔다.

빈에 있던 괴델의 세계는 완전히 나치화되었다. 멩거는 아직 빈에 있었을 때 베블렌에게 다음과 같이 썼다. "오스트리아의 45% 이상이 나치에 들어갔다고 믿지는 않지만, …… 대학의 75%는 확실히 그렇고, 나와 관련된 수학자들은 …… 내 밑의 학생들을 제외하면 거의 100%가 그렇습니다."

괴델은 결코 반유태주의자가 아니었다. 그는 다른 사람들이 그를 유태인으로 볼 때도 아무런 반감을 나타내지 않았다. 버트런드 러셀의 자서전에 나온 오류에 대해서도 그는 보내지 않은 편지에서 "진실을 위하여" 수정한다고 말할 따름이었다. 빈에서 사귀던 사상가들은 대부분 유태인이었다. 괴델은 풍자가 레온 히르쉬펠트Leon Hirshfeld가 여행자들에게 던진 농담 어린 충고를 들어 이 상황을 잘 설명해 주었다. "빈에 있는 동안 너무 관심을 갖지도 유별나지도 말아라. 갑자기 등 뒤에서 누군가 유태인이라고 지목할지 모른다."

괴델은 빈과 다른 곳에 매우 널리 퍼진 유치하도록 단순한 인종이론에 조금도 동조하지 않았지만 그런 이론의 희생자들이 겪은 고난에 대해서도 황당할 정도로 무관심했다. 유태계의 독일인 실증주의 철학자 구스타프 베르크만Gustav Bergmann은 미국에 온 지 얼마 되지 않은 1938년 10월 점심에 함께 초대된 괴델이 일종의 백치미를 드러내며 다음과 같이 물었다고 존 도슨에게 털어놓았다. "베르크만 씨는 어떻게 미국에 오시게 되었습니까?"

멩거가 보기에 사람들이 어리석은 천재를 용서하는 데에는 한계가 있었다.

여름 내내 괴델로부터 아무 소식이 없었다. 그러더니 히틀러-스탈린조약Hitler-Stalin pact이 체결된 후 제2차 세계대전의 도화선이 된 독일군의 폴란드 침공이 있기 전인 1939년 8월 30일에 그는 내게 편지를 보냈는데, 내용상 세계를 뒤흔드는 사태에 전혀 무관심하다는 점이 잘 드러나 있었다. "6월 이래 저는 빈에 있으면서 많은 일을 처리하느라 아쉽게도 토론회에 대해서는 아무것도 쓰지 못했습니다. 저의 논리학 강의에 대한 검토 결과는 어찌 되었습니까? …… 가을에는 다시 프린스턴에 갈 수 있기를 기대합니다."

괴델에 대한 멩거의 호감은 급격히 식어 갔고 몇십 년이 지나 괴델이 만년에 이르러서야 이 논리학자의 내면에 깃든 기이함을 깊고도 완벽하게 이해하면서 멩거는 그에 대한 감정도 회복할 수 있었다.

이처럼 괴델은 1939년에 빈에 있었다. 하지만 비참하게 변한 빈이었으며 괴델도 어렴풋이나마 이 변화를 알아차렸을 것이다. 빈서클은 물론 이제 없다. 슐리크를 살해한 정신이상의 학생은 나치의 언론에 의해 영웅이 되었고, 파이글과 카르납, 멩거는 갈수록 험난한 상황을 뚫고 도망쳤다. 한스 한은 1934년 2월 24일 55세의 나이에 암으로 숨졌는데, 이날은 한 무리의 나치가 결국에는 실패로 돌아간 쿠데타를 일으켜 빈의 총리관저를 습격한 끝에 엥겔베르트 돌푸스 Engelbert Dollfuss 총리를 살해한 날의 바로 전날이었다.

그럼에도 불구하고 괴델은 빈에 머물고자 했던 것 같다. 괴델 부부는 아파트의 임차계약을 갱신했고 약간의 수리도 할 예정이었다. 괴델은 또한 '새 체제의 강사'가 되고자 했다. 괴델의 지원서는 '새 체제의 당국'에 의하여 심사를 받았는데, 과학적 측면에서는 적극 추천한다고 쓰여 있었지만 사강사 논문의 지도교수가 유태계인 한스 한이란 점이 불리하게 작용했으며, "항상 진보적인 유태계 서클에 참여했다"라는 지적도 받았다. 한편 당시의 수학이 "강하게 '유태화' 되었다"라는 구절은 적어도 괴델에게는 공정한 평가였다고 보인다. 괴델의 지원에 대한 심사책임자는 마르체트 A. Marchet 박사였는데 그는 괴델의 기록에서 국가사회주의에 저항하는 구절은 물론 지지하는 구절도 발견하지 못했다. 이에 따라 새 체제의 강사직을 얻으려는 괴델의 지원에 대한 판정은 일단 보류되었다. 마르체트는 괴델을 승인하지도 거부하지도 못할 처지에 놓였던 것이다.

괴델로 하여금 빈을 떠나야겠다는 결정을 내리도록 한 사건은 유태인으로 오해받아 일어났는데, 이번에는 훨씬 위협적이었다. 빈대학교의 주변에서 한 무리의 폭도들에 둘러싸인 그는 안경이 박살나는 폭행을 당했다. 괴델은 '유태인이 아닌 듯' 보이지가 않았는데, 특히 습관적으로 긴 코트를 걸쳤고 중절모를 썼으며 두꺼운 테의 안경을 썼기에 더욱 그랬다. 게다가 지성적인 외모만으로도 유태인이라는 혐의를 두기에 충분했다. 이때 용맹스런 아델레는 과감하게 호신술을 펼쳤으며, 휴대한 우산을 휘둘러 이

파시스트 일당을 물리쳤다(괴델은 분명 이런 점 때문에도 그녀와 결혼했을 것이다).

괴델은 또한, 누가 봐도 놀랄 일이지만, 병역에 적합하다는 판정이 내려지자 더욱 충격을 받았다(미국의 징병 당국은 그를 거의 자동적으로 신체적 조건 때문에 부적합하다는 4F로 분류했다). 괴델은 여덟 살 때 류머티즘열을 앓아 심장이 손상을 입었다고 주장했지만 받아들여지지 않았다. 게다가 이때 이미 요양원을 몇 차례 다녀왔기에 정신적 불안정의 증거가 뚜렷했지만 이것도 간과되었다. 하지만 이는 결과적으로 오히려 다행이었다. 정신적 결함을 가진 사람들은 결국 전선에서보다 더 효율적으로 제거될 곳으로 급송되었기 때문이었다.

빈대학교에서 휴직 허가를 받기도 어려웠고, 오스트리아에서 오스트리아인과 미국인 모두 미국 방문 허가를 받기도 어려웠다. 그러나 프린스턴의 괴델 후원자들, 곧 에이브러햄 플렉스너, 플렉스너에 이어 새 원장이 된 프랭크 에이들라티Frank Aydelotte,[7] 베블렌, 폰 노이만 등이 한데 힘을 합쳐 괴델로 하여금 대서양 너머 미국으로 올 수 있도록 했다. 괴델은 특히 에이들라티가 워싱턴에 있는 독일대사관의 책임자에게 보낸 편지가 큰 힘이 되었다고 말했다. 1939년 12월 1일의 날짜가 적힌 그 편지에서 고등과학원의 신임 원장은 괴델이 아리안이며 세계에서 가장 위대한 수학자 가운데 한 사람이라고 증언했다. "그의 경우 거의 전례가 없습니다. 왜냐하면 그의 과

---

[7] 플렉스너의 사임은 까다로운 교수진과 미리 상의하지 않고 두 사람의 경제학자를 받아들였기 때문이었다. 수학자들이 이 문제에 특히 민감했는데, 이는 고등과학원에서 괴델이 보낸 마지막 시기에 암운을 드리운 사건이기도 하다.

학적 명성에 버금가는 사람은 전 세계를 통틀어도 거의 없기 때문입니다."

이렇게 하여 괴델 가족은 신세계로 향했다. 우선 그들은 시베리아횡단철도를 타고 러시아를 건너 일본에 도착했다. 독일의 출국증명서는 이 경로를 따르도록 요구했으며, 괴델은 이에 대해 에이들라티에게 다음과 같이 썼다. "모든 증기선 회사들은 독일인이 대서양을 건널 경우 영국에서 체포될 위험이 매우 크다고 합니다." 괴델은 1940년 2월 2일 일본의 요코하마에 도착했는데, 예약해 둔 배는 바로 전날 떠나 버렸다. 그래서 다음 배인 프레지던트 클리블랜드 President Cleveland가 3월 4일 샌프란시스코로 떠날 때까지 기다려야 했다. 샌프란시스코로부터는 대륙횡단철도를 타는 일만 남았고, 뉴욕에 도착한 뒤, 프린스턴의 새 집으로 향한 거의 두 달에 걸친 여행은 마침내 그 막을 내렸다.

이 과정은 단어들의 통상적인 뜻에 따른다면 마치 한 편의 드라마처럼 들린다. 그러나 괴델은 나치가 장악한 유럽에서 일종의 드라마와 같은 탈출을 했으면서도 현실과는 동떨어져 있었다. 오스카 모르겐슈테른은 자신의 잡지를 통해 "괴델이 빈에서 왔다"라고 전했는데, 모르겐슈테른도 빈에서 온 사람이었으므로 새로 도착한 논리학자로부터 포위된 도시의 뉴스를 듣고 싶을 것은 당연한 일이었다. "심오함과 탈속(脫俗)의 혼합에 휩싸인 그는 매우 단조로웠다. …… 빈의 소식을 묻자 그는 '커피가 맛을 잃었습니다'라고 대답했다."

아델레는 전쟁이 끝난 뒤 그녀의 어머니를 보기 위해 몇 차례 유럽을 다녀왔다. 하지만 괴델은 유럽의 땅을 다시 밟지 않았다. 괴델과 그의 어머니가 서로 만나려면 어머니가 미국으로 와야 했고, 실제로 그녀는 몇 번 그렇게 했다. 다른 많은 학자들이 여행을 즐겼던 것과 판판으로 괴델은 이후 38년의 생애 동안 프린스턴 지역을 벗어난 적이 거의 없었다.

괴델은 심지어, 1975년 마침내 프린스턴대학교도 명예학위를 수여하기로 결정했을 때, 걸어서도 갈 거리의 '여행'이었지만 쉽사리 응하려 하지 않았다. 그는 이미 하버드, 예일, 애머스트Amherst, 록펠러대학교로부터 명예학위를 받았었다. 프린스턴대학교가 이 천재를 기리고자 명예학위를 수여하기로 한 결정에는 폴 베너세러프가 큰 역할을 했는데, 그는 괴델이 적어도 그를 아끼는 사람들 사이에서는 홀로 있기를 바라는 지적 세계의 그레타 가르보Greta Garbo와 같다고 말했다(그레타 가르보는 스웨덴 출신의 전설적인 미국 여배우로, 36세에 은퇴한 뒤 죽을 때까지 뉴욕에서 은둔 생활을 했다 : 옮긴이). 학위수여식 날짜가 다가오자 괴델이 처음 느꼈던 기쁨은 훨씬 특징적인 변덕으로 바뀌었고, 행사일 바로 아침까지 이어졌다. 폴 베너세러프와 사이먼 코첸은 학위수여식은 물론 이어지는 행사들까지 모두 참석할 수 있도록 운전사까지 배려해 주었다. 하지만 괴델은 결국 학위수여식에 나타나지 않았다. 어쩌면 그는 이 영예가 너무 늦은 것에 분노했는지도 모른다. 모르겐슈테른에게 그는 "이 일이 10년 전에 있었다면 …… 적절했을 것이다"라고 말했다. 명예학위수여식의 한 조건은 당사자가 참석해야 한다는 것이다. 따라서 괴델이 과학박사Doctor of Science학위를 받는다고 적힌 프로그램은 결국 거짓말을 한 셈이다. 하지만 그럼에도 불구하고 이 행사로부터 우리는 다음과 같은 아름다운 구절을 인용할 수 있게 되었다. "정수의 산술이라는 가장 기본적이고도 친숙한 수학 분야의 증명법에 대한 그의 혁명적인 분석은 인간의 지성과 그것이 애호하는 공리적 방법론이라는 지적 도구에 관한 우리의 이해를 뿌리째 흔들었다. 모든 중요한 혁명들과 마찬가지로 그의 혁명 또한 옛 방법의 한계는 물론 새 방법의 비옥한 원천성을 밝혀 주었다. 그의 결과가 지나간 자취로부터 새롭고도 풍요로운 분야가 열렸으며, 논리학과 수학과 철학 모두 이를 토대로 가늠할 수 없는 수확을 거두고 있다."

미국에서 생겨난 괴델의 한 일화는 그의 미국시민권에 관한 것으로 많은 자료들이 되풀이해 인용한다. 아마 괴델의 일화 가운데 가장 유명할 것으로 보이는 이 이야기는 모르겐슈테른을 통해 전해졌는데, 아인슈타인이 거친 사나이 괴델의 조연으로 등장할 뿐 아니라 이 천재의 사랑스런 괴짜 기질이 돋보이며, 사람들 또한 이런 종류의 이야기를 모두 좋아하는 것 같다 (내가 맡은 강의에서 이 책의 이 부분을 읽을 자료로 제시해 주었는데, 수업 중의 '질문 시간'은 이내 괴델에 관한 여러 일화를 교환하는 시간이 되어 버렸다. 하지만 아쉽게도 모두 내가 이미 들은 것들이었다).

괴델은 미국시민권과 관련된 일들을 매우 진지하게 받아들였으며, 시험에 대비하여 철저히 공부했다. 그런데 그는 너무 철저히 공부했던지, 한 가지 말썽의 소지가 있는 발견을 했다고 믿었는데, 이는 미국의 헌법에 내적 모순이 있어서 이 헌법이 옹립하는 민주주의가 오히려 독재정치로 변질될 가능성이 있다는 것이었다.[8]

---

[8] 아쉽게도 모르겐슈테른의 이야기에 이 헌법적 모순이 무엇인지에 대한 내용은 없으며, 이에 따라 다른 모든 자료들에도 이 내용은 빠져 있다. 나는 존 도슨에게 그게 무엇인지 아는지 물어보았는데, 그는 다음과 같은 이메일로 답했다. "아니요, 많은 사람들이 물어보지만 저도 모릅니다. 괴델의 유품 문서에는 미국 정부에 관한 속기록이 있으며, 아마 시민권시험에 대비하면서 작성한 것으로 보입니다. 어쩌면 거기에 답이 있을지도 모르겠는데, 괴델의 속기록을 옮길 때 수학적 내용들보다 이것을 더 높은 순위에 둔 적은 없었습니다."(2004년 1월 3일).

매우 당황한 괴델은 자신의 발견을 모르겐슈테른에게 털어놓았다. 괴델은 법률을 존중하는 경향이 강했으며, 영원한 논리적 법칙에 대한 자신의 관심이 희미하게나마 반영된 인간이 만든 법칙들에 대해서도 그 의미와 암시를 검토하는 데에 상당한 열의를 보였다. 이 경제학자는 괴델의 논리에 도취되는 한편 염려스럽기도 했다. 왜냐하면 괴델은 역시 괴델이었기에 스스로 그토록 갈망하는 시민권의 취득이 어렵도록 행동할 가능성이 있었기 때문이었다. 모르겐슈테른은 이 논리학자를 어떻게 다루어야 좋을지에 대해 아인슈타인의 자문을 구했다.

1947년 12월 5일 괴델이 시민권시험을 치르는 날, 모르겐슈테른과 아인슈타인은 괴델과 함께 트렌턴Trenton으로 향했다. 이때 모르겐슈테른은 운전을 하기로 했고, 아인슈타인은 괴델의 주의를 산만하게 할 역할을 맡았다. 아인슈타인은 괴델이 차에 오르자마자 조금의 여유도 주지 않고 주의를 딴 데로 돌리는 조크를 던지며 인사했다.

"마지막에서 두 번째의 시험 준비는 잘 했나요?"

"마지막에서 두 번째라뇨?"

"간단하죠. 마지막 것은 무덤에 들어갈 때 치르지요." 어딘지 진부한 농담이었다.

아인슈타인은 꼬리에 꼬리를 물며 이런저런 이야기를 늘어놓았으며, 거기에는 최근의 한 서명 수집가에 관한 것도 포함되었다. 아인슈타인은 그들이 서명을 해 준 사람들의 영혼을 소유하고자 한다는 점에서 최후의 식인종이라고 말했다. 이렇게 하여 고등과학원의 세 사람은 트렌턴연방법원에 도착했는데, 이미 몇 사람의 신청자들이 있었으므로 아인슈타인은 괴델의 주의를 흩뜨릴 임무를 그만두었다. 그런데 다행히도 담당 판사는 몇 해 전 아인슈타인에게 시민권선서를 하게 했던 필립 포먼Philip Forman이었으며, 그는 곧바로 세 사람을 자기 집무실로 불러들였다.

아인슈타인과 포먼이 잠시 이야기를 나누는 동안 괴델은 조용히 앉아서 그의 시간이 오기를 기다렸는데 마치 모든 것을 다 잊은 듯했다. 잠시 후 포먼은 이날의 일과로 돌아왔다.

"지금까지 귀하는 독일시민권을 갖고 계십니다."

즉각적으로 괴델은 '오스트리아시민권'이라고 판사의 잘못을 바로잡았다.

정당하게 수정되었기에 판사는 계속했다.

"어쨌든 그 시민권은 악마적인 독재 아래서 나온 것이었습니다. 다행히 미국에서는 그게 불가능합니다."

그런데 이는 이 논리학자가 기다리던 바로 그 틈새였다.

"정반대로 저는 여기서도 독재가 어떻게 일어날 수 있는지 정확히 알고 있습니다"라고 괴델은 이의를 제기하면서 미국 헌법의 결함에 대한 설명을 늘어놓기 시작했다. 포먼과 모르겐슈테른과 아인슈타인은 뜻 깊은 눈빛을 교환했으며, 이어 포먼은 급히 괴델의 설명을 제지했다. "귀하가 그것을 다 말할 필요는 없습니다"라고 말한 뒤 그는 보다 덜 위험한 주제로 말머리를 돌렸다. 몇 주 뒤 괴델은 선서를 했고, 어머니에게 보낸 편지에서 포먼을 가리켜 "매우 호의적인 사람"이라고 묘사했다.

구제불능의 논리

아인슈타인과 괴델 두 사람은 집에서 고등과학원까지 날마다 깊은 대화를 나누며 함께 걸어 다녔고 이를 보는 다른 사람들은 의아심에 사로잡혔다. 괴델은 아인슈타인과의 우정을 즐겼으며, 어쩌면 이에 자부심까지 가졌던 것으로 보이는데, 어머니에게 보낸 편지의 아인슈타인에 관한 구절이 이를 증언하고 있다. 혹독한 날씨의 1948년 2월 17일 괴델은 어머니에게 조롱 섞인 투로 "저는 아인슈타인이 이런 날씨에도 고등과학원까지 걸어 다니는 것을 의아하게 여깁니다. 하지만 이처럼 비이성적이란 점에서 어머니와 쌍벽을 이루는 듯합니다"라고 썼다. 같은 해 7월 12일에는 또 "저는 아인슈타인을 거의 매일 봅니다. 그는 나이에 비해 아주 정정합니다. 그가 거의 70세에 이르렀다고 보는 사람은 드물고, 적어도 건강은 완벽하게 잘 유지하고 있는 것으로 여겨집니다"라고 썼다.

하지만 이로부터 몇 달도 지나지 않은 1948년 가을, 아인슈타인은 윗배에 고통을 느껴 브루클린의 유태인 병원에 입원했다. 그리고 정확한 진단을 위한 개복수술을 받았으며, 복부동맥류 abdominal aneurysm가 발견되었다. 헬렌 두카스는 아인슈타인이 몇 년 뒤 동맥류가 커지고 있다는 사실을 알게 되었다고 말하며, "주변의 우리는 '다모클레스의 칼 Sword of Damocles'이 우리 머리 위에 매달려 있음을 알고 있었으며, 그도 이를 알아차리고 조용히 웃음을 머금은 채 기다렸습니다"라고 썼다.

아인슈타인은 스스로의 건강 문제에 사로잡힌 괴델을 염려했고 이에 따라 괴델은 아인슈타인의 상황을 전혀 간파하지 못했다. 아인슈타인은 그의 연약한 젊은 친구를 언제나 극진히 감쌌다. 그래서 괴델은 1955년 4월 25일까지도 어머니에게 (상상이든 실제든 그 자신의 건강과 비교하면) 아인슈타인이 줄곧 건강하다고 썼다. 하지만 아인슈타인은 1955년 4월 18일에 이미 세상을 떴다.

아인슈타인의 죽음은 물론 내게 커다란 충격이었다. 나는 이를 전혀 예상하지 못했기 때문이다. 바로 그 전 주만 해도 나는 아인슈타인이 완벽하게 건강하다는 인상을 받았다. 고등과학원까지 30분 정도 같이 걸으며 이야기를 나누는 동안 그는 지금까지 거의 언제나 그랬던 것처럼 조금도 피곤한 기색을 보이지 않았다. 그의 죽음 때문에 나는 분명 순수하게 개인적으로 너무 많은 것을 잃었다. 특히 마지막 나날 동안 그는 내게 지나온 날들보다 더욱 다정하게 대해 주었으며, 나는 그가 전보다 더 친해지고 싶어 한다는 느낌을 받았다. 그는 개인적 의문들의 경우 거의 내면에 감춰 두고자 했던 것으로 보인다. 어쨌든 지난주에 나의 건강은 당연히 나빠졌고 수면과 식욕에서 특히 그랬다. 하지만 강한 수면요법을 몇 번 받은 이제 다시금 어느 정도 다 잡을 수 있게 되었다.

아인슈타인이 죽은 뒤 괴델의 추방감은 엄청나게 깊어졌을 게 분명하다. 의사가 아인슈타인으로 하여금 휴식을 취하도록 하자 어머니에게 불평했듯 괴델은 아무하고도 이야기를 나눌 수 없게 되었다. 그런데 이제는 정말 영원히 아무도 없게 되고 말았다.

괴델의 심원한 고립은 빈에서 신세계까지 그를 따라왔다고 느낀(어떤 의미로는 실제로 따라왔다) 철학적 실증주의로부터의 지성적 소외의 문제라고만 볼 수 없다. 개인적 수준에서도 괴델은 고등과학원의 수학자 동료들로부터 거의 완전히 소외되었다. 아인슈타인과 달리 이들은 괴델의 '기이한 공리', 곧 라이프니츠의 충분근거원리principle of sufficient reason를 나름대로 번안한 것에 그다지 매료되지 않았다. 하지만 어쨌든 괴델 자신은 이에 의거하여 세계의 모든 현상에는 철저한 논리적 근거가 존재한다고 믿었으며, 특히 자신의 공리를 그대로 적용한 결과 그는 실권을 쥔 사람들은 정말로 충분히 타당한 근거가 있기에 그런 실권을 쥐게 되었다고 믿었다. 이 때문에 괴델은 권력자들에게 일종의 무죄추정원칙을 적용하여, 경험적 증거들은 그렇지 않은 것처럼 보이는데도 불구하고, 그들의 결정과 행동에는 반드시 정당한 이유가 있을 것이라고 여기는 경향을 보였다. 결국 이와 같은 추론들이 얽혀 이 논리학자는 고등과학원의 동료들로부터 더욱 멀어져만 갔다.

수학에만 한정해 보면, 수학자들은 괴델이 본래 논리학자이기는 하지만 그의 수학적 능력이 그들의 이론적 논의에 충분히 참여할 수 있을 정도임을 잘 알고 있었다. 내가 고등과학원을 방문했을 때 보렐은 "사실 그는 수학에 대해 내가 예상했던 것보다 훨씬 많이 알고 있었습니다. 그는 논리학의 토론에는 물론 우리 수학 분야의 토론에도 진정한 참여자의 한 사람이었습니다."

괴델이 동료 수학자들을 따돌린 곳은 좀 더 현실적인 세계로서, 적어도 고등과학원의 경우 가장 중요한 현실적 문제는 멤버로 지명되는 일이었다. 특히 영구 멤버의 지위가 고등과학원 사색가들의 첨예한 관심사였으며, "과연 누가 순수이성의 최고천(最高天)에 오를 수 있을까?"에 대해 거의 대부분 촉각을 곤두세우고 있었다.

플렉스너는 수학을 '가장 엄밀한 학문'의 모델로 삼았는데, 수학은 그 결과가 확실할 뿐 아니라 결과들의 상대적 깊이와 중요성도 확실했다. 나아가 수학자들 자신의 상대적 깊이와 중요성도 그에 비례하여 확실하게 매겨졌다. 수학자들은 그들 가운데 누가 최고인지 정확히 알고 있었으며, 고등과학원의 존재 이유는 바로 이들 최고 인물들의 보위에 있는 것과 다름없었다. 또한 고등과학원의 수학자들 사이에는 다른 학문들도 엄격하게 판단하는 전통이 확립되어 있었다.

수학자들은 고등과학원의 구성원들을 다양화하려는 플렉스너의 시도를 가로막고 나섰다. 플렉스너는 경제학, 정치학, 인문학의 학자들도 끌어들이려 했으며, 이를 토대로 두 개의 새로운 학부(경제학과 정치학을 묶어서 하나, 다른 인문학들을 엮어서 하나)를 만들려고 했다. 하지만 이를 위한 투쟁은 힘겨웠고, 4년 뒤 원장직을 물러날 때의 플렉스너는 아주 지쳐 있었다. 뱀버거와 펄드의 가문에서 초기 자금을 끌어오는 일은, 어쨌든 그들은 플렉스너와 그의 견해를 존중했으므로, 수학자들로부터 제안서에 대한 동의를 얻는 일에 비하면 식은 죽 먹기와도 같았다. 그의 후계자인 프랭크 에이들라티는 수학자들의 승인조건을 대체로 충족했는데, 아인슈타인의 말에 따르면 그는 "조용한 사람으로 사색에 몰두하는 사람들을 방해하지 않으려 했다."

1947년 에이들라티가 물러나자 원장 자리는 로버트 오펜하이머J. Robert Oppenheimer에게 돌아갔다. 그는 미국의 수많은 선도적 물리학자들을 끌어모아 제2차 세계대전 중에 세계 최초의 원자폭탄을 개발하고자 했던 맨해

튼계획Manhattan project을 성공리에 마치고 버클리대학교와 캘리포니아공과대학의 교수직에 복귀해 있다가 고등과학원의 원장으로 부임하게 되었다. 처음에 그는 아인슈타인이 그랬던 것처럼 프린스턴으로 오는 것을 망설였다. 고등과학원을 방문한 뒤 그는 이곳 사람들을 조롱하듯 "유아독존적 명사들"이라고 평가했다. 하지만 그는 결국 원장으로 왔고, 그런 뒤 얼마 지나지 않아 수학자들은 뒤에서 서로를 헐뜯기 시작했다.

잘 이해할 수 있다시피 오펜하이머는 고등과학원의 물리학부를 강화하는 데에 관심을 보였다. 하지만 폰 노이만이나 딘 몽고메리Deane Montgomery와 같은 수학자들은 오펜하이머가 멤버들을 단독으로 지명하는 데에 정면으로 반발했다. 그래서 오펜하이머 시절에는 전체 교수들이 각각의 지명에 대해 투표했다. 그런데 수학자에 대한 평가는 수학자들이 아니면 사실상 불가능했지만, 수학자들은 물리학자나 경제학자나 역사가나 다른 인문학자들에 대해서도 별 어려움 없이 평가할 수 있는 것처럼 보였다(인문학자는 이 순수이성의 가장 높은 탑에 거주할 혜택을 받은 또 하나의 부류였다). 아이러니컬하게도 탈속적이라 여겨지는 수학자들이 고등과학원의 가장 핵심적인 현실적 관심사에서는 가장 막강한 힘을 발휘했다. 어떤 사람들은 다소 익살스런 이론으로 이를 비꼬았는데, 이에 따르면 수학자들의 문제는 멤버를 지명하는 데에 높은 기준을 요구하는 것이라기보다 다른 사람들에 비해 더 적은 시간 동안만 일하려는 것이었다. 이 때문에 실제로 그들은 다른 일을 할 시간이 충분하기도 했다.

하지만 결국 수학자들의 타오르는 분노에 기름을 끼얹은 격이 된 것은 비수학자들에 대한 오펜하이머의 후원이 아니라 당시 프린스턴대학교에 있었던 존 밀너John Milnor라는 수학자를 멤버로 지명하는 데에 관한 일이었다. 프린스턴대학교의 열여덟 살 신입생 시절에 존 밀너는 폴란드의 위상수학자 카롤 보르수크Karol Borsuk가 공간상에서 매듭곡선knotted curve의 전체 곡률과 관련된 추측을 내놓았다는 이야기를 들었다. 밀너는 이 추측에 대한 증명을 작성하고 지도교수에게 보여 주면서 "제게는 별다른 오류가 없는 듯 보입니다만 교수님은 어떠신가요?"라고 물었다. 그런데 그의 지도교수는 물론 다른 교수들도 아무런 오류를 지적하지 못했다. 이듬해에 밀너는 매듭곡선의 곡률에 대한 일반이론을 만들어 냈으며, 이에 따르면 보르수크의 추측은 단순히 그 부산물에 지나지 않는다. 이로써 그는 눈부신 경력을 쌓게 되었고, 고등과학원의 수학자들은 그를 멤버로 끌어들이려 했다. 하지만 오펜하이머는 고등과학원이 프린스턴대학교의 뒷마당이나 마찬가지여서 프린스턴대학교의 사람들을 끌어 오지 않기로 한 서약이 있다는 이유로 이를 거부했다. 그러자 수학자들은 그런 서약은 애당초 없었고 단지 오펜하이머가 자신의 저의를 관철하기 위해 임시방편으로 꾸민 것에 지나지 않는다고 대항했다(오펜하이머의 선의에 대한 수학자들의 의구심은 매우 깊었으며 심지어 오늘날까지도 그 메아리를 들을 수 있다. 어떤 수학자는 내게 펄드홀에서 원장의 관저인 올든팜에 곧장 닿는 길, 곧 괴델과 아인슈타인이 매일 걸었던 길에 대한 이야기를 들려주었다. 아인슈타인이 죽은 뒤 무슨 이유에선지 오펜하이머는 그 길에 잡초가 무성히 자라도록 방치함으로써 그 존재를 억눌러 버렸다. 그 수학자는 "저는 도무지 그 이유를 모르겠습니다"라고 말을 맺었는데, 그 말투에는 이 행동의 배경에 오펜하이머의 불순한 의도가 깔려 있다는 암시가 짙게 내풍겼다).

보렐이 내게 말한 바에 따르면 괴델은 여느 수학자 못지않게 밀너가 고등과학원으로 오게 되기를 바랐다. 하지만 한편으로 그는 원장의 권위에 맞설 생각은 하지 못했다. 괴델은 이처럼 당국의 권위에 무조건적으로 순종했으며, 이 때문에 다른 수학자들은 "(괴델과는) 논의 자체가 불가능하다"라는 결론을 내려 버렸다. 이에 대해 보렐은 다음과 같이 덧붙였다.

괴델의 논리는 그저 매우 이상할 따름입니다. 단순히 아무런 논의도 필요 없고, 가장 통상적으로 논의할 길조차도 없습니다. 그는 언제나 당국편이었습니다. 딘 몽고메리와 나는 괴델과 이야기해 봤는데, 그의 논리는 완전히 구제불능이었습니다. 오스트리아로부터 파시스트의 권력을 피해 도망쳐 온 사람이 이제는 이 논리에 따라 당국에 맞서지 않습니다. 그의 논리는 한마디로 구제불능입니다. 이 일이 있고 난 뒤 매우 유감스럽게도 수학부에서는 결국 전원의 동의에 따라 앞으로 논리학은 따로 다루기로 결정했습니다.

이 결정이 뜻하는 바는 괴델이 더 이상 수학자의 지명에 관한 토론에 참여할 수 없다는 것이다. 그에게는 후보자의 자료도 보내지지 않고, 그의 의견을 구하지도 않으며, 모임에 참석해 달라는 요청도 오지 않는다. 괴델은 오직 그 자신의 분야, 곧 논리학으로 추방되고 만 것이다. 다만 그는 논리학자에 대한 지명의 경우 수학자 해슬러 휘트니Hassler Whitney와 이에 대해 논의할 수 있다.

이 일은 1961년에 있었고, 이후 괴델과 다른 수학자들과의 대화는 거의 단절되고 말았다. 휘트니만이 약간의 접촉을 했지만, 이것도 오직 공식적인 일에 대해서 뿐이었으며, 괴델이 원했던 바이기도 하다. 괴델의 장례식에서 휘트니는 언젠가 한번 그의 연구실에 들렀던 때에 대해 이야기했다. 괴델은 그를 보고 깜짝 놀랐는데, 왜냐하면 이때 휘트니가 그를 찾을 '특별한 이유'가 없었기 때문이었다.

또한 괴델은 모든 대화를 전화를 통해서만 하려는 편벽증을 강하게 키워나갔다. 심지어 동료들이 그의 연구실 바로 근처에 있을 때에도 괴델은 전화를 쓰도록 고집했다.

1970년대 초 괴델은, 적어도 그에게는 초자연적이라 할 만한, 사교 욕구를 드러낸 적이 있었다. 사이먼 코헨은 이 기간에 괴델이 가끔씩 자신에게 전화를 걸어 최근의 그의 연구성과들에 대해 물어보았다고 내게 말했다. 1973년 3월 괴델이 높이 평가하는 수학자 에이브러햄 로빈슨Abraham Robinson(1918~1974)이 고등과학원에서 강연을 했다. 로빈슨의 연구는 형식논리학의 기법을 사용했는데, 그중 상당수가 괴델이 제1불완전성정리의 증명 과정에서 개발했던 것들이었다. 로빈슨의 연구는 대수학의 표준적인 문제를 해결하려는 것이었지만 '비표준해석nonstandard analysis'이란 이름이 붙은 것으로, 괴델은 논리학의 영향력이 이런 분야에까지 확장되는 것을 언제나 고무적인 일로 여겼다(사이먼 코헨이 아주 젊은 논리학자 시절에 했던 연구도 이와 비슷하게 형식논리학을 전통적인 수학 문제에 적용하는 것이었다). 보통 말이 없는 괴델이었지만 이날 로빈슨의 강연에 대해서는 자리를 박차고 일어나 축하를 보냈다.[9] 괴델은 비표준해석이 수리논리학

---

[9] 이 강연을 하고 난 몇 달 뒤 로빈슨은 췌장암으로 세상을 떴는데, 괴델은 이로부터 큰 충격을 받았다고 한다.

자들 사이의 일시적 유행이 아니며 '미래의 해석'으로 일컬어질 운명을 타고났다고 말했다. "다음 세기에는 무한소(無限小)infinitesimal에 관한 최초의 정확한 이 이론이 미분법이 개발된 지 300년이 지나서야 나왔다는 게 참으로 기이하게 여겨질 것이다."

1973년 가을 괴델은 앞서 이야기했던 잔디밭 파티에서 숭배자들과 이야기를 나눔으로써 모든 사람들을 놀라게 했는데, 그게 내가 그를 직접 본 유일한 기회였다. 요제프 스탈린Joseph Stalin의 딸로 1970년대에 회고록집필가로 조금 이름을 날렸던 스베틀라나 알렐루예바Svetlana Alleluyeva도 거기에 참석했던 것으로 기억한다. 하지만 괴델이 있는데 그 누가 그녀에게 눈길을 줄 것인가? 아쉽게도 나는 이후에는 그의 그림자도 볼 수가 없었다.

이후 괴델은 고등과학원이 유명한 분쟁에 휩쓸렸던 때에 동료들을 또 한 차례 분노케 했다. 이 분쟁의 파장은 매우 커서 〈뉴욕타임스〉는 물론 〈하퍼스Harper's〉나 〈애틀랜틱먼슬리Atlantic Monthly〉와 같은 잡지들의 지면에도 흘러넘칠 지경이었다. 〈애틀랜틱먼슬리〉의 1974년 2월호의 표지에는 "올림푸스산의 궂은 날들: 프린스턴의 대결투"라는 제목이 나붙었다. 이때 원장은 1966년 오펜하이머를 승계한 칼 케이슨이었는데,[10] 여전히 멤버의 지명을 둘러싸고 싸움이 시작되었다.

케이슨은 하버드대학교의 경제학과에서 고등과학원으로 옮겨 왔다. 하

---

[10] 오펜하이머는 힘겹게 허덕이는 경제학부와 정치학부를 번창하는 인문학부와 통합하여 새로 역사학부를 만들었다. 하지만 이때쯤 그는 물러났는데(이후 여섯 달도 채 못 살았다), 교수들 중 절반이 그와 말도 하지 않으려 했다. 특히 수학자들은 괴델만 제외하고 모두 적진에 가담했다. 당시에 살아남은 수학자들에 대한 이야기에서 오펜하이머의 성격은 오늘날까지도 무자비한 용어들로 묘사된다. 고등과학원에서는 기억이 결코 흐려지지 않는 것 같다.

지만 그는 케네디 대통령 시절 백악관의 국가안전보장회의National Security Council에 참여한 맥조지 번디McGeorge Bundy를 돕기 위하여 1961년에 이미 하버드대학교를 떠나 있었다. 이것만 해도 수학자들이 보기에는 현실에 너무 깊이 빠진 것이었으므로 괴델을 제외한 고등과학원의 수학자들은 이미 이 새 원장에 대해 깊은 의혹의 눈초리를 보내며 신경을 곤두세우고 있었다.[11]

마침내 케이슨이 사회과학부를 새로 설립한다면서 필요한 재원은 모두 자신이 책임지고 확보하겠다는 제안을 내놓자 수학자들은 물론 역사학부의 많은 사람들도 전면전을 불사하겠다고 외치고 나섰다.

첫 지명자는 시카고대학교의 문화인류학자 클리포드 기르츠Clifford Geertz였는데, 그의 연구는 문화의 모든 측면을 다루었고 학문적 업적은 사회과학자로서 누구도 감히 넘볼 수 없을 정도로 탁월했다. 그래서 그는 무난히 통과했다. 문제가 된 것은 버클리대학교의 종교사회학자 로버트 벨라Robert Bellah의 사안이었으며, 이를 계기로 적대적인 논쟁은 치열한 접전으로 번졌다. 물론 이때도 그들의 무기는 말뿐이었지만 이것도 목표를 정해 몰아칠 경우 치명적이 될 수도 있는 것이었다. 예를 들어 〈뉴욕타임스〉에 따르면 수학자 앙드레 베유André Weil는[12] 다음과 같이 말했다고 한다. "우리들

---

[11] 케이슨의 학문적 연구는 주로 미국의 반트러스트정책anti-trust policy에 관한 것으로, '미국 정부 대 유나이티드 신발 기계 회사United States v. United Shoe Machinery Corporation'의 소송도 그가 연구했다. 수학자 앙드레 베유는 "그의 학위논문은 신발공장에 대한 것으로 여겨진다"라고 말했다.

[12] 베유는 프랑스에서 고등과학원으로 왔는데, '니콜라스 부르바키Nicolas Bourbaki'라는 익명으로 존재하는 그룹의 창립 멤버 가운데 한 사람이었다. 한 무리의 젊은 수학자들은 익명의 '부르바키'를 '왕립폴다비아 아카데미의 전임 교수former professor of the Royal

가운데 많은 사람들이 벨라 씨의 보잘것없는 연구를 읽기 시작했다. 나는 이전에도 초라한 후보자를 본 적이 있지만 이토록 철저히 시간낭비를 하고 있다는 느낌을 받은 적은 없었다." 벨라를 후원하는 사람들 가운데는 수학자가 수학에 대한 것과 같은 엄격한 기준을 그대로 적용한다면 종교에 관한 어떤 연구도 허술하게 보일 것이라고 항의하는 사람도 있었다. 베유는 이에 대해 자신도 이런 주제에 대해 개인적 관련이 있다고 맞받아쳤다. 사실 그의 누이가 바로 그 유명한 신비주의자 시몬 베유Simone Weil가 아닌가 말이다.

괴델은 이번에도 원칙적으로는 수학자들에게 동의했다. 보렐에 따르면 괴델은 벨라가 고등과학원 역사상 가장 미흡한 후보라고 보았다. 벨라의 지명을 논의하기 위한 전체교수회의에서 괴델은 그의 보수적 태도를 극복하고 냉정하고도 합리적인 표현으로 자신의 의견을 펼쳤다. 감정이 격해짐에 따라 이 모임에서는 수많은 과격한 발언들이 나왔으며, 케이슨이 교수진의 투표를 무시하겠다는 뜻을 분명히 하자 다수파를 이룬 반대자들의 입을 통해 언론에도 알려지게 되었다. 괴델의 동지들은 그가 공적인 발언을 하는 동안 줄곧 이성적 태도를 잃지 않는 것을 보고 안도했다. 전체교수회의에 앞서 가진 협의에서 괴델은 어쩌면 벨라가 캐나다의 스파이일지도 모른다고 말했다. 벨라는 본래 캐나다 출신인데, 위원회가 그에게 그토록 호의적인 것은 위원장이 캐나다대사관을 다녀왔기 때문이라고 괴델은 주장했다. 오랜 세월이 흘렀음에도 여전히 이름을 밝히려고 하지 않는 제보자

Poldavian Academy'라고 내세우며 적어도 20편이 넘는 최고 수준의 수학 논문을 발행함으로써 증명의 엄밀도에 대한 새 기준을 확립했다.

에 따르면 이 이야기는 괴델 특유의 추론을 보여 준다는 것이다. 괴델은 벨라의 연구 성과를 죽 읽어 봤지만 보잘것없음을 깨달았으며, 따라서 그를 지명하려는 사람들의 판단을 합리적으로 뒷받침해 주는 충분한 이유를 찾고자 했던 것이다.

전체회의에서 괴델은, 진정한 괴델다운 모습을 보이며, 어떤 사상의 **영향력**은 객관적 진리로부터 올 수도 있다는 점을 부각시켰다(마치 소피스트를 비난하는 플라톤을 연상케 한다). 벨라의 후원자들은 전자에 대해서만 말했을 뿐 후자는 말하지 않았다. 괴델은 합리적 추론을 짚어 가면서 벨라의 연구가 그의 분야에 많은 영향을 미쳤을지 모르지만 그 사실만으로 그것들을 진리라고 할 수는 없다고 지적했다. 인기 있는 사상이 반드시 참된 사상은 아니다. 사회학과 같은 분야에서는 객관적 진리라는 관념이 적용될 수 없고 오직 영향력만 고려할 수 있을 뿐이라는 반론은(괴델의 지적에 대응하여 케이슨은 약간 이런 쪽으로 밀고 나아갔다), 적어도 괴델에게는, 그런 분야들이 전혀 정당성을 갖지 못한다는 점을 보여 주는 극명한 증거에 지나지 않았다. "괴델은 또한 위대한 지성과 독창성과 학식과 영향력을 가진 많은 과학자들도, 예를 들어 플로지스톤이론phlogiston theory의 제창자인 슈탈Stahl처럼, 완전히 잘못된 이론을 내놓기도 했다고 지적했습니다."[플로지스톤이론은 물질이 연소할 때 플로지스톤이라는 열소(熱素)가 빠져나간다고 보는 이론이며, 이 때문에 나무가 타고 남은 재는 본래의 나무보다 가볍다고 설명했다. 나중에 산소가 발견되고, 연소가 산소와의 결합반응이란 점이 밝혀짐으로써 플로지스톤이론은 폐기되었다: 옮긴이].

그럼에도 불구하고 정작 투표할 때가 되자 괴델은 기권함으로써 또다시 권위에 맞서지 못하는 모습을 드러내고 말았다. 투표의 최종 결과는 찬성 8, 반대 13, 기권이 3이었고, 기권 가운데 한 표가 괴델의 것이었다. 이 일은 괴델의 수학 동료들에 있어 그의 논리가 구제불능이란 점에 대한 결정적 확증이었다.

벨라의 지명을 둘러싼 볼꼴 사나운 사태는 결국 그에 어울리는 결말로 막을 내렸다. 벨라의 딸이 세상을 뜨자 벨라는 비탄 속에서 스스로 지원을 철회했다. 이로부터 얼마 뒤 케이슨은 (플렉스너와 오펜하이머가 그랬던 것처럼) 수학자들과의 싸움에서 만신창이가 된 채 고등과학원을 떠났다. 다행이랄까, 고등과학원의 현임 원장은 수학자들로부터 합리적 인물이란 평을 듣는다고 한다.

벨라의 사건은 너무나 치열하게 타올랐기에 사반세기가 넘은 지금도 당시에 휘말렸던 사람들의 이야기를 듣노라면 과거로부터 솟구치는 열기를 생생히 느낄 수 있다. 코첸은 벨라의 사건이 진행되는 동안 괴델이 가끔씩 전화를 걸어 야만적인 분위기 때문에 매우 고통스럽다는 말을 했다고 한다.

이처럼 새 멤버의 연구에 대한 판단을 내리는 동안 잠시나마 수학 동료들과 공동전선을 폈음에도 불구하고 결국 고립 속으로의 추방은 계속되었으며, 실제로는 이를 계기로 더욱 깊어져 갔다.

" 나는 부정적 결정밖에 할 수 없다 "

빈서클 때부터 괴델과 알고 지냈으며 노트르담대학교에 편히 자리 잡은 카를 멩거는 다음과 같이 썼다.

자주는 아니지만 프린스턴에 갈 때면 언제나 나는 괴델과 오랫동안 이야기를 나누었다. 아인슈타인과의 우정, 그리고 특히 그가 세상을 뜬 뒤 모르겐슈테른과의 교제를 제외하면 괴델은 사뭇 외롭게 보였다. 언젠가 그는 "아르틴 교수는 어디 계신가요?"라고 물어 나를 놀라게 했다. 대수학자(代數學者) 에밀 아르틴Emil Artin을 가리키는데, 내가 "아, 여기 프린스턴대학교에 계시지요. 어제도 만났는데요"라고 대답하자 괴델은 "나는 그가 오래 전에 떠난 줄 알았습니다. 몇 년 동안이나 못 봤거든요"라고 말했다.

더욱 슬프게도 멩거는 고등과학원에서 괴델이 겪는 고립이 연구 성과를 거의 펴내지 않았기 때문이라는 논리를 내세우기도 했다.

독창적이며 예기치 못할 아이디어를 떠올리고 발전시키는 과정에서 괴델은 평생 어떤 특별한 지적 자극을 필요로 하지 않았다. 다만 그는 마음에 맞는 주변 사람들이 그의 발견을 쓰도록 권하거나 상기시키거나, 또는 필요하다면, 약간의 압력을 가할 때에야 펴내곤 했다. 프린스턴 시절 초창기에 그는 이런 영향 아래 두 권의 작은 책과 러셀에 관한 논문을 썼다. 만일 그가 원했다면 그 뒤로도 이런 후원을 받을 수 있었을 테지만, 그 자신은 전혀 그런 것 같지 않았고, 자진해서 그런 역할을 떠맡는 사람도 없었다. 결국 1950년대에 나는 그의 어떤 성과도 보지 못했으며, 뭔가 특출한 아이디어를 얻었다 해도 오직 책상 서랍에 처박아 놓는 것으로 그쳤음에 틀림없다고 생각되었다. 따라서 바깥세상의 관점에서 보자면 그는 비길 데 없는 능력을 통탄스럽게도 썩히고 있는 셈이었다.

　괴델이 젊은 시절에도 고통을 느꼈던 편집증 증세가 심해진 것은 이 깊은 고립의 와중에서였다. 어쩌면 이와 같은 정신적 피폐는 나이가 들어 감에 따라 불가피했던 것인지도 모른다. 하지만 바로 곁 동료들의 적대감까지 이 깊은 고립 위에 더해지면서 더욱 좋지 않게 작용한 것은 분명한 사실이었다. 지난 60년대에 퍼졌던 말처럼, 편집증에 시달린다고 해서 우리를 쫓는 것이 실제로 아주 없어지는 것은 아니다.

　아인슈타인이 세상을 뜬 뒤, 괴델의 가장 깊은 정신적 일체화의 대상은 라이프니츠였던 것 같다. 이성이 허물어지면서 편집증적 환상이 확장되어 결국 17세기의 합리주의자에까지 이르게 된 것은 자연스런 귀결일 수도 있다.

　괴델은 라이프니츠를 이전 사람들이 생각했던 것보다 훨씬 위대한 사상가로 여겼으며, 그가 품었던 '보편철자 characteristica universalis'의 아이디어를 기록에 나타난 것보다 더 높은 단계로 끌어올렸다(영어로 '사고철자 alphabet of thought'라고 부르는 보편철자는 인간의 사고를 논리적으로 나타내기 위한 철자로 인간 사고 내부의 논리적 구조를 투명하게 드러내 준다.) 괴델은 카를 멩거에게 "라이프니츠의 일부 중요한 저작들은 …… 출판되지 못했을 뿐 아니라 원고 자체가 파기되었습니다"라는 의구심을 피력했다.

　"도대체 누가 라이프니츠의 저작을 파기하고자 했단 말입니까?"라고 멩거는 물었다.

　"그야 당연히 인간이 더욱 지성적이 되기를 바라지 않는 사람들이지요."

라고 괴델은 대답했다.

이에 멩거는 검열이 있었다면 오히려 인습타파를 부르짖은 자유사상가 볼테르Voltaire가 더 적절한 대상이리라는 반론을 폈지만 괴델은 동의하지 않았다.

"볼테르의 저술을 읽고 더 지성적이 될 사람이 있기나 하겠습니까?"

멩거는 이 대화를 모르겐슈테른에게 이야기했더니 모르겐슈테른도 괴델과 라이프니츠에 대한 그 자신의 일화를 털어놓았다. 모르겐슈테른은 라이프니츠에 대한 괴델의 기이한 신념을 듣고 이를 타파하고자 했다. 그러자 괴델은 자신의 주장을 확신시키기 위하여 모르겐슈테른을 파이어스톤도서관으로 데려갔으며 모르겐슈테른의 표현에 따르면 "정말 엄청나게 많은 자료"를 긁어모았다. 괴델은 한쪽에 라이프니츠의 출판물을 참조자료로 제시하고 있는 것들을 두고 다른 쪽에는 참조가 되는 라이프니츠의 자료들을 두었다. 그런데 2차적 자료들이 참조하고 있는 라이프니츠의 중요한 1차적 자료들은 거기에서 모두 빠져 있었다.

그때는 (비록 괴델의 주장을 확신하지는 못했더라도) 이 기막힌 광경에 입을 열지 못했던 모르겐슈테른은 "정말이지 너무나 깜짝 놀랐습니다"라고 멩거에게 이야기했다.

괴델은 언제나 자기가 고등과학원의 요구에 부응하지 못하고 있다는 우려를 품었으며, 이 때문에 그는 죄책감뿐 아니라 불안감까지 느꼈다. 하버드대학교가 20세기의 가장 중요한 수학적 발견을 이룬 위인이라고 찬양한 사람의 생각이라고 믿기는 어려운 일이지만(일반적으로 괴델은 신성한 지성의 혼이 이 땅을 살면서 디딜 수 있도록 설립된 고등과학원에 깃든 영혼들 가운데 아인슈타인 바로 다음의 인물로 여겨졌다), 괴델은 때로 심리적 공황에 빠진 채 모르겐슈테른에게 전화를 걸어 자신이 쫓겨날 것 같다고 말하곤 했다. 그는 또한 누군가 자신을 죽이려 하며, 아내 아델레는 모든 돈을 챙겨 달아나려 하고, 담당 의사는 자신의 병을 전혀 알지도 못하면서 반대파의 음모에 가담해 있다고 말했다.

오스카 모르겐슈테른은 진정으로 괴델에게 충실하면서 끝까지 참된 우정을 견지했다. 그리하여 아내인 아델레를 제외한다면 빈시절부터 줄곧 이어져 온 유일한 끈이 되었다. 그가 전이된 암으로 죽어 갈 때 다른 사람들은 모두 이 사실을 알고 있었지만 괴델만은 몰랐다. 이 당시 모르겐슈테른이 자신의 잡지에 쓴 글에는 괴델에 대한 염려가 가득 넘쳐 난다.

오늘 …… 쿠르트 괴델이 다시 전화를 걸어와 …… 15분가량 이야기했다. …… 잠시 내 안부를 묻더니 내 암이 …… 진행을 멈출 뿐 아니라 완전히 치유될 것이라고 단언한 뒤 …… 그 자신의 문제로 말을 돌렸다. 괴델은 의사가 자신에게 진실을 털어놓지 않는다고 단정하면서 그가 위기에 빠져 있는데도 의사들은 자신을 돌보려 하지 않는다고 말했다(이는 몇 주 전, 몇 달 전, 그리고 2년 전에 내게 했던 말과 정확히 같다). 그러고는 내게 자기를 프린스턴병원에 데려다 달라고 부탁했다. …… 그는 2년 전엔가 …… 의사로 가장한 두 사람이 그를 찾아왔다는 사실을 내게 확신시키려고 했다. 그들은 사기꾼들이며 그를 꼬여 병원으로 데려가려 하는데 …… 그들의 가면을 벗겨 내기가 정말 힘들었다고 말했다. 이런 대화가 내게 무슨 의미가 있는지 설명하기란 …… 쉬운 일이 아니다. 금세기의 가장 총명한 사람이 여기서 거의 완전히 내게 의지하고 있다. …… 그의 정신은 분명 흐트러져 있고, 일종의 편집증에 시달리면서…… 내게 도움을 청하고 있다. 하지만 나는 그에게 손을 뻗칠 수 없다. 내가 움직일 수 있고 또 도와주려 했을 때도 …… 나는 사실 아무것도 해낼 수 없었다. …… 이제 이토록 내게 의지하면서(그에게 아무도 없다는 점은 분명하다) 그는 내가 진 짐 위에 또 다른 짐을 쌓고 있다.

이것은 1977년 7월 10일의 잡지에 실린 글이었으며, 이로부터 16일 뒤 오스카 모르겐슈테른은 세상을 떴다. 그로부터 몇 시간이 지났을 때 괴델은 그의 집으로 전화를 걸어 또다시 자신의 음울한 환상에 대한 이야기를 쏟아놓으려 했다. 하지만 저쪽으로부터 그의 가장 믿었던 친구가 방금 전에 눈을 감았다는 소식이 흘러들었고, 이에 너무나 큰 충격에 빠진 괴델은 아무 말도 못한 채 전화를 끊고 말았다.

이 시기에 아내 아델레도 건강에 문제가 생겨 입원해야 했다. 그래서 괴델은 완전히 홀로 남아 가을을 맞았고, 곧이어 겨울로 접어들었으며, 결국 그는 급격히 쇠락해 갔다.

괴델의 생애 중 마지막 몇 달 동안 그와 접촉하려 했던 사람은 아마도 충실한 조수이자 논리학자인 하오 왕뿐일 것이다. 왕은 1977년 9월 중순부터 11월 중순까지 해외로 나갔는데, 떠나기 직전 괴델에게 전화를 걸어 그를 만나러 잠시 들르겠노라고 말했다. 왕은 그의 아내가 괴델을 위해 마련해 준 치킨을 들고 괴델의 집을 찾았다. 언제나 건강을 염려하며 자신의 몸에 들어가는 것에 대해 극도로 주의를 기울였던 괴델은 이때도 독살에 대한 두려움에 휩싸였다. 사실 이때쯤 괴델의 절제는 너무 지나쳐 굶주림으로 치닫고 있었다. 왕이 린덴로(路)에 있는 그의 집에 이르렀지만 괴델은 의심의 눈초리를 보내며 문을 열어 주려 하지 않았다. 왕은 하릴없이 치킨을 문밖 계단에 내려놓고 떠났다.

하오 왕은 12월 17일 어찌어찌 괴델의 허락을 받고 그의 집에 들어설 수 있었으며, 초췌해 보였지만 침착한 행동을 보였기에 마음이 놓였다. "그의 정신은 또렷했고 아픈 기색도 없었는데, '나는 긍정적 결정을 내리는 기능을 잃어버려서 오직 부정적 결정밖에 못 내린다네'라고 말했습니다."

입원 중이던 아델레는 12월 말에 집으로 돌아왔다. 그리고 12월 29일 해슬러 휘트니의 도움을 받아 괴델을 설득해서 프린스턴병원에 입원시켰다. "세상을 뜨기 전 괴델의 몸무게는 겨우 30킬로그램에 지나지 않았다고 합니다. 임종이 가까워졌을 때 그의 편집증은 전형적 증상, 곧 음식에 독이 있다고 거부하여 아사하는 지경에 이르렀습니다."

쿠르트 괴델은 1978년 1월 14일 토요일 오후 1시 태아처럼 웅크린 자세로 세상을 떴다. 트렌턴의 머서카운티 Mercer County 법원의 사망확인서에 따르면 그의 사인은 "성격장애로 인한 영양실조와 굶주림"이었다.

카를 멩거는 마지막 일화를 들려주었다.

1977년 7월에 눈을 감은 모르겐슈테른은 그전의 한 통화에서 어떤 사건에 대한 이야기를 들려주었는데, 그것은 오래전에 나와 괴델 사이를 약간 소원하게 만들었던 기억을 떠올리게 했다.[13] 다만 이 사건이 예전의 것과 비슷해서가 아니라 오히려 대조적이어서 그 기억이 떠올랐으며, 그런 만큼 모르겐슈테른의 이야기에서 나는 깊은

---

[13] 멩거는 여기서 예전에 괴델이 나치의 제3제국에 의해 자신이 빈대학교에서 확보한 강사로서의 권리가 침해받은 데 대해 격노한 것을 가리키고 있다.

감동을 받았다. 이번에도 문제는 괴델의 권리에 관한 것이었으며, 여기서 그의 치밀함은 참으로 놀라운 것이었다. 사건은 괴델이 언젠가 심하게 아파서 프린스턴병원에 입원했을 때 일어났다. 괴델은 병원이 제공하는 한 혜택을 거부했는데, 보험약관에 그 내용이 없다는 게 그 이유였다. 곧 약관에 없는 혜택을 받을 이유가 자기에게 없고 따라서 이를 거부한다는 것이었다. 이제 와서 세세한 내용을 다 기억할 수는 없지만 어쨌든 나는 보험약관의 해석에 관한 한 병원보다 괴델이 더 우월하리라는 점을 믿어 의심치 않는다. 결국 안타깝게도 괴델은 자신의 엄밀한 판단 아래 추호의 흔들림도 없이 그의 견지를 지켜 나갔다.

괴델은 1월 19일 조촐하고 사적인 장례식 후에 위더스푼로(路)Witherspoon Street에 있는 프린스턴묘지Princeton Cemetery에 묻혔다. 하지만 3월 3일 고등과학원은 앙드레 베유가 주재하는 추모식을 가졌다. 여기서 하오 왕, 해슬러 휘트니, 그리고 마지막으로 캘리포니아에서 비행기를 타고 왔지만 렌트카가 눈으로 덮인 도랑에 빠져 참석하지 못한 저명한 논리학자 로버트 솔로베이Robert Solovay를 대신하여 사이먼 코첸이 조사를 했다.

코첸은 그의 조사에서 자신이 박사학위의 구술시험을 볼 때 시험관이었던 스티븐 클레니Stephen Kleene가 괴델의 정리 가운데 다섯 개의 이름을 열거하도록 했다는 이야기를 했다. 이 질문의 취지는 "이 각각의 정리가……현대의 수리논리학에서 완전히 새로운 분야를 열게 되었다"는 점에 있었으며, 증명론Proof theory, 모델론model theory, 재귀론recursion theory, 집합론set theory, 직관주의논리학intuitionist logic이 그것들이다. 이 모두는 괴델의 업적으로 큰 변화를 겪었으며, 어떤 것들은 사실상 괴델의 업적에 의해 탄생했다고 말할 수도 있다.

다음으로 코첸은 괴델과 아인슈타인의 업적을 비교했으며 모두 이들 두 사람의 깊고도 근본적인 사고에서 도출되었다고 말했다. "그것은 참으로 선명한 비교였습니다"라고 그는 내게 말했다.

코첸은 또한 정말 놀랍게도 괴델 자신이 카프카의 찬양자라는 사실은 알지 못한 채 괴델과 카프카의 업적도 서로 비교했다.[14] 코첸의 표현에 따르면 두 사람 모두 자신들의 강한 율법주의적 성향을 탈속적이고 사실상 거의 초현실적인 능력과 결합하여 자기충족적인 세계를 창조했는데, 그 세계는 언뜻 얼굴을 붉힐 정도로 비논리적으로 보이지만 실제로는 가장 근본적 논리와 결합되어 있다. "두 사람의 업적에는 모두 『이상한 나라의 앨리스』적인 요소가 깔려 있습니다"라고 그는 내게 말했다.

코첸은 자신이 조사를 준비할 시간이 충분했더라면 카프카와의 비유는 아마 끼어들 수 없었을 것이라고 내게 말했다. 그런데 시간이 촉박했기에 일단 뇌리를 스치는 뭔가에 손을 뻗쳐야 했으며, 이에 따라 자연스럽게 평소 그의 마음속 깊이 조용히 스며들어 있었지만 굳이 선명히 떠올리려 하지는 않았던 흐릿한 암시를 붙들게 되었다. 하지만 추모식에 참석한 사람들 가운데 나와 이야기를 나눈 사람들은 모두 코첸의 조사를 기억하고 있었다. 중부 유럽에서 탄생한 또 다른 독특한 지성인 카프카와의 비교는 뭔가 놀랍

---

[14] 1962년 7월 4일과 19일 괴델은 어머니에게 "최근에 현대의 시인 한 사람을 발견했다"고 썼으며 이는 바로 프란츠 카프카를 가리킨다. 괴델은 또한 추상적이고 초현실적인 그림을 좋아했다. 한편으로 그의 문화적 취향은 어린애와 같다는 점이 두드러진다. 그는 괴테나 셰익스피어보다 동화를 더 좋아했으며, 어머니에게 보낸 편지에서 동화 속 세상이야말로 이 세상이 진정으로 구현해야 할 세상이라고 썼다. 괴델은 디즈니 영화의 열광적인 팬이었으며 『백설공주Snow White』는 최소한 세 번 이상 보았다고 한다.

고도 참다운 점을 담고 있었음에 틀림없다.

불완전성 (모두 다시 한 번)

아인슈타인과 괴델이 공유한 수많은 것들에는 시간의 본질에 깊이 빠졌다는 점도 있다. '상대성'이라는 모호한 용어의 뉘앙스가 상당한 영향을

펄드홀에서 올든팜에 이르는 길을 걷고 있는 아인슈타인과 괴델

미처 많은 오해가 있기는 하지만, 어쨌든 아인슈타인은 이미 살펴본 것처럼 이 유명한 이론을 주관적으로 해석하는 데에서 가능한 한 멀리 떨어져 있으려 했다. 대조적으로 그 자신의 해석에 따르면 상대성이론은 우리의 주관적인 시간 경험과 놀랍도록 다르게도 실재론적 관점을 제시해 준다. 아인슈타인의 이론에 의하여 '저 너머'와 '여기'를 가로지르는 거대한 틈새는 더욱 넓혀졌는데, 왜냐하면 상대성이론의 수식으로 묘사되는 객관적 시간은 우리의 주관적 시간 경험, 곧 무정하게 마냥 흐르면서 우리의 모든 과거에 불을 밝혀 먼지투성이의 죽음으로 이끌어 가는 것이라는 관념을 꿰뚫는 데 필요한 필수적 면모를 갖추지 못하고 있기 때문이다.[15] 과연 시간의 무상함, 각각의 그리고 모든 순간의 덧없음처럼 우리에게 절실한 게 또 어디 있을까?

하지만 기이하게도, 만일 우리가 아인슈타인의 이론을 진지하게 고려한다면, …… 그렇지 않다. 아인슈타인의 이론으로부터 흘러나오는 실체의 본질은 어린 학부생들의 단순한 구호, 곧 모든 것은 관점에 따라 상대적이란 것보다 훨씬 더 놀라운 것이다. 아인슈타인의 이론에서 시간의 경과, 다시 말해서 시간은 언제나 돌이킬 수 없는 과거로부터 불확실한 미래로 나아

---

[15] 〈뉴욕타임스〉의 신년 특집판은 시의적절하게도 다음과 같이 주관적 시간과 객관적 시간의 차이를 아름답게 묘사했다. "100년 전 오늘 특수상대성이론이 발견되려면 18개월이 더 지나야 할 시점에서 과학은 아직 뉴턴적 시간관념을 견지하고 있었다. 하지만 현대과학의 시간관념은 많은 사람들이 품고 있는 것과 아주 다르다. 아인슈타인은 과학이 친숙한 시간관념에 부응하지 못한다는 점을 '고통스럽지만 불가피한 일'이라고 받아들이며 애통해했다. 아인슈타인 이후의 발전에도 불구하고 과학적 지식과 일상적 경험의 틈새는 더욱 벌어져 갈 따름이었다. 대부분의 물리학자들은 인식의 분리를 통해 이 불일치에 대처하고 있다. 곧 '여기에 직관적으로 경험되는 시간이 있는 한편, 저기에 과학적으로 이해되는 시간이 있다'는 식이다. 나 또한 수십 년 동안 경험을 이해에 근접시키려고 분투해 왔다."

간다는 식의 일방적 흐름은 존재하지 않는다. 시공간을 이루는 시간축은 다른 공간축들과 마찬가지로 움직이지 않는다. 물리적 시간은 물리적 공간처럼 정적인 실체라는 뜻이다. 사건들의 전체적 양상은 과거도 현재도 미래도 없는 4차원의 공간 속에 그저 죽 펼쳐져 있을 따름이다. 우리의 감각 속에 그토록 분명히 터 잡은 과거와 현재와 미래라는 구별을 무시한다면 우리의 내면세계를 묘사조차 할 수 없지만, 이것들은 오직 우리의 내면세계에 대해서만 타당하다. 상대성이론으로 규명된 객관적 시간은 이런 구별을 지지하지 않는다. 아인슈타인은 루돌프 카르납에게 다음과 같이 말했다. "현재에 대한 경험은 인간에게 특별한 것이며, 과거나 미래에 대한 것과 본질적으로 다릅니다. 하지만 이 중요한 차이가 물리학에서는 있지도 않고 있을 수도 없습니다."

쉼 없는 파도를 따라 덧없이 흘러가는 절대적 **현재**라는 게 없다는 뜻이 담긴 상대성이론을 이해했기에 다모클레스의 칼 아래서 살아간 아인슈타인은 시간적 관념이 배제된 물리적 실체를 상정하는 자신의 세계상 속에서 평온을 얻었던 것 같다. 동료 물리학자이자 오랜 친구였던 미켈레 베소 Michele Besso의 미망인에게 보낸 위로의 편지에서 아인슈타인은 다음과 같이 썼다. "이 기이한 세상을 떠나는 데에 그는 다시 저보다 조금 앞섰습니다. 하지만 여기에 어떤 의미도 없습니다. 우리와 같은 믿음을 가진 물리학자들에게 과거와 현재와 미래라는 구별은, 비록 끈질기기는 하지만, 오직 환상에 지나지 않습니다."

적어도 아인슈타인의 경우, 인간적 관점과 무관한 객관성의 관념만으로도 그 자신의 개인적 몰락으로부터 쓰라린 느낌을 받기에 충분했으며 이보다 더 언짢은 생각은 거의 없다. 아인슈타인의 침착함은 그 초월성에서 플라톤에게 그토록 깊은 감동을 주었고, 플라톤을 통해 서구의 모든 사람에게 감동을 주었던 소크라테스의 죽음을 떠올리게 한다. 그에 의하여 과학적 실재론은 초인적 경지까지 드높여진 것이다. 논리학자와 날마다 거닐면서 시간의 의미를 논의했던 물리학자는 삶을 마감하고 있었고 그 자신이 이를 알고 있었다.

아인슈타인 못지않게 괴델도 시간의 본질이 우리가 흔히 아는 것과는 전혀 다르다는 사실을 잘 알고 있었다. 괴델은 성격상 자신의 시간관념을 통해, 실제든 환상이든, 자신의 세속적 존재에 고통을 주는 두려움을 초월할 생각은 하지 못했다. 하지만 그의 시간관념이 어느 정도의 평온을 얻는 데에도 전혀 무익했던 것은 아니다. 상대성이론에 대한 독자적 연구로부터 그는 깊은 수준에서 그의 마음에 와 닿는 시간의 모델을 얻었는데, 이는 마치 그가 소중히 기리는 플라톤주의처럼 인간의 본질과도 잘 조화되는 것이었다.

괴델도 물리학에 오랫동안 관심을 품어 왔다. 그는 처음에 물리학을 전공할 생각으로 빈대학교에 들어갔고, 두세 해를 그렇게 보내다가 수학으로 옮겼다. 아인슈타인을 만난 뒤 물리학에 대한 예전의 관심이 다시 타올랐으며, 교제를 나누던 어느 시점에서 독자적으로 상대성이론을 연구하기 시작했다. 그 결과 괴델은 일반상대성이론에 나오는 아인슈타인의 장(場)방정식field equation을 만족하는 매우 독창적인 해를 얻었는데, 이는 그가 이룩한 어떤 것들보다 더 '이상한 나라의 앨리스적'인 것이었다.

괴델의 모델에서 시간은 순환적이다. 모든 사건은 과거와 현재와 미래라는 구별에 상관없이 펼쳐질 뿐 아니라 무한한 반복 패턴으로 나타나고, 상대성이론에서 암시된 시간과 공간 사이의 대응 구조는 더욱 뚜렷이 드러난다. 괴델은 다음과 같이 썼다. "이 우주들의 시간적 조건은 …… 놀라운 모습을 드러내며 이상적 관점, 곧 모든 변화가 사실은 비실체적인 환상에 지나지 않는다는 관점을 더욱 강화해 준다. 다시 말해서 로켓을 타고 충분히 큰 곡선을 그리며 왕복여행을 하면 이 세계의 과거와 현재와 미래에 걸쳐 어느 시간이든 여행할 수 있고 다시 돌아올 수도 있으며, 따라서 아주 멀리 떨어진 우주 공간의 다른 부분도 여행할 수 있다."

괴델은 아인슈타인 방정식에 대한 자신의 해를 아인슈타인의 70회 생일을 기리는 『기념논문집』에 실었다.[16] 또한 이에 대한 아인슈타인의 언급도 함께 실렸으며, 여기서 아인슈타인은 과거로의 여행을 허용하는 시간성폐곡선closed timelike curve의 가능성 때문에 당황했다고 썼다. 아인슈타인의 반응은 양면성을 띠는데, 괴델의 해가 타당함을 인정하는 한편 아직은 모르는 어떤 물리적 이유 때문에 결국 배제되지 않을까 하는 예상을 했다.

괴델이 자신의 우주론 연구를 날마다 함께 거닐던 파트너의 70세 생일에 맞춰 넘기기 전에 그 내용에 대해 미리 얼마나 많은 이야기를 나누었는지는 잘 알 수 없다. 하지만 이 논문에 대한 아인슈타인의 반응에 비춰 볼 때 사전 교감은 거의 없었던 것으로 보인다. 괴델의 시간성폐곡선을 허용한

---

[16] 쉴프는 아인슈타인을 기리는 『기념논문집』의 논문을 얻기 위하여 1946년 괴델에게 처음 접근했다. 괴델은 바로 응했지만 여러 번 연기를 한 다음에야 최종 논문을 건넸다. 쉴프는 이 논문집이 아인슈타인의 70회 생일인 1949년 3월 14일에 맞춰 나올 수 있기를 바랐지만 괴델은 한 달 전까지도 끝내지 못하고 여전히 붙들고 있었다. 쉴프는 3월 19일 프린스턴 인Princeton Inn에서 열리는 생일 축하 연회 때 헌정할 수 있도록 하자고 말했고 괴델도 이에 동의했다. 그러고 나서 얼마 뒤 쉴프는 괴델의 논문을 받았다.

다면, 적어도 이론적으로는, 과거로 돌아갈 수 있으며, 아인슈타인도 어쨌든 이는 그의 장방정식을 풀어서 얻은 결론이므로 형식적으로는 인정했다. 하지만 물리학자이자 상식적인 인간이었기에 아인슈타인은 그의 장방정식이 결국에는 이 '이상한 나라의 앨리스적' 가능성을 배제할 것이라고 보았다.

그러나 괴델 자신은 순환적 시간 모델을 매우 만족스럽게 여겼던 것 같다. 그렇다면 괴델은 과연 자신의 과거로 돌아가 모두 다시 겪어 볼 수 있기를 정말로 바랐을까? 과연 그도, 친구였던 아인슈타인처럼, 우리 삶의 일방적 결말과는 다른 진정한 시간의 본질에 대한 사색이 그에게 모종의 위안이 되기를 바랐을까?

물론 언제나 불투명했던 그의 속내를 쉽사리 알 길은 없다. 하지만 이 경우 한 가지 흥미로운 사실을 통해 어렴풋이나마 그 뒷면을 들여다볼 수 있다. 괴델은 아인슈타인의 방정식에 대한 그의 경이로운 해를 매우 진지하게 받아들였으며, 이에 따라 어쩌면 그의 생애 중 단 한 번 순수이성의 높은 탑에서 내려와 시간의 폐곡선모델을 지지하는 구체적인 실험(!)데이터를 얻고자 했다. 존 아치볼드 휠러John Archibald Wheeler와 킵 쏜Kip Thorne은 당시 아주 저명한 물리학자들로서 찰스 마이스너Charles Misner와 함께 『중력Gravitation』이라는 놀라운 책을 펴냈다. 괴델은 1970년대 초 휠러와 쏜에게 우주의 회전을 지지하거나 부정하는 실험적 증거를 찾았는지 은밀히 물어보았다. 하지만 아직 그들은 이 의문을 자세히 생각해 보지 않았다는 휠러의 고백을 들은 괴델은 뚜렷한 실망감을 감추지 못했다.

나중에 알고 보니 괴델은 증거를 얻기 위한 준비작업으로 스스로 엄청난 『허블 은하 도감The Hubble Atlas of Galaxies』을 섭렵했던 것으로 밝혀졌다. 수학자 중의 수학자로 알려진 그가 자와 각도기를 들고 나서서, 얻어진 수들의 통계처리를 하고, 통계적 오차범위 안에서 우주의 회전에 대한 어떤 증거도 찾을 수 없다는 결론을 내렸다. ……

우리가 괴델을 방문한 지 약 일 년 뒤, 나는 프린스턴대학교의 저명한 천체물리학자 짐 피블스Jim Peebles의 연구실에 들러 우주론에 대해 몇 가지 물어보았는데, 도중에 한 학생이 들어와 책상에 뭔가 두툼한 뭉치를 내려놓았다. "여기 있습니다, 피블스 교수님." 나는 학생에게 "이게 뭔가?"라고 묻자, 그는 "제 학위논문입니다"라고 대답했다. "뭣에 관한 것이지?" "우주의 회전 여부에 관한 것입니다." "거 참 기가 막힌 일일세. 괴델이 들으면 정말 좋아하겠군." "괴델이 누굽니까?" "글쎄, 만일 아리스토텔레스 이래의 가장 위대한 논리학자라고 부른다면 되레 모욕일걸세." "농담이시겠지요." "아닐세, 아니야." "어느 나라에 사는데요?" "바로 여기 프린스턴이라네." 나는 바로 괴델의 집에 전화를 걸어, 이런 논문이 나왔다고 알렸다. 하지만 이내 내가 대답할 수 없는 질문이 튀어나왔다. 그래서 전화를 학생에게 돌렸는데, 역시 얼마 가지 않아 학생도 대답할 수 없는 질문에 이르렀다. 결국 학생은 피블스 교수에게 전화를 돌렸으며, 마침내 전화를 끊은 피블스는 다음과 같이 말했다. "맙소사, 이걸 시작하기 전에 괴델과 미리 이야기를 나눴어야 했는데."

휠러, 쏜, 피블스와의 대화가 있기 몇 해 전, 괴델이 상대성이론에 대한 그의 이론을 고등과학원에서 발표하자 참석한 물리학자들은 모두 크게 놀라며 수리논리학자가 물리학적 이론의 미묘한 점들을 어쩌면 그토록 잘 파악했는지에 대해 경이롭게 여겼다. 나중에 아인슈타인이 자신은 오직 이 논리학자와 이야기할 특권을 누리기 위해 날마다 고등과학원의 연구실에 나간다고 털어놓기는 했지만, 괴델 또한 이 이론물리학자와 물리학의 복잡한 내용에 대해 직접 토론할 특권을 누리기도 했다. 그리고 이 와중에 20세기의 가장 위대한 두 지성은 잠시나마 서로의 지적 추방감을 공유할 수 있었다.

시간성폐곡선에 대한 괴델의 애착을 하오 왕의 스쳐가는 듯한 아래의 말과 연관시키는 것은 괴델이 자신의 삶을 얼마나 불완전하게 여겼는지를 알수 있게 해 준다는 점에서 아주 흥미롭다고 여겨진다.

철학에서 괴델은 그가 찾던 것, 곧 새로운 세계관과 그 성분 및 구성규칙을 결국 얻어내지 못했다. 몇몇 철학자들, 특히 플라톤과 데카르트는 그들 생애의 어느 단계에서 일상적 세계관과 전혀 다른 이 새로운 종류의 직관적 관점을 얻었다고 주장했다.

또한 왕은 괴델이 평생 갈구했던 초월적 경험에 대해 다음과 같이 말했다.

괴델은 또한 세상을 새로운 빛으로 비춰 볼 (계시나 갑작스런 깨달음과 같은) 통찰을 고대했지만 끝내 얻지 못했다. 나와의 대화에서 그는 플라톤이나 데카르트나 후설Edmund Husserl(1859~1938)은 모두 그런 경험을 해 봤다고 되풀이해 이야기했다.

철학은 쿠르트 괴델의 경이로운 수학적 경력에 처음부터 영감을 불어넣었다. 철학은 괴델이 빈대학교의 철학사 강좌를 처음 들은 이래 그의 초점에서 벗어난 적이 없었으며, 추상적 세계를 사랑하는 수많은 사람들처럼 괴델도 그의 지적 사랑에 대답할 실체의 관념을 플라톤으로부터 얻어 냈다. 그는 철학을 목표로 살았으며, 철학의 빛으로 자신의 생애를 판단했는데, 결론은 불완전하다는 것이었다. 다른 사람들의 마음을 선험적 증명으로도 바꿀 수 없다는 사실을 믿게 된 그는 자신의 마음을 바꿀 통찰을 갈망했다. 하지만 자신의 불완전함에 대한 깨달음, 또한 아마도 심장이 치명적으로 손상되었다고 믿은 여덟 살 꼬마 때의 공포로 인해 항상 유예되었다고 느껴 온 죽음에 대한 감정 때문에 그는 순환적 시간이 상징하는 영원한 삶의 모델을 불러들이게 되었으며, 이 모델을 통해 개인적 죽음의 현실성을 허물어 버리고자 했다.

고통 속에서 만년을 보내던 괴델이 실험적으로 확증하고자 했듯 시간이 고리처럼 순환한다면, 괴델로 하여금 "왜 인간은 서로 상대방을 이해하지 못할까?"라는 의문을 품게 했던 인간의 혼란과 미혹과 왜곡 등의 모든 결함을 초월한 곳에 자리 잡은 무한하고도 영원한 진리에 의해 탈바꿈된 젊은 괴델은 다시금 빈대학교의 강의실에 앉아 있을 것이다. 그리고 그는 수학의 언어를 지금껏 그 누구도 생각해 보지 못한 방식으로 사용할 생각에 잠길 것이다. 그것은 자기 자신에 대해 말하는 방식이며, 그러면 이는 수학적이라는 바로 그 이유 때문에 모든 사람이 이해하게 될 것이다. 그리하여 그는 은밀하면서도 담대하게 일찍이 유례가 없었던 새로운 수학적 정리, 곧 수학의 본질 자체를 밝혀 주는 수학적 정리의 증명에 나설 꿈을 품을 것이다.

그리고 결국 그는 해낼 것이다.

참조 자료

들어서면서

16쪽 "히틀러가 나무를 흔들고 나는 사과를 줍는다": 〈애틀랜틱먼슬리Atlantic Monthly〉, 1974년 2월호의 "올림푸스산의 궂은 날들: 프린스턴의 대결투Bad Days on Mount Olympus: The Big Shoot-Out in Princeton".

22쪽 한번은 어떤 사람이 차를 몰고 가다가 ······: 아인슈타인의 비서 헬렌 두카스가 셀리크C. Seelig에게 보낸 편지에서 발췌. 파이스Abraham Pais가 지은 『난해한 신Subtle is the Lord ······: The Science and the Life of Albert Einstein』(Oxford: Oxford University Press, 1982)의 473쪽에 인용되어 있다.

23쪽 그의 모든 생각이 한 가지 "흥미로운 공리"의 지배를 받는다: 울프Harry Woolf가 편집한 『이상한 조화Some Strangeness of Proportion: A Centennial Symposium to Celebrate the Achievements of Albert Einstein』(Reading, MA.: Addison-Wesley, 1980)의 485쪽.

26쪽 『철학사전The Encyclopedia of Philosophy』에서 '괴델의 정리'라는 항목을 찾아보면 ······: 에드워즈Paul Edwards가 편집한 『철학사전』(New York: Macmillan Publishing Co., Inc., and the Free Press, 1967) 3권 348~349쪽의 하이예누J. van Heijenoort 집필 부분 참조.

28쪽 "그(괴델)는 수학에 대한 악마이다 ······": 2003년 12월 12일 〈보스턴글로브Boston Globe〉에 실린 월러스David Foster Wallace의 "무한에의 접근Approaching

Infinity" 참조.

33쪽 "인식론 없는 과학은, ……": 쉴프Paul A. Schilpp가 지은 『알베르트 아인슈타인, 철학자-과학자Albert Einstein, Philosopher-Scientist』(New York: Tudor, 1949)의 684쪽.

33쪽 프린스턴에서의 아인슈타인에 관한 어떤 이야기도 …… : 위의 울프의 자료 참조.

34쪽 "아리스토텔레스 후계자의 논리가 …… 사뭇 황당함을 발견했다": 듀렌Peter Duren이 편집한 『미국수학의 한 세기A Century of Mathematics in America』 (Providence, RI: American Mathematical Society, 1989)의 130쪽에 실린 보렐 Armand Borel의 "고등과학원 수학부The School of Mathematics at the Institute for Advanced Study" 참조.

35쪽 "나는 자연과학을 믿지 않소": 레기스Ed Regis가 지은 『누가 아인슈타인의 연구실을 차지했나Who Got Einstein's Office? Eccentricity and Genius at the Institute for Advanced Study』(Cambridge, MA: Perseus, 1987)의 58쪽에 인용되어 있다. 나는 존 바콜John Bahcall에게 이 이야기를 직접 확인했다.

35쪽 "그 이후로 저는 그냥 포기했습니다": 2002년 5월의 개인적 대화.

36쪽 "나는 지금 자연의 법칙들이 선험적이란 점을 ……": 이 대화를 촘스키로부터 들은 폴 베너세러프가 내게 전해 주었다.

36쪽 고등과학원에 온 이유는 오직 괴델과 함께 거닐 특권을 누리기 위한 것 …… : 1965년 10월 25일 브루노 크라이스키Bruno Kreisky에게 보낸 편지(Bundesmeister für Auswärtige Angelegenheiten of Austria)에서 발췌.

38쪽 "…… 2인 1조의 자연스런 결합": 왕Hao Wang이 지은 『괴델의 삶: 불완전성 정리를 밝힌 천재 수학자Reflections on Kurt Gödel』(Cambridge, MA: MIT Press,

1987)의 2쪽(원서 페이지에 해당).

41쪽 이것(양자역학)은 분명 성공적입니다. ······ : 프라인Michael Frayn이 지은 『코펜하겐Copenhagen』(New York: Anchor Books, 1998)의 71 ~ 72쪽.

43쪽 괴델의 발견에는 ······ 훨씬 원대한 귀결이 담긴 것으로 보인다": 윌리엄 배럿William Barrett이 지은 『비이성적 인간: 실존주의 철학의 한 연구Irrational Man: A Study in Existentialist Philosophy』(New York: Anchor Books, 1962, 1990)의 39쪽.

47쪽 젊은 시절의 종교적 낙원은 ······ : 위의 쉴프의 책, 5쪽.

제1장 실증주의자들 중의 플라톤주의자

60쪽 간단한 『괴델의 가족사History of the Gödel Family』: 바인가트너P. Weingartner와 쉬메터L. Schmetterer가 함께 편집한 『괴델의 회상Gödel Remembered: Salzburg 10~12 July 1983』(Napoli: Bibiopolis, 1987)에 수록되어 있다.

64쪽 "시작할 때부터 괴델은 ······": 도슨John Dawson이 지은 『논리적 딜레마Logical Dilemmas: The Life and Work of Kurt Gödel』(Wellesley, MA: A K Peters LTD, 1997)의 14쪽.

64쪽 "······ 체코슬로바키아의 치하에서는 스스로 망명객이라 여겼습니다.": 위의 도슨의 책, 15쪽.

64쪽 "정확성에 대한 흥미에 이끌려 ······": 위의 왕의 책(1987), 41쪽.

66쪽 존 도슨에게 괴델의 문서관리인이 되는 힘겨운 임무가 주어질 때까지 ······ : 위의 도슨의 책도 참조.

66쪽 논문 원고의 경우 투고하기로 약속하고 ⋯⋯ : 예를 들어 루돌프 카르납의 기념논문집에 실을 논문은 1953년에 보내겠다고 쉴프와 약속했다. 괴델은 "간단한 노트"라고 하면서 여섯 가지의 초고를 쓰고 이것들을 합쳐서 긴 원고를 만들었다. 그런데 1959년까지 새로 쓰기를 되풀이하더니 마침내 쉴프에게 그만두겠다고 말했다. 여섯 가지의 초고 가운데 둘은 괴델의 사후 "수학은 언어의 구문론인가? Is Mathematics the Syntax of Language?"라는 제목으로 괴델의 『전집Collected Works』, 제3권에 실려 출판되었다.

67쪽 히스테리적인 분별력: 솔로몬 페퍼맨Solomon Feferman은 이와 같은 괴델의 성격적 이중성에 대해 다음과 같이 썼다. "나는 한편으로 괴델의 업적에 깔린, 각 문제의 핵심으로 이끄는 자신의 통찰에 대한 확신과 결합된 강한 신념의 깊이와, 다른 한편으로 자신의 진정한 사고를 그토록 엄격한 굴레 속에서 표현한다는 자세 사이의 선명한 대조를 매우 놀랍게 여겼다." 섕커S. G. Shanker가 편집한 『괴델의 정리 집중분석Gödel's Theorem in Focus』(London: Croom Helm, 1988)의 111쪽에 실린 솔로몬 페퍼맨의 "쿠르트 괴델: 신념과 신중Kurt Gödel: Conviction and Caution" 참조.

69쪽 (내 경우에 비춰 볼 때): 2002년 12월 19일의 〈뉴욕타임스〉에 실린 골드스타인Rebecca Goldstein의 "작문의 작가들Writers on Writing: On the Wings of Enchantment" 참조.

70쪽 "내 친구 소크라테스여, 인생에서 인간은 아름다움 자체를 추구하며 살아야 합니다": 윌리엄 콥William S. Cobb이 번역한 『향연Symposium』(State University of New York, 1993)의 211d~211e 참조.

71쪽 처음에 괴델은 수론에 이끌렸는데 ⋯⋯ : 위의 왕의 책(1987), 22쪽.

73쪽 괴델의 위상은 그의 경력에서 가장 중요한 시기가 20세기 논리학의 가장 중요한 시기였고 ……: 야코 힌티카Jaakko Hintikka가 지은 『괴델에 대하여On Gödel』 (Belmont, CA: Wadsworth Thomson Learning, 2000) 1쪽.

80쪽 '중앙 카페의 이론': 야니크Alan S. Janik와 파이글Hans Veigl의 공저 『빈의 비트겐슈타인Wittgenstein in Vienna: A Biographical Excursion Through the City and its History』 (New York: Springer, 1998) 88쪽에 인용되어 있다.

82쪽 저명한 철학자 칼 포퍼Karl Popper도 …… 이 서클에는 발을 들여놓지 못했다: 에드몬즈David Edmonds와 에디나우John Edinow의 공저 『비트겐슈타인의 포커Wittgenstein's Poker: The Story of a Ten-Minute Argument Between Two Great Philosophers』(New York: HarperCollins, 2001)에는 포퍼가 빈서클에서 배제되고 내면적으로 비트겐슈타인에 적대감을 품은 데 대한 활발한 논의가 실려 있다.

83쪽 빈서클의 목소리는 ……: 위의 에드몬즈와 에디나우의 책, 163쪽.

84쪽 괴델은 자신의 정리를 …… 남들이 제대로 간파하지 못하는 것을 보고 낙담했다: 괴델은 멩거에게 보낸 편지에서 외적 논쟁을 꺼리는 성향 때문에 자신도 이런 오해에 영향을 준 점이 있음을 시인했다. "나는 자주 지치는 탓에 편지의 답장을 일주일 안에 쓰는 경우가 거의 없습니다. 하지만 이 경우에는 다른 특별한 이유도 있으며, 그것은 내가 빈서클과의 관계에 대해 쓰기를 항상 꺼렸다는 사실입니다. 논리실증주의는 흔히 1929년의 선언에 기술된 의미로 이해되지만 내 주의는 결코 그런 부류가 아니었습니다. 내가 논리실증주의자로 비쳐진 것은 여러 저술들 때문이며, 아마 내 자신의 잘못도 약간은 있을 것입니다." 위의 왕의 책(1987), 49쪽.

88쪽 "빈서클의 즐거운 분위기는 ……": 쉴프가 편집한 『루돌프 카르납의 철학The

Philosophy of Rudolf Carnap』(La Salle, IL: Open Court, 1963)에 실은 카르납의 "지적 자서전Intellectual Autobiography" 참조.

89쪽 각주 7: 볼츠만은 …… 통계학적으로 …… 열역학의 법칙을 이끌어 내는 데에 성공했다: 볼츠만의 생애와 업적에 대한 탁월한 논의는 린들리David Lindley가 지은 『볼츠만의 원자Boltzmann's Atom: The Great Debate That Launched A Revolution in Physics』(New York: Free Press, 2001) 참조.

89쪽 카르납은 특히 형식논리적 문제와 기법에 흥미를 느꼈던 바, …… : 플레밍Donald Fleming과 베일린Bernard Bailyn이 편집한 『지적 이주The Intellectual Migration: Europe and America, 1930-1960』(Cambridge, MA: Harvard University Press, 1969)의 635쪽에 실린 헤르베르트 파이글Herbert Feigl의 "미국의 빈서클The Wiener Kreis in America" 참조.

90쪽 성실함과 정직함이 뿜어져 나오는 듯 …… : 골랑Louise Golland과 맥기네스Brian McGuinness와 스클라Abe Sklar가 편집한 『빈서클과 수학적 토론의 추억 Reminiscences of the Vienna Circle and the Mathematical Colloquia』(Dordrecht: Kluwer, 1994)의 63쪽에 실린 카를 멩거의 글 참조.

90쪽 토론 도중 뭔가 새롭거나 더 알아보고 싶은 것이 떠오르면 …… : 위의 멩거의 글, 64쪽.

90쪽 슐리크는 특히 이 점을 못마땅해 했는데 …… : 위의 멩거의 글, 65쪽.

92쪽 "썩어 빠지고 무비판적인 귀족관료들과 …… ": 위의 멩거의 글, 61~62쪽.

93쪽 "이 논문은 우리의 철학 운동에 국제적으로 통용될 이름을 붙여 주었다": 위의 파이글Feigl의 글, 630쪽.

94쪽 순수수학의 진리들은 …… : 위의 파이글Feigl의 글, 652쪽.

97쪽 다소 음침한 방에서 ……: 위의 멩거의 글, 55쪽.

99쪽 이 집안은 …… 가문의 오스트리아판이라고 ……: 몽크Ray Monk가 지은 『루트비히 비트겐슈타인Ludwig Wittgenstein: The Duty of Genius』(New York: Penguin, 1990)의 72쪽.

104쪽 논쟁의 절정에서 우리는 엇갈렸습니다: 1913년 5월 27일 러셀Bertrand Russell이 모렐Ottoline Morrel에게 보낸 편지.

105쪽 각주 13: …… 가장 전형적인 빈 사람들로부터 따왔다: 야니크Allan S. Janik와 툴민Stephan Toulmin이 지은 『비트겐슈타인의 빈Wittgenstein's Vienna』(New York: Simon and Schuster, 1973)의 27쪽.

105쪽 부분적으로 그의 빈적인 사고방식 ……: 이는 위의 야니크와 툴민이 쓴 책의 지배적인 주제이다. "케임브리지대학교에서 그의 강의를 들은 우리들은 …… 그의 아이디어와 논증법과 토론 주제 등이 모두 완전히 독창적이란 점을 깨달았다. …… 그와 우리들 사이에 어떤 드넓은 지적 간격이 있었다면 이는 그의 철학적 방법론도 아니고 표현 스타일도 아니며, (우리가 생각했듯) 그의 주제가 독특하다거나 전대미문의 것이어서가 아니었다. 그것은, 이를테면, 문화적 충돌이었다. 그는 빈의 사색가로서 그의 지적 문제나 개인적 태도 등은 1914년 이전의 신칸트주의적neo-Kantian 환경에서 형성된 것이었으며, 거기에는 논리학과 윤리학이 서로 본질적으로 결합되어 있었고, 이 결합체는 다시 언어비판과도 결합되어 있었다. 반면 우리 학생들의 철학적 의문들은 신흄주의적neo-Humean 인 것들로서 …… 무어Moore와 러셀과 그 동료들의 경험주의에 의해 형성되었다.

105쪽 '참으로 전형적인 빈 사람': 위의 몽크의 책, 20쪽.

105쪽 러셀로부터 천재로 공인받을 때까지 ……: 위의 몽크의 책, 25쪽에는 다음과 같이 쓰여 있다. "1903년부터 1912년 사이에 비트겐슈타인이 되풀이해 떠올린 자살에 대한 생각은 러셀이 그를 천재로 공인한 뒤에야 비로소 누그러졌는데, 이 사실은 그가 바이닝거의 지상명제를 무서울 정도로 엄격하게 받아들였음을 보여준다.

109쪽 몇십 배나 더 기이하다: 위의 힌티카의 책, 3쪽. 여기서 힌티카는 논리학의 범위를 훨씬 뛰어넘어 실로 수학의 전 영역을 두고 이야기하고 있다.

111쪽 우리는 모순의 기원과 귀결을 ……: 비트겐슈타인이 지은 『수학의 기초에 관하여Remarks on the Foundations of Mathematics』(Cambridge, MA: MIT Press, 1967)의 110쪽.

112쪽 후기의 비트겐슈타인은 이런 분야 전체를 '저주'로 여기게 되었다: 예를 들어 그는 『수학의 기초에 관하여』의 155쪽에 다음과 같이 썼다. "수리논리학이 수학을 침공하면서 내린 저주로 인해 모든 명제는 수학적 기호들로 쓰일 수 있게 되었으며, 이에 따라 우리는 그것을 이해해야 한다고 느끼게 되었다. 하지만 이런 표기법은 사실 무미건조하고 모호한 일반적 표현을 그대로 번역한 것에 지나지 않는다."

114쪽 각주 16: 타고르는 당시 빈에서 아주 인기 있는 시인이었는데 ……: 위의 몽크의 책, 243쪽.

114쪽 각주 17: "괴델은 이 근본적 문제에 관해 카르납을 설득하지는 않았지만, ……": 『과학의 논리와 방법과 철학의 역사History of Logic, Methodology, and Philosophy of Science』(Vienna Institute for Advanced Studies)의 13절에 실린 쾰러Eckehart Köhler의 "괴델과 빈서클: 플라톤주의 대 형식주의Gödel and the Vienna Circle: Platonism versus Formalism" 참조. 이는 나중에 생커가 편집한 『괴델의 정리 집

중분석」에 인용되었다.

115쪽 "오늘도 여러분께 비트겐슈타인 씨의 새로운 생각을 전해 드리겠습니다. ……": 위의 야니크와 파이글Veigl의 책, 63쪽.

115쪽 "빈서클의 얼굴로 창조된 신비의 인물": 위의 몽크의 책, 284쪽.

116쪽 "슐리크는 그를 숭배했고 ……": 위의 파이글Feigl의 글, 638쪽.

116쪽 파이글Feigl은 누구와도 잘 어울리는 뛰어난 사교성을 갖고 있었기 때문이다 : 위의 멩거의 글, 66쪽.

116쪽 카르납에 대한 한없는 경외감 : 위의 멩거의 글, 66쪽.

117쪽 나는 언젠가 머리말에 몇 마디 적어 넣을까 …… : 위의 몽크의 책, 178쪽에 인용된 피케르Ludwig von Ficker에게 보내는 편지 참조. 이 편지에 날짜가 적혀 있지는 않지만 몽크는 1919년 11월 19일에 쓰였을 게 거의 확실하다고 말한다.

121쪽 "가냘프고 아주 조용한 젊은이였는데 ……": 위의 멩거의 글, 201쪽.

121쪽 "조금도 잘난 체 하지 않는 성실한 자세를 가졌으며 ……": 위의 파이글Feigl의 글, 640쪽.

122쪽 어떤 환원주의는 옳다. …… : 왕Hao Wang이 지은 『논리적 여행A Logical Journey: From Gödel to Philosophy』(Cambridge, MA: MIT Press, 1996) 참조.

125쪽 한 친구가 베토벤의 집을 방문했을 때 …… : 러셀이 모렐에게 쓴 1912년 4월 23일의 편지.

126쪽 …… 편도선을 절제하고 침울한 기분에 싸여 있었다 : 리즈R. Rhees가 편집한 『비트겐슈타인의 회상Recollections of Wittgenstein』(Oxford: Oxford Press, 1984)의 28~29쪽에 실린 파스칼Fania Pascal의 "비트겐슈타인: 개인적 추억Wittgenstein: A Personal Memoir" 참조.

129쪽 1970년대 초, 나는 슐리크서클에 대한 회상을 ……: 위의 멩거의 글, 230쪽.

130쪽 결정불능성의 증명은 오직 시시한 논리적 책략 또는 추론 기법으로 쓰일 뿐 ……: 관련된 구절은 『수학의 기초에 관하여』의 부록I의 19쪽에 나온다. "…… 그래서 P가 참이고 증명가능이라고 말한다. 그리고 이는 '그러므로 P이다'는 뜻일 것이다. 여기까지는 나도 좋다고 본다. 하지만 도대체 무슨 목적으로 이런 '단정'을 내리는가? 이는 마치 누군가 자연적 형상과 건축 스타일에 대한 어떤 원리들로부터 아무도 살 수 없는 에베레스트산에 바로크 스타일의 별장을 지을 아이디어를 얻어 낸 것과 같다. 이처럼 오직 시시한 추론 기법으로 쓰이는 것 말고는 아무런 용도도 없는 터에, 이런 단정의 진리성 따위로 뭘 설득시키겠다는 말인가?"

130쪽 결정불능명제에 관한 나의 정리에 대해서만 말하자면 ……: 위의 멩거의 글, 231쪽.

131쪽 "수리논리학에 대한 비트겐슈타인의 견해는 ……": 〈영국 과학철학 잡지 British Journal for the Philosophy of Science〉(IV, 1958)의 143~144쪽에 실린 크라이젤 Georg Kreisel의 "비트겐슈타인의 '수학의 기초에 관하여' Wittgenstein's 'Remarks on the Foundations of Mathematics'" 참조.

제2장 힐베르트와 형식주의자들

138쪽 그래서 기하학적 도형은 공간적 직관의 기호 또는 암기용 상징이며 ……: 힐베르트 David Hilbert의 "Mathematische Probleme. Vortrag, gehalten auf dem internationalen Mathematischer-Kongress zu Paris 1900" 참조. Nachrichten von der Könglichen Gesellschaft der Wissenschaften zu Göttingen, 253~297. 영역은 브로우더Felix Browder가 편집한 〈순수수학 제28회 심포지엄 회보 제1·2부Proceedings of Symposia in Pure Mathematics XXVIII, parts 1 and 2〉(Providence, RI: American Mathematical Society, 1976)에 실린 "힐베르트의 문제가 야기한 수학적 발전Mathematical Developments Arising from the Hilbert Problems" 참조.

143쪽 "수학에서 우리는 언제나 자체적으로 완전한 계를 추구해야 한다": 프레게Gottlob Frege의 『개념표기법, 산술에 기초한 순수사고의 형식언어』 Begriffsschrift, eine der arithmetischen nachgebildete Normalsprache des reinen Denkens (Halle: Nebert, 1879) 참조. 영역은 하이예누Jean van Heijenoort가 편집한 『프레게에서 괴델까지 From Frege to Gödel: A Source Book in Mathematical Logic, 1879~1931』(Cambridge, MA: Harvard University Press, 1967)의 279쪽 참조.

143쪽 "만일 수학이 이런 계를 만드는 데에 실패한다면 다른 어떤 과학보다 더 짙은 모호함에 휩싸일 것이다": 위의 하이예누의 책, 242쪽.

151쪽 "수학은 일정한 규칙에 따라 무의미한 기호를 나열하는 게임이다": 필리즈John de Pillis와 로즈Nick Rose의 공저 『수학의 격언Mathematical Maxims and Minims』 (Raleigh, NC, 1988)에 인용되어 있다.

158쪽 여러 역설들과 마주친 현재의 상황은 참으로 견디기 힘들다. ····· : 베너세러프 Paul Benacerraf와 퍼트넘Hilary Putnam이 함께 편집한 『수리철학Philosophy of Mathematics』(Englewood Cliffs, NJ: Prentice-Hall, 1964)의 141쪽에 실린 힐베르트의 "무한대에 대하여On the Infinite" 참조. 이는 1925년 6월 4일 뮌스터 Münster에서 열린 베스트팔렌수학회의 학회에서 카를 바이어슈트라스Karl

Weierstrass를 기리면서 행한 강연의 영역으로, 『수학연보Mathematische Annalen』(Berlin)(no. 95 (1925))의 161~190쪽을 퍼트넘Erna Putnam과 마세이 Gerald J. Massey가 함께 번역했다.

제3장 불완전성의 증명

164쪽 수학에 증명원리Verification Principle를 적용하는 것이었다: 위의 몽크의 책, 295쪽.

171쪽 각주 2: "수학적으로 볼 때 완전성정리는 사실 스콜렘Skolem이 1922년에 쓴 「공리적 집합론에 대한 소고」의 사소한 귀결이나 마찬가지입니다. ……": 왕Hao Wang이 지은 『수학에서 철학까지From Mathematics to Philosophy』(New York: Humanities Press, 1974)의 8~9쪽.

175쪽 한스 라이헨바흐가 작성한 이 학회에 대한 보고서에서도 괴델에 대한 언급은 찾아볼 수 없다: 라이헨바흐의 보고서는 "Die Naturwissenschaften, Vol. 18 (1930)"의 1093~1904쪽에 실려 있다.

177쪽 괴델은 학회가 끝나도록 제2불완전성정리의 증명을 완성하지 못했다: 섕커S. G. Shanker가 편집한 『괴델의 정리 집중분석Gödel's Theorem in Focus』(London: Croom Helm, 1988)의 91쪽 각주 2에 실린 도슨John Dawson의 "괴델의 불완전성정리에 대한 반응The Reception of Gödel's Incompleteness Theorems" 참조.

177쪽 '괴델의 발견'을 이미 들은 터에, 어떻게 카르납은 자신의 옛 주장에만 매달릴 수 있었을까?: 괴델의 제1불완전성정리에 대한 초기의 무관심에 가까운 반응에 관한 상세한 논의는 위의 도슨의 자료 참조.

178쪽 과학에서 …… 새 이론은 오직 그 전망에서 유래한 저항으로 드러나는 어려움과 함께 떠오른다: 쿤Thomas Kuhn이 지은 『과학혁명의 구조The Structure of Scientific Revolutions』 64쪽.

197쪽 다음으로 우리가 사용할 것은 '대각도움정리diagonal lemma'라고 부르는 것이다: 위의 힌티카의 책, 33쪽.

204쪽 무한 다루기는 오직 유한을 통해 파악될 수밖에 없다: 위의 베너세라프와 퍼트넘이 함께 편집한 『수리철학』 151쪽.

206쪽 괴델은 생애의 마지막으로 펴낸 논문: "Über eine Bisher Noch Nicht Benutzte Erweiterung des Finiten Standpunktes", Dialectica 12 (1958), pp. 280~287.

206쪽 파울 베르나이즈Paul Bernays(1888~1977)는 괴델의 증명이 나오기 전부터 그 자신 역시 형식체계의 완전성에 대해 의문을 품었다: 1966년 8월 3일 베르나이즈Constance Reid Bernays에게 쓴 편지에 나오며 위의 도슨의 책(1997), 72쪽에 인용되어 있다.

207쪽 감각이 완전할 수 없는 것과 정확히 대조적으로 수학은 불완전할 수 없다: 위의 비트겐슈타인의 책(1967), 158쪽.

208쪽 "어떤 계산도 철학적 문제를 결정할 수 없다. ……": 『철학적 소고Philosophical Remarks』 296쪽.

209쪽 "나의 임무는, 예컨대 괴델의 증명에 대해 말하려는 게 아니라, 오히려 이를 우회하는 것이다.": 『수학의 기초에 관하여』, 제5부 16쪽.

210쪽 "…… 신비로운 것들은 바로 이것들이다.": 『논리철학논고』 명제 6.522.

214쪽 각주 9: …… 괴델이 어떻게 자신의 지적 생활에 들어왔는지…… : 바인가르너P.

Weingartner와 쉬메터L. Schmetterer가 함께 편집한 『괴델의 회상Gödel Remembered: Salzburg 10~12 July 1983』(Naples: Bibliopolis, 1987)의 52쪽에 실린 클레니Stephen Kleene의 "1930년대의 논리학 학생들에게 비친 괴델의 인상Gödel's Impression on Students of Logic in the 1930's" 참조.

215쪽 각주 10: "이것은 그 내용보다 누군가를 혼란케 한다는 것 때문에 기이한데, ……": 다이아몬드Cora Diamond가 편집한 『Notes of R. G. Bosanquet, Norma Malcolm, Rush Rhees, Yorick Smythies』(Ithaca, NY Cornell University Press, 1976)에 실린 "수학의 기초에 대한 비트겐슈타인의 1939년 케임브리지대학교 강의Wittgenstein's Lectures on the Foundations of Mathematics: Cambridge 1939" 강의 21, 206~207쪽 참조.

218쪽 내가 보기에 괴델의 정리는 기계론mechanism이 오류임을 증명한 것 같고 …… : 『철학Philosophy』(36, 1961)의 112쪽에 실린 루카스J. R. Lucas의 "마음과 기계와 괴델Minds, Machines, and Gödel" 참조.

220쪽 괴델의 정리가 해낸 일은 무엇일까? …… : 펜로즈Roger Penrose가 지은 『마음의 그림자Shadows of the Mind: A Search for the Missing Science of Consciousness』(Oxford: Oxford University Press, 1994), 64~65쪽.

222쪽 "인간의 지성이 모든 기계를 초월하거나 ……": 위의 왕의 책(1974), 324쪽.

224쪽 "망상은 고도로 발전된 합리화의 구도 속에서 체계화될 수 있으며, ……": 프레이지어Shervert H. Frazier와 카Arthur C. Carr가 함께 지은 『정신병리학개론Introduction to Psychopathology』(Jason Aronson, 1983)의 106쪽.

224쪽 "편집증에 걸린 사람은 비이성적으로 이성적이다. ……": 2003년 10월 7일 노스웨스턴대학교Northwestern University의 임상심리학 조교수 앤더슨James W.

Anderson과의 개인적 대화.

제4장 괴델의 불완전성

230쪽 괴델은 최소한 고등과학원의 한 동료, 철학자 모턴 화이트Morton White에게 ……: 2002년 화이트와의 개인적 대화.

233쪽 각주 3: 하오 왕에 따르면 1970년에 작성된 것으로 보이는 이 목록에는 ……: 위의 왕의 책(1987), 9쪽.

234쪽 "괴델은 …… 아마 더욱 많이 펴냈을 것이다. ……": 위의 왕의 책(1987), 29쪽

236쪽 괴델은 둘째 논문을 이 책에 맞도록 개정하고 확장했으며 ……: 원본은 〈아메리칸 매스매티컬 먼슬리American Mathematical Monthly〉(54, 1947)의 515~525쪽에 실렸다. 이 원본은 폴 코헨이 연속체가설은 집합론의 공리로부터 도출될 수 없다는 점을 증명하기 전에 출판되었다.

241쪽 미국에 다시 온 괴델은 전보다 더 위축되어 있었지만, …… : 위의 멩거의 글, 205쪽.

244쪽 "괴델이 교수로 불리지 못한다면 우리 가운데 어느 누가 교수라고 불릴 수 있나?": 울람Stanislaw M. Ulam이 지은 『수학자의 모험Adventures of a Mathematician』(New York: Charles Scribner's Sons, 1976) 80쪽. 도슨이 지적했듯(Dawson 1997, p. 302, note 462), 괴델 자신은 공적으로는 물론 사적 대화나 편지 등에서 그의 지위에 대해 불평을 한 적이 전혀 없었던 것으로 보인다는 사실은 특기할 만하다.

244쪽 "괴델은 아델레 포케르트와 1938년 9월 20일에 결혼했다. ……" : 위의 왕의 책(1988), 47쪽 각주 7.

247쪽 그는 교수직의 취소에 대해 불만을 터뜨렸고 침해된 권리에 대해 이야기했다. …… : 위의 멩거의 글, 123쪽.

248쪽 "베르크만 씨는 어떻게 미국에 오시게 되었습니까?": 위의 도슨의 책(1997), 90쪽.

248쪽 여름 내내 괴델로부터 아무 소식이 없었다. …… : 위의 멩거의 글, 124쪽.

250쪽 "그의 경우 거의 전례가 없습니다. ……": 위의 도슨의 책(1997), 148쪽.

263쪽 …… 비표준해석이 수리논리학자들 사이의 일시적 유행이 아니며 …… : 위의 도슨의 책(1997), 244쪽.

267쪽 "괴델은 또한 위대한 지성과 독창성과 학식과 영향력을 가진 많은 과학자들도 ……": 화이트Morton Gabriel White가 지은 『한 철학자의 이야기A Philosopher's Story』(University Park, PA: Pennsylvania State University Press, 1999) 303쪽.

269쪽 자주는 아니지만 프린스턴에 갈 때면 언제나 나는 괴델과 오랫동안 이야기를 나누었다 : 위의 멩거의 글, 226쪽.

270쪽 "도대체 누가 라이프니츠의 저작을 파기하고자 했단 말입니까?": 위의 멩거의 글, 19쪽.

272쪽 그는 또한 누군가 자신을 죽이려 하며 ……: 위의 도슨의 책(1997), 249~250쪽.

272쪽 오늘 …… 쿠르트 괴델이 다시 전화를 걸어와 …… : 듀크대학교Duke University의 퍼킨스메모리얼도서관Perkins Memorial Library에 있는 "쿠르트 괴델, 1974~1977"이란 제목의 폴더에 들어 있는 모르겐슈테른의 논문들 참조.

274쪽 …… 괴델은 의심의 눈초리를 보내며 ……: 위의 왕의 책(1987), 133쪽.

274쪽 '나는 긍정적 결정을 내리는 기능을 잃어버려서 오직 부정적 결정밖에 못 내린다네': 위의 왕의 책(1987), 133쪽.

274쪽 "세상을 뜨기 전 괴델의 몸무게는 겨우 30킬로그램에 지나지 않았다고 합니다. ……": 위의 왕의 책(1987), 133쪽.

278쪽 각주 15: 2004년 1월 1일 〈뉴욕타임스〉의 특집란에 실린 그린Brian Greene의 "우리가 알았다고 생각했던 시간The Time We Thought We Knew".

281쪽 "이 우주들의 시간적 조건은 …… 놀라운 모습을 드러내며 ……": 쉴프Paul Arthur Schilpp가 편집한 『알베르트 아인슈타인, 철학자-과학자Albert Einstein, Philosopher-Scientist』(New York: MJE Books, 1949)의 560쪽에 실린 괴델의 "상대성이론과 이상적 철학 사이의 관계에 대한 소고A Remark About the Relationship Between Relativity Theory and Idealistic Philosophy" 참조.

281쪽 어떤 물리적 이유 때문에 결국 배제되지 않을까 하는 예상을 했다: 위의 쉴프의 책(1949), 687~688쪽.

283쪽 나중에 알고 보니 괴델은 증거를 얻기 위한 준비작업으로 스스로 엄청난 『허블 은하 도감The Hubble Atlas of Galaxies』을 섭렵했던 것으로 밝혀졌다: 번스타인Jeremy Bernstein이 지은 『양자 소묘Quantum Profiles』(Princeton, NJ: Princeton University Press, 1991)의 140~141쪽.

284쪽 철학에서 괴델은 그가 찾던 것, 곧 새로운 세계관과 그 성분 및 구성규칙을 결국 얻어 내지 못했다. ……: 위의 왕의 책(1987), 46쪽.

284쪽 괴델은 또한 세상을 새로운 빛으로 비춰 볼 (계시나 갑작스런 깨달음과 같은) 통찰을 고대했지만 끝내 얻지 못했다. ……: 위의 왕의 책(1987), 196쪽.

참고 문헌

내 앞뒤의 많은 사람들처럼 나도 괴델의 불완전성정리를 그의 유명한 1931년 논문 자체가 아니라 네이글Ernest Nagel과 뉴먼James R.Newman의 명저 『괴델의 증명Gödel's Proof』(New York: New York University Press, 1968)을 학부시절에 읽음으로써 정식으로 접하게 되었다. 이는 불완전성정리의 증명을 다룬 책 가운데 가장 널리 알려진 것의 하나이지만 그 핵심을 꽤 깊이 이해할 수 있도록 설명해 준다. 이 책으로 나의 세계는 흔들렸으며, 최근 몇 년 동안 되풀이해 읽으면서 또다시 깊은 감명을 받았다. 작지만 경이로운 책으로, 하나의 고전이라 할 수 있다.

야코 힌티카Jaakko Hintikka의 아주 얇은(70쪽) 책 『괴델에 대하여On Gödel』(Belmont, CA: Wadsworth Thomson Learning, 2000)도 비전문가에게 괴델의 증명을 집약적이면서도 선명하게 제시해 준다. 본격적인 괴델의 증명처럼, 힌티카의 증명도 자족적(自足的)이어서 논리학에 대한 사전지식은 불필요하다. 그는 유머감각도 뛰어나다.

이 논리학자의 생애에 관한 한 존 도슨John Dawson의 『논리적 딜레마Logical Dilemmas: The Life and Work of Kurt Gödel』(Wellesley, MA: A K Peters LTD, 1997)가 명쾌한 선택이다. 논리학자이자 괴델의 문서관리인이기도 한 도슨은,

아내가 괴델의 속기를 공부하여 번역해 낼 수 있게 되었으므로, 괴델의 생애를 누구보다 더 잘 펴낼 위치에 올라섰다고 볼 수 있다. 고등과학원의 수학자 아르망 보렐Armand Borel은 괴델의 미망인이 괴델의 유품문서를 모두 고등과학원에 기증했을 때 허술한 박스 속에 마구 뒤섞여 있었는데, 한 젊은 친구(도슨)가 제대로 정리할 것을 제안했다고 내게 말했다. 이어서 "그는 잘 해냈다고 들었습니다"라고 덧붙였는데, 정말 그랬다고 여겨진다.

존 도슨은 괴델에 대해 두 편의 논문을 펴내기도 했으며, 모두 읽기도 쉽고 흥미롭다. "쿠르트 괴델의 정밀분석Kurt Gödel in Sharper Focus"과 "괴델의 불완전성정리에 대한 반응The Reception of Gödel's Incompleteness Theorems"이 그것인데, 둘 다 섕커Stuart Shanker가 편집한『괴델의 정리 집중분석Gödel's Theorem in Focus』(London: Croom Helm, 1988)에 실려 있다. 섕커의 책에는 페퍼맨Solomon Feferman의 "쿠르트 괴델: 신념과 신중Kurt Gödel: Conviction and Caution" 등 다른 흥미로운 논문들도 많다.

하오 왕Hao Wang은 괴델의 마음을 솎아 낸 자료들로부터 조금 기이하지만 흥미를 자아내는 세 권의 책을 썼다.『수학에서 철학으로From Mathematics to Philosophy』(New York: Humanities Press, 1974),『괴델의 삶Reflections on Kurt Gödel』(Cambridge, MA: MIT Press, 1987),『논리적 여행A Logical Journey: From Gödel to Philosophy』(Cambridge, MA: MIT Press, 1996)이 그것들로, 왕이 괴델과 나눈 대화를 자세히 다루고 있으며, 여기에 괴델의 생애를 적절히 짜 넣었고, 괴델과 토론한 주제에 대한 자신의 견해도 기술했다. 이 책들의 구조적 결함은 내용으로 보상된다.

빈에서부터 괴델을 알아 온 사람들이 쓴 회상록도 몇 권 있으며, 모두 나름대로 매력적이며 감동적이다. 가장 먼저 게오르크 크라이젤Georg Kreisl의 "쿠르트 괴델: 1906~1978Kurt Gödel: 1906~1978"을 들 수 있는데, 이는 〈왕립학회회원의 자전적 회상록Biographical Memoirs of Fellows of the Royal Society〉(Vol. 26, 1980)의 148~224쪽에 실려 있다. 저명한 수리논리학자인 크라이젤은 학생시절부터 비트겐슈타인을 잘 알아 왔으며, 나중에 프린스턴에서 괴델에 대해서도 그랬다는 점에서 독특한 관점을 갖게 되었다. 카를 멩거Karl Menger는 한스 한Hans Hahn이 아끼는 제자로 괴델과 함께 빈서클에 들어갔다. 괴델과 직접 대면하면서 얻게 된 그의 소중한 추억들은 루이 골랑Louise Golland과 브라이언 맥기네스Brian McGuinness와 에이브 스클라Abe Sklar가 편집한 『빈서클과 수학적 토론의 추억Reminiscences of the Vienna Circle and the Mathematical Colloquium』(Dordrecht: Kluwer, 1994)에 "쿠르트 괴델의 회상 Memories of Kurt Gödel"이란 제목으로 실려 있다. 수론가로 역시 학생시절부터 괴델을 알아 온 올가 타우스키-토드Olga Taussky-Todd도 "쿠르트 괴델의 추억Remembrances of Kurt Gödel"이란 글을 썼으며 이는 『괴델의 회상Gödel Remembered: Salzburg 10~12 July 1983』(Naples: Bibiopolis, 1987)에 수록되어 있다.

최근의 석학들이 각자의 창조적 과학 분야에서 괴델의 정리를 어떻게 적용하고 있는지에 관심이 있는 분들에게는 로저 펜로즈Roger Penrose의 『황제의 새 마음: 컴퓨터, 마음, 물리법칙에 관하여Emperor's New Mind: Concerning Computers, Minds, and the Laws of Physics』(New York: Penguin, 1989)와 『마음의 그림자: 놓쳐 버린 의식의 과학을 찾아Shadows of the Mind: A Search for the Missing Science of Consciousness』(Oxford: Oxford University Press, 1994)를 권한다. 괴

델처럼 펜로즈도 확고한 수학적 플라톤주의자이며, 불완전성정리를 괴델과 똑같이 해석한다. 또한 이 책들에는 괴델이 시작한 분야에 대한 앨런 튜링Alan Turing의 기여, 망델브로 집합Mandelbrot set, 펜로즈 자신의 발견으로 평면을 빈틈없이 덮는 타일에 대한 연구 등 다른 수많은 흥미로운 수학 이야기들이 실려 있는데, 이 모두가 그 자신의 논리에 따라 플라톤주의를 지향하면서 펼쳐진다. 펜로즈가 제시하는 넓은 논의의 핵심은 (우리가 갖게 되었다는 점 자체부터 놀랍게 여겨지는) 수학적 지식들은 물리적 법칙들이 지금껏 우리가 품어 왔던 것과는 근본적으로 전혀 다른 성격을 띤다는 사실에 대한 뚜렷한 증거라는 것이다.

퓰리처상Pulitzer prize의 영예에 빛나는 더글러스 호프스태터Douglas Hofstadter의 『괴델, 에셔, 바흐: 영원한 황금 노끈Gödel, Escher, Bach: The Eternal Golden Braid』(New York: Basic Books, 1974)은 자기언급성에 대한 활기찬 놀이터와 같다. 호프스태터는 제목이 약속한 대로 논리학과 미술과 음악의 아이디어를 한데 엮어 경탄할 만한 작품을 일궈 냈다. 지난 몇 년 사이에 사람들이 내게 요즘 무슨 연구를 하고 있는지 물으면 나는 "괴델"이라고 대답했다. 그러면 사람들은 의아해 하면서 아무 말도 하지 않은 채 나를 응시했는데, 이어서 내가 호프스태터가 쓴 이 베스트셀러의 제목을 대면 곧바로 미소를 띠면서 "아, 그래요"라고 응답하곤 했다.

수리논리학자 레이먼드 스멀련Raymond M. Smullyan은 논리학의 주제들, 특히 자기언급적 역설들에 대한 경쾌하고도 재치 있는 책들을 많이 펴냈다. 그가 쓴 『괴델의 불완전성정리Gödel's Incompleteness theorems』(Oxford Logic Guides, no. 19, 1995)에는 그의 독특한 명료함과 열정이 잘 드러나 있는

데, 여기에서 그는 자신을 포함한 괴델 이후의 여러 논리학자들이 개발한 여러 기법들을 활용하는 다양한 각도에서 이 정리에 접근하고 있다. 나아가 이 책은 그 증명의 여러 미묘한 점들, 예를 들어 그 자신의 증명불능성에 대한 조건을 말해 주는 산술적 명제들의 기이함 등에 친숙해질 수 있도록 도움을 주는 문제들도 담고 있다. 기호논리학을 한 학기 정도 수강했다면 이 책을 읽기에 충분한데, 그런 배경이 없다면 형식논리학에 대한 좋은 책, 예를 들어 스멀련의 『일차논리학 First-Order Logic』(Dover, 1992) 등으로 대신할 수 있었다.

끝으로 괴델 자신의 저술들, 몇 가지의 출판된 것들과 출판되지 않은 수많은 것들이 있다. 이것들은 솔로몬 페퍼맨 Solomon Feferman 등이 편집한 『전집 Collected Works』(Oxford: Oxford University Press, 1986~)에 실려 있으며, 현재까지 세 권이 발행되었다.

감사의 글

이 책의 출판에 대한 전반적인 일을 도맡아 처리해 준 티나 베네트Tina Bennett가 보기에 아직도 내가 모르는 뭔가 부족한 점이 있을까? 이 책이 나오게 된 데에는 티나의 아낌없는 뒷받침이 결정적 역할을 했다.

나는 쿠르트 괴델에 대한 추억들을 내게 나누어 준 존 바콜John Bahcall, 폴 베너세러프Paul Benacerraf, 아르망 보렐Armand Borel, 토마스 네이글Thomas Nagel, 모턴 화이트Morton White께 특히 깊은 감사를 드린다. 이 모든 분들은 귀한 시간을 기꺼이 할애해 주셨다. 사이먼 코첸Simon Kochen은 오랜 시간 동안 대화에 응해 주셨을 뿐 아니라 완성된 원고도 전반적으로 검토해 주셨다. 그러는 동안 몇 가지 전문적 실수를 바로잡아 주신 것과 내 질문에 이메일로 친절히 대답해 주신 데 대해 다시금 감사한다. 베렐 랭Berel Lang도 이 원고를 읽어 주셨는데, 그의 지적들 또한 예리하고도 중요했으며 큰 도움이 되었다.

괴델의 문서관리인인 존 도슨John Dawson께도 감사를 드린다. 그는 이 일을 맡아 엄청난 수고를 함으로써 많은 학자들의 연구를 가능하게 해 주었다. 또한 어떤 질문에든 빠르게 응답해 주신 데에도 감사드린다.

여느 때와 마찬가지로 물리학자이자 철학자인 셸던 골드스타인Sheldon

Goldstein의 통찰도 헤아릴 수 없이 귀중했다. 그는 내가 수리논리학에 들어설 때 다른 어느 누구보다 큰 도움이 되었다. 추상적 사고의 아름다움과 우아함을 그와 같이 되살려 줄 사람은 지구상에 다시 없을 것으로 여겨진다. 스티븐 핑커Steven Pinker는 초기의 미숙한 원고를 기꺼이 점검해 주었는데, 내가 "일반적이면서도 전문적인 글쓰기"의 감각을 가다듬는 데에 그의 언급과 격려는 큰 힘이 되었다. 내가 이 작업을 내팽개칠 때 야엘 골드스타인Yael Goldstein은 일종의 성스러운 충고와 실질적인 비평과 안내를 제시하면서 조용히 다시 키보드 위에 올려놓았다. 이와 같은 도움이 없었더라면 말 그대로 이 책은 결코 써지지 못했을 것이다.

따라서 나는 이 책을 감사와 사랑과 말문이 막힐 정도의 경탄과 함께 그녀에게 바친다.

옮긴이의 글

사람마다 견해는 다르겠으나 이 책이 다룬 불완전성정리는 흔히 '20세기 최고의 정리'라고 일컬어지며, 이를 이끌어 낸 괴델은 '천 년에 한 번 나올 천재 논리학자' 또는 '아리스토텔레스 이후 최고의 논리학자'라는 칭송을 받는다. 이 정리는 거기에 담긴 수학적 및 철학적 중요성이 극히 심대하여 수학 자체는 물론 인간 정신의 발길이 닿는 거의 모든 영역에 걸쳐 참으로 깊은 영향을 미쳤다.

지은이는 이와 같은 불완전성정리의 의의에 대해 책 전반에 걸쳐 괴델의 생애 및 철학적 배경과 엮어 가며 이야기하고 있다. 특히 지은이가 기본적으로 철학을 전공한 작가이기 때문에 이 가운데서도 불완전성정리와 괴델의 괴이하게도 불행한 생애의 배경에 깔린 철학적 바탕을 밀도 있게 파헤치고 있다.

괴델이 신봉했다고 하는 '수학적 실재론'은 수학이(또는 수학자가) 수학적 대상을 창조(발명)하는 게 아니라 발견한다고 본다. 따라서 이게 사실이라면 이 대상들은 발견되기 전부터 어떤 의미로든 '존재'하고 있어야 한다. 여기에 플라톤의 이데아 개념을 가미하면 이 대상들은 인간의 오감으로 느낄 수 있는 현실세계가 아니라 오직 지성으로만 파악할 수 있는 특별한 세계에서 영원한 이상형 또는 원형으로 존재한다고 여겨지며, 이런 뜻에서 수학적 실재론은 '수학적 플라톤주의'라고 불리기도 한다. 이 견해에 따르면 우리가 현실세계에서 보는 '삼각형의 물체'나 '원형의 물체'는 진정한 삼각형이나 원이 아니다. 이런 것들의 원형인 '완전한 삼각형'과 '완전한 원'은 현실계에 직접 드러나지도 않고, 따라서 인간이 창조할 수도 없고, 오직 수학자들의 직관과 탐구심을 통해 파악될 수 있을 따름이다. 괴델도 이런 믿음을 거의 직접적으로 피력한 적이 있다.

"집합을 비롯한 수학적 개념들은 …… 우리의 정의나 이론구성과 독립적으로 존재하는 …… 실체들로 봐도 좋을 것이다. 내가 보기에 이런 실체들을 가정하는 데에는 현실세계의 물리적 실체들을 긍정하는 데에 못지않은 이유와 타당성이 있다." (쉴리프Paul Arthur Schilpp가 편집하고 Evanston and Chicago 출판사가 1944년에 발행한 『버트런드 러셀의 철학The philosophy of Bertrand Russell』 137쪽에 실린 괴델의 에세이 "러셀의 수리논리학Russell's Mathematical Logic"에서 인용)

괴델은 고등과학원에서 아인슈타인과 27세의 나이 차에도 불구하고 서양인 특유의 친구관계를 유지하며 지내는데, 많은 사람들은 둘 사이에 어떤 요소가 이처럼 긴밀한 관계를 엮고 있는지 궁금해한다. 지은이는 아인슈타인도 괴델의 수학적 실재론에 상응하는 '물리적 실재론'을 품었고, 이것이 그 비밀이었다고 주장한다. 이와 같은 지은이의 설명에는 나름대로 강한 설득력이 있지만 어딘지 미진한 데가 있기도 하다. 하지만 이를 상세히 다루자면 이 책에 대한 전반적 이해와 다른 탐구가 필요할 것이며, 철학적 논의의 본질상 명확한 답을 얻기도 힘들다. 따라서 이런 부분에 대한 판단은 독자들께 맡기고, 여기서는 그 과정에 도움이 되도록 불완전성정리에 관한 몇 가지 사항을 보충하고자 한다.

자기부정적 역설

우선 주목할 것은 불완전성정리와 역설 사이의 관계이다. 이 책의 첫 부분에 소개된 표현을 인용하면 제1불완전성정리는 "수론에 적합한 어떤 형식체계에나 결정불능의 식, 곧 그 자체는 물론 그 부정도 증명할 수 없는 식이 존재한다"는 것이고, 제2불완전성정리는 "수론에 적합한 어떤 형식체계의 일관성(무모순성)은 그 체계 안에서는 증명할 수 없다"는 것이므로, 불완전성정리의 내용 자체는 역설과 무관하다. 하지만 괴델은 이 정리를 증명하는 과정에서 '리샤르의 역설'에 담긴 구조를 절묘하게 이용했으며, 이 때문에 불완전성정리에 관한 모든 자료들은 역설에 대한 설명을 필수적으로 담고 있다.

그런데 리샤르의 역설은 이른바 '자기언급적 역설self-referential paradox'의 하나이며, 지금껏 이런 역설에 대한 모든 설명은 그 근원이 '자기언급self-reference'에 있다고 지적한다. 이런 역설의 원형이라 할 '에피메니데스의 역설'은 "어떤 크레타인이 '모든 크레타인은 거짓말쟁이다'라고 말했다"라고 옮길 수 있으며, 이를 더 간단히 바꾼 '거짓말쟁이역설'은 흔히 "내 말은 거짓말이다"라고 나타낸다. 이 두 문장에서의 '화자(話者)'는 모두 자신이 거짓말쟁이라고 말하는 셈이며, 이것이 바로 자기언급(적 구조)

이다.

　하지만 여기서 한 단계 더 나아가 주목할 것은 이런 역설의 원인은 단순한 자기언급이 아니라 '자기부정'에 있다는 점이다. 예를 들어 거짓말쟁이역설의 표현을 긍정적으로 바꿔 보자. 그러면 이는 "어떤 크레타인이 '모든 크레타인은 참말만 한다'라고 말했다" 또는 "내 말은 참말이다"는 게 되는데, 이 표현들도 분명 자기언급이기는 하지만 역설은 전혀 아니다. 이보다 조금 더 복잡한 '러셀의 역설'은 "'자신의 원소가 아닌 모든 집합들의 집합'은 자신의 원소일까?"라는 것인데, 이것도 "'자신의 원소인 모든 집합들의 집합'은 자신의 원소일까?"라는 긍정적 자기언급의 형태로 바꿔 놓고 보면 당연히 답은 "예"이고 따라서 전혀 역설이 아니다. 나아가 리샤르의 역설은 물론 다른 모든 자기언급적 역설도 마찬가지로 분석된다. 또한 역설은 아니지만 일상적 농담에서도 비슷한 현상을 볼 수 있는데, "술 취한 사람이 안 취했다고 한다"와 "미친 사람이 안 미쳤다고 한다"는 말들도 자기부정이기 때문에 농담이 될 수 있는 것이며, "범인이 범행을 부인한다"는 행위도 자기부정이기 때문에 문제가 된다.

　이처럼 자기언급적 역설의 진정한 본질은 단순한 자기언급이 아니라 자기부정에 있는데, 특기할 것은 자기부정은 자기언급을 포괄한다는 점이다. 한편 이 사항은 옮긴이가 처음 지적한 것이라서 외국 자료에도 이에 대한 전문어로서의 영어 표현이 없지만, 일상적 표현인 'self-denial'을 원용하여 '자기부정적 역설 self-denying paradox'로 부르면 가장 무난하리라 여겨진다.

존재는 모순 속에 피는 꽃

　이 책에서는 다섯 가지의 역설(에피메니데스의 역설, 거짓말쟁이역설, 러셀의 역설, 리샤르의 역설, 칸토어의 역설)이 소개되며, 이 가운데 칸토어의 역설만 자기부정적 역설이 아니다. 하지만 수학기초론과 관련된 역설은 이 밖에도 꽤 많다. 그리하여 이런 역설들을 보노라면 "과연 가장 단순하면서도 근원적인 역설은 무엇일까?"라는 의문이 떠오름을 느낀다.

　그 답으로는 역시 "내 말은 거짓말이다"로 표현되는 거짓말쟁이의 역설이 첫손가락에 꼽힐 듯싶다. 그런데 옮긴이의 생각에는 신기하게도 '무(無)'라는 단 하나의 글자로 표현되는 관념이야말로 그 정답으로 여겨진다. '무'는 말 그대로 하자면 '아무것도 없음'이어야 한다. 그러나 일단 '무'라는 이름은 있으므로 '아무것도 없음'이 되지 못하며(명목적 측면), 나아가 진정한 무라면 '아무것도 없음'이라는 상황마저도 없어야 하는데, 그러자면 오히려 거기에 뭔가 있어야 한다는 결론이 나오므로(실체적 측면), 결국 무는 가장 단순한 모순이자 역설이다.

　무는 기본적으로 철학적 관념이다. 모든 문화에서 수학이나 과학이 발달하기 전부터 이미 깊은 사유의 대상으로 꼽혔기 때문이다. 나중에 수학이 발달하면서 무는 '영(零)'과 '공집합', 그리고 과학이 발달하면서 '진공'으로 거듭났다. 그런데 영, 공집합, 진공 등이 분명 무를 나타내기는 하지만 실제로 이것들이 완전히 무의미한 것으로 여겨지지는 않으며, 오히려 놀랍게도 가장 근본적이고도 원초적인 관념으로 자리 잡았다고 봄이 타당하다. 수학자 폰 노이만이 모든 수를 공집합으로부터 도출한 것, 현대물리학의 핵심인 양자역학의 결론에 따르면 진공도 '진짜 텅 빈 곳'이 아니라 우주의 원천으로 해석된다는 것은 그 단적인 예이다.

한편 무에 대한 또 한 가지 흥미로운 해석은 '무에서의 창조creatio ex nihilo'라는 관념에서 얻을 수 있다. 이 관념은 성경의 창세기에 따를 때 "신은 세상을 무에서 창조했다"는 점을 가리킨다. 그런데 성경뿐 아니라 다른 고대의 전설에도 비슷한 이야기가 많이 나오므로 꼭 성경에 국한된 관념은 아니다.

어쨌든 '무에서의 창조'에 따르면 만유는 무에서 탄생했다. 그렇다면 여기서 "만유의 원천인 무는 어디에서 왔을까?"를 생각해 보자. 이 무가 '다른 유'에서 왔다면 만유는 궁극적으로 무가 아닌 '유'에서 나온다는 뜻이므로 '무에서의 창조'란 개념 자체가 부정된다. 따라서 만유의 원천인 무는 그 이전의 다른 '무'에서 나왔다고 할 수밖에 없다. 그러면 이 논리는 또 거슬러 올라간다. 그리하여 결국 우리는 무, 무 이전의 무, 무 이전의 무 이전의 무, …… 등으로 끝없이 거슬러 올라가는 '무의 무한계열'을 얻게 된다.

이와 비슷한 '자기무한반복'의 예는 일상생활에서도 많이 찾을 수 있다. 예를 들어 눈 나쁜 사람이 안경을 찾지 못하면 '안경 찾을 때 쓸 안경'이 있으면 좋겠다고 생각할 수 있다. 그런데 그 안경마저 찾지 못하면 또 다른 안경이 있으면 좋겠다고 생각하게 되고 이 과정은 무한반복에 빠진다. 또 텔레비전을 켜는 리모컨remote controller을 찾지 못할 때 '리모컨을 찾는 리모컨'이 있으면 좋겠다고 생각할 수 있으며 이 과정도 안경의 예에서와 같은 무한반복을 이룬다. 한편 국가적으로 중요한 문제를 국민투표로 결정하자는 데에 논란이 있으면 '국민투표로 결정하자는 제안' 자체를 국민투표에 붙이자는 의견이 있을 수 있으며, 그것도 다시 국민투표로 결정하자는 제안이 나오면 마찬가지로 무한반복에 빠진다. 또한 프랙탈fractal에서 보는 '자기닮음성self-similarity'의 본질도 사실상 이와 동등하다. 그리고 "무의 무한계열은 이러한 모든 무한계열의 원형"이라고 말할 수 있다.

이상의 내용에 따르면 무는 가장 단순하면서도 가장 근원적인 모순이자 역설이며, 이를 기억하기에 좋도록 표현한다면 "존재는 모순 속에 피는 꽃"이라고 말할 수 있다. 모든 존재의 궁극적 근원은 오직 무밖에 없는 듯한데, 그 무가 바로 역설이며 모순이기 때문이다. 이를 바탕으로 생각해 보면 다른 수많은 귀결을 이끌어 낼 수 있을 것으로 보인다. 하지만 그런 이야기들은 이 글의 취지를 넘으므로 여기서는 일단 이 정도로 그친다.

몇 가지 오해의 불식

불완전성정리를 '20세기 최고의 정리'라고 일컫기도 하지만 어찌 보면 그 자체의 이해보다 이후의 문제들에 대한 이해가 더 중요하다. 지금껏 본 데서 알 수 있다시피 이 정리의 직접적 응용성에 비해 간접적 파급효과가 훨씬 크기 때문이다. 물론 이런 파급효과를 정확히 이해하려면 정리 자체를 먼저 정확히 이해하는 것이 바람직하다. 그러나 반드시 그렇지 않더라도 그 의미를 충분히 파악할 수 있으므로 아래서는 몇 가지 흔한 오해를 돌아보기로 한다.

1) 불완전성정리는 상식의 정련이다

불완전성정리를 소개하는 자료들은 흔히 이를 수학사적으로 완전히 새로운 뉴스처럼 이야기한다. 그래서 당시 수학계에 널리 퍼져 있던 힐베르트계획을 혁신적으로 타파했다고 말한다. 그러나 오히려 이와 정반대로 힐베르트계획이야말로 우리의 일반상식에 반하는 혁신적 계획이었으며 불완전성정리는 이를 물리치고 수학의 흐름을 다시 정상적 과정으로 되돌린 것으로 봐야 한다.

역사적으로 불완전성정리가 적용된 중요한 사례로는 대개 유클리드의 제5공리(평행선공리)를 첫손가락으로 꼽는다. 이 공리는 다른 공리에 비해 복잡한 탓에 2천 년이 넘도록 증명가능한 정리가 아닌가 여겨 수많은 사람이 그 증명에 도전했다. 그러나 결국 다른 공리들과 독립적이란 점이 밝혀져 비유클리드기하학이라는 새로운 지평을 열었다. 그리고 둘째로 꼽는 사례는 괴델의 정신적 선구자라고 할 칸토어가 제시했던 연속체가설이다. 이에 대해 괴델은 1938년 오늘날 가장 널리 쓰이는 공리적 집합론이 일관성을 가진다고 가정할 경우 여기에 연속체가설을 더해도 그렇다는 점을 증명했으며, 1963년 미국의 수학자 코헨은 똑같은 공리적 집합론에 연속체가설의 부정명제를 더해도 그렇다는 점을 증명함으로써 연속체가설은 결국 현재의 공리적 집합론 안에서는 결정불능명제임이 확인되었다.

수학 이외의 분야로는 열역학의 4대 법칙이 좋은 예라고 할 수 있다. 처음에 열역학은 에너지의 끊임없는 소산을 표현하는 열역학 제2법칙으로 시작했다. 그러나 이것만으로는 다양한 열역학적 현상을 모두 설명할 수 없었기에 독립적인 법칙들을 더해서 결국 네 가지로 귀착되었다. 나아가 학문들 자체가 확장되는 것도 같은 현상으로 볼 수 있다. 수학은 처음 기하학에서 시작했지만 이후 계속 새 분야가 더해져서 오늘날 보는 광범위한 체계를 이루었다. 물리학도 역학에서 시작했지만 이후 열역학, 전자기학, 상대성이론, 양자역학 등으로 확장되었다.

이런 점에서 볼 때 모든 학문체계는 본질적으로 열린 체계이다. 그래서 항상 보다 넓은 체계를 지향하며, 이 과정에서 기존체계로는 증명불능인 새로운 공리들이 계속 덧붙여진다. 그리고 이 과정은 불완전성정리가 시사하는 바로 그 현상이다. 다시 말해서 불완전성정리의 내용은 우리가 너무나 잘 인식하고 있던 상식과 일치한다. 공기나 햇볕은 너무 흔해서 평소에는 그 중요성을 잘 모르지만 어떤 계기를 통해 절실히 깨닫게 된다. 괴델은 불완전성정리를 통해서 학문의 근본에 자리 잡은 상식을 마치 전혀 새로운 사실인 것처럼 절실히 깨닫게 하는 계기를 만들었다. 아인슈타인은 "과학은 일상용어를 정련하는 작업"이라고 말했는데, 불완전성정리 또한 매우 적절한 사례의 하나라고 하겠다.

2) 힐베르트의 꿈은 발전적으로 이어진다

여러 자료들은 또한 불완전성정리로 인하여 힐베르트의 꿈이 완전히 깨진 것처럼 이야기한다. 그러나 불완전성정리는 단지 그 한계를 밝히고 어떻게 하면 더 올바르게 추구해 갈 수 있을 것인가 하는 점을 제시한 것으로 봐야 한다. 실제로 불완전성정리가 발표된 뒤 어떤 분야에서도 기존에 추구해 왔던 공리적 방법론을 포기한 사례는 하나도 없었다. 다시 말해서 힐베르트계획에 깔린 기본 취지는 불완전성정리의 의의에 따라 새롭게 가다듬어 계속 적용해 가야 한다.

그러므로 우리의 기본자세는 어디까지나 기존의 공리계 안에서 펼쳐질 무수히 많은 귀결들을 엄밀한 논리적 과정을 밟아 추구해 가는 데에 두어야 한다. 그러다가 기존의 공리계로 해결할 수 없는 문제가 나타나면 이를 확장해서 풀고, 또 그 확장된 공리계를 계속 적용하고, 다시 새로운 문제가 나타나면 그에 맞추어 또 확장해 가는 과정을 되풀이하면 된다. 사실 지금까지의 학문발전 과정이 모두 그랬고 앞으로도 영원히 그럴 것이다.

3) 일관성의 증명불능성이 성립불능성을 뜻하는 것은 아니다
'제1'이니 '제2'니 하지 않고 그냥 불완전성정리라고 말하면 보통 제1불완전성정리를 가리키는 것으로 이해한다. 그런데 어떤 사람은 제2불완전성정리 때문에 수학의 기초 자체의 일관성을 도저히 믿을 수 없게 되었고, 따라서 이는 제1불완전성정리보다 더욱 파괴적인 것이라고 이야기한다. 하지만 공리계의 일관성이 항상 증명불능인 것은 아니며 제2불완전성정리가 직접 암시하듯 주어진 공리계를 벗어나서 보면 증명가능인 경우도 있다.

실제로 독일의 수학자 겐첸은 수학적 귀납법을 초한수까지 확장해서 구성한 '초한귀납법transfinite induction'을 이용하여 자연수론의 일관성을 증명했다. 어떤 면에서 힐베르트의 꿈을 계승했다고 볼 수도 있는 이 결과는 아이러니컬하게도 괴델 이후에 이룩된 증명론 분야의 큰 성과로 평가된다. 다만 이에 이어서 해석학이나 집합론 등의 일관성도 확인되었으면 좋겠으나 아직껏 주목할 만한 성과는 없다. 특히 공리적 집합론의 일관성에 대해서는 아주 어려운 문제가 얽혀 있어서 증명이 거의 불가능할 것으로 여겨지고 있다.

하지만 이런 어려움이 있다고 해서 그것이 장차 우리가 딛고 있는 수학에

대한 결정적 파국으로 이어질 것처럼 보는 것은 어리석은 일이다. 역사적 교훈에 비춰 볼 때, 그리고 제1불완전성정리의 참뜻에 비춰 볼 때 그런 위기는 오히려 새로운 기회로 환영해야 할 성질의 것이기 때문이다.

4) 불완전성정리는 참된 자유의 법칙이다

불완전성정리의 가장 큰 특징은 뭐니 뭐니 해도 이름 자체에서 찾을 수 있다. 곧 하필이면 '불완전'이라는 부정적 표현으로 되어 있어서 수많은 사람들에게 자연스럽게도 부정적인 이미지를 심어 주게 되었다. 나아가 이런 경향은 수학자나 철학자 등의 전문가에게도 파급되었으며, 이에 따라 불완전성정리를 가리켜 '이성의 한계를 밝힌 법칙', '신념체계의 근본을 허문 법칙' 등으로 풀이하여 인간 정신의 미래에 대해 암울한 전망을 품게 만들곤 했다.

하지만 과연 정말로 그럴까? 이를 이해하기 위해 잠시 불완전성정리와 정반대되는 '절대의 완전성정리'가 성립하는 우주를 상상해 보자. 그곳에는 어떤 궁극의 공리계가 존재할 것이고 그것은 완전하다. 완전하다는 것은 거기에서 무엇 하나 떼어 낼 수도 없고 반대로 무엇 하나 덧붙일 수도 없다는 뜻이다. 따라서 그것은 흠 하나 티 하나 없이 정결하기 그지없는 보석과 같다. 그러나 이 보석은 빛이 나지 않는다. 빛이 난다는 것은 그로부터 뭔가 빠져 나온다는 뜻인데, 그렇게 되면 가장 소중한 본질인 완전성이 훼손된다. 그런데 광채 없는 보석이 무슨 소용이 있을까? 광채가 없다면 보이지도 않는다. 게다가 만질 수도 없다. 만지는 순간 손때를 탈 것이고 그 즉시 불완전해지고 만다. 요컨대 완전존재는 사실상 비존재와 같다. 우리의 오감 어느 것과도 교통할 방법이 없기 때문이다. 따라서 우리를 포함한 모든 현실적 존재는 불완전할 수밖에 없고 이런 점에서 불완전성정리는 존재의 근본을 허무는 게 아니라 오히려 그 근거를 밝혀 준 법칙이다.

이런 점에서 "괴델은 칸토어의 정신적 후계자"라고 말할 수 있다. 칸토어는 자신의 업적을 변호하기 위해 "수학의 본질은 자유에 있다"라는 수학사상 최고의 명언을 남겼다. 하지만 그는 이를 스스로의 삶으로 보여 주었을 뿐 수학적으로 증명하지는 못했는데, 괴델이 불완전성정리로써 그 묵시적 숙원을 이루었다고 말할 수 있다. 이와 관련하여 "진리가 너희를 자유케 하리라 The truth will set you free"는 성경의 한 구절도 함께 되새겨 볼 만하다(요한복음 8장 32절). 진리의 본질은 불완전하되 자유로우며, 불완전성정리는 이와 같은 진리의 본연을 펼쳐 주기 위해 그에 대한 한계를 철폐한 것이라고 봐야 하기 때문이다.

찾아보기

♠ 'n'이 붙은 쪽수는 '각주'와 '참조 자료'에 나온 것이다.

K. -K. Staatsrealgymnasium mit deutscher Unterrichtssprache 63

ㄱ

가우스, 카를 프리드리히 Gauss, Carl Friedrich 145n
『감각의 분석 Die Analyse der Empfindungen』(마흐 Mach) 94
거짓말쟁이역설 liar's paradox 54~55, 100, 182n, 182~183, 197n, 215n
게임 games 136, 149, 151, 157
게임이론 game theory 36n, 44, 111~112
겐첸, 게르하르트 Gentzen, Gerhard 203n
결정가능성 decidability 215n~217n
「결정문제에 대한 응용을 포함한 계산 가능수에 대하여 On computable numbers, with an application to the Entscheidungsproblem」(튜링 Turing) 217n
결정불능명제 undecidable propositions 129
경험주의 empiricism 36, 82~88, 93~99, 122, 152, 236, 282~284, 292n
「경험주의의 두 도그마 Two Dogmas of Empiricism」(콰인 Quine) 234
계산가능성 computability 215n~217n
계형이론(階型理論) Theory of Types 102, 110, 160
고등과학원 Institute for Advanced Study:
 - 멤버로서의 괴델 Gödel as member of 16, 23, 33, 35~38, 53, 227, 231~232, 235~236, 240, 243~246, 250~252, 256~274
 - 멤버로서의 아인슈타인 Einstein

as member of 16, 21~22, 53, 256~260
-에서의 정치적 추방객들 political exiles at 16, 38
-의 설립 founding of 18~21
-의 수학교수 mathematics faculty of 18, 34, 179, 214~215, 250n, 258~268
-의 원장 directors of 17, 231, 250, 259~261, 263~268
-의 지명 appointments to 250n, 258~268
골드바흐, 크리스티안 Goldbach, Christian 96n, 172n, 238
골드바흐의 추측 Goldbach's conjecture 96n, 172n
곰페르츠, 테오도르 Gomperz, Theodore 65
곰페르츠, 하인리히 Gomperz, Heinrich 65, 68, 81, 127n
「공리적 집합론에 대한 소고 Some Remarks on Axiomatized Set Theory」(스콜렘 Skolem) 171n
과학 science:
  순수 - pure 18~19, 28~29, 94~95, 109
  -에서의 주관성 subjectivity in 45, 93
  -의 방법론 methodology of 32~33, 84
  -의 혁명 revolutions in 24, 178, 252~253

『과학적 세계관: 빈 서클 Wissenschaftliche Weltauffassung: Der Wiener Kreis』 93
『과학혁명의 구조 The Structure of Scientific Revolutions』(쿤 Kuhn) 178
괴델, 루돌프 Gödel, Rudolf (아버지) 59~60, 244
괴델, 루돌프 Gödel, Rudolf (형) 60, 62
괴델, 마리안느 Gödel, Marianne (어머니) 37, 59~60, 211, 244~245, 251, 256~257, 276n
괴델, 아델레 님부르스키 Gödel, Adele Nimbursky (포케르트 Porkert) 37, 228~229, 244~246, 249~251, 272~273
『괴델, 에셔, 바흐: 영원한 황금 노끈 Gödel, Escher, Bach: An Eternal Golden Braid』(호프스태터 Hofstadter) 30
괴델, 쿠르트 Gödel, Kurt:
  고등과학원에서의 - at Institute for Advanced Study 23, 33, 35~38, 53, 227, 231~232, 235~236, 240, 243~246, 250~252, 256~274
  -과 지은이의 만남 author's encounter with 231~232, 264
  논리학자로서의 - as logician 23, 26, 34~35, 53, 56, 63~65, 70~72,

83, 84n, 129, 153, 224, 230, 240, 253~255, 258, 260~262, 275~276, 283~284

류머티즘열 rheumatic fever 62, 250

먹기를 거부하는 - self-starvation of 232, 272~274

미국시민으로서의 - as U.S. citizen 60, 231~232, 253~254

빈대학교에서의 - at University of Vienna 32, 39, 59, 64, 74~76, 80, 92, 127n, 163, 166, 169, 173, 240, 246~251, 274n, 280, 284~285

빈서클에서의 - in Vienna Circle 82, 119~124, 126~129, 150, 177, 212, 234~236, 248~249, 257~258, 290n

-에 관한 전설 legends about 33~36, 228, 253~255, 283~284

-에 의한 수학적 혁명 mathematics revolutionized by 26, 41~44, 69, 179, 227, 239, 250~254

유태인으로 잘못 알려진 괴델 Jewish identity misattributed to 128~129, 241, 246~251

-의 강사, 사강사 지명 Dozent and Privatdozent appointments of 172, 241~242, 246~249, 274n

-의 결혼 marriage of 37, 228~229, 244~246, 249~251, 272~274

-의 과묵함 reticence of 64, 67, 75,
83, 120~121, 128, 150, 165, 173, 213~214, 227

-의 교육 education of 32, 37, 39, 59, 63~65

-의 깁스강연 Gibbs lecture of (1951) 221~223

-의 독일적 배경 German background of 59~60, 63~64, 140

-의 명예학위 honorary degrees of 243~244, 252~253

-의 물리학에 대한 흥미 physics as interest of 37, 39, 64, 233n, 277~285

-의 박사학위 논문 Ph.D. dissertations of 163, 166, 170, 172, 176, 205, 242~243

-의 법률 존중 경향 legalistic tendencies of 253~255, 276

-의 사진 photographs of 25, 61, 277

-의 성격 personality of 34~35, 53, 62~63, 66~67, 83, 126, 244~252, 289n

-의 심장병 heart ailment of 62, 250, 285

-의 야망 ambition of 32, 52, 56, 67, 71, 131, 205n, 214, 243, 284~285

-의 어린 시절 childhood of 59~63, 284~285

-의 예일대학교 강연(1941) Yale

lectures of (1941) 233
-의 외관 physical appearance of 16, 231~232, 249~250
-의 유품문서(나흘라스 Nachlass) literary remains of 66~69, 99, 128, 233, 253n
-의 좋지 않은 건강 ill health of 62, 241, 250, 272~274, 285
-의 죽음 death of 274~276, 285
-의 증명, '불완전성정리' 참조
-의 지적 고립 intellectual isolation of 35~36, 40, 53, 67~68, 233~240, 257~274, 283~284
-의 추모식 memorial service for 263, 274~275
-의 출판물 publications of 38n, 66, 123, 232~233, 236~237, 269, 281, 289n
-의 탄생 birth of 59
-의 편지 correspondence of 37, 66~68, 122~124, 211, 247, 256~258, 276n, 290n
-의 편집증 paranoia of 53, 62, 223~224, 231, 245, 250, 263~264, 270~274
-의 평판 reputation of 35, 38, 73~74, 163, 227, 241~242, 250~252, 271~272, 274~276, 283~284, 300n
-의 하버드강연 Harvard lectures prepared by 235

-의 흥미로운 공리 interesting axiom of 23~24, 33~34, 53, 258
-이 답변한 질문서 questionnaire answered by 67, 127~128, 212
-이 반대한 논리실증주의 logical positivism opposed by 97, 120, 124, 234~240, 257~258, 290n
-이 받은 영향 influences on 64~65, 124, 127, 212
-이 본 언어 language as viewed by 122, 175, 285
-이 존중한 당국(권력층, 권력자) authority respected by 258~263, 267~268
정치적 추방객으로서의 - as political exile 15~16, 38~39, 59, 64, 140, 240~241, 246~256, 267~268
쾨니히스베르크학회에서의 - at Königsberg conference (1930) 73, 163, 166, 171, 215n, 220, 240
플라톤주의자로서의 - as Platonist 49~50, 52~53, 55, 65~71, 73, 81, 83, 96~97, 114n, 122, 128~129, 132, 171, 203, 211, 214, 234~240, 267, 280, 285
괴델기수법 Gödel numbering 74, 173, 179, 182n, 184, 187, 196~197
『괴델의 가족사 History of the Gödel Family』 (루돌프 괴델 Rudolf Gödel) 60

'괴델의 정리 Gödel's Theorem', 『철학사전 Encyclopedia of Philosophy』 26~27
『괴델의 증명 Gödel's Proof』 (네이글과 뉴먼 Nagel and Newman) 173
괴테, 요한 볼프강 폰 Goethe, Johann Wolfgang von 64
구성적 증명 constructive proofs 159n, 164
그랜진, 부르크 Grandjean, Burke D. 67~68, 122, 127, 212
긍정법 modus ponens 101n
기르츠, 클리포드 Geertz, Clifford 265
기술적 명제 descriptive propositions 48
기하(학) geometry 68, 94, 141, 145n, 146, 152, 157, 246n
『기하학의 기초 Grundlagen der Geometrie』(힐베르트 Hilbert) 152~153
『기호논리학 개관 Survey of Symbolic Logic』(루이스 Lewis) 91

ㄴ

나치즘 Nazism 16, 21, 78, 140, 246~251, 274n
나트킨, 마르셀 Natkin, Marcel 120
네이글, 어니스트 Nagel, Ernest 173
네이글, 토마스 Nagel, Thomas 35
넬뵈크, 요한 Nelböck, Johann (또는 한스 Hans) 88n
노이라트, 오토 Neurath, Otto 90~92, 121
노이라트, 올가 Neurath, Olga 91
논리실증주의 logical positivism 48, 82~85, 89, 94~95, 97, 107, 120, 124, 126, 131, 177, 179, 207, 209~210, 234~240, 257~258, 290n
논리(학) logic:
  기호 - symbolic 91, 190, 293n~295n
  삼단논법 syllogistic 62n
  -에서의 명제 propositions in 48, 86, 94, 107, 113, 166, 295n
  -에서의 모순 contradiction in 101, 101n, 111~112, 130, 149, 156, 211, 216n
  -에서의 변수 variables in 167, 191
  -에서의 술어 predicates in 166, 175
  -에서의 역설 paradoxes in 54, 72, 100, 109, 130, 158~160, 181, 182n~183n, 197n, 202~203, 208, 211, 216, 216n
  -에서의 연역 deduction in 44, 61n~62n, 95, 151, 158, 186~187
  -에서의 증명 proofs in 159n, 216n
  -에서의 진리 truth in 49, 55, 109~110, 129, 168, 217n, 295n
  -에서의 항진명제 tautologies in 94~95, 108~110, 117~118, 137,

164, 166, 168
-의 구문론적 본질 syntactic nature of 95, 113, 118, 123, 166, 177, 179, 181, 189, 193~194, 199, 206, 208~210
-의 규칙 rules of 110, 169
-의 추상적 본질 abstract nature of 79, 87, 129, 171n, 175, 211, 216~219, 224, 285
투명 - limpid 166, 242~243
형식 - formal 27, 101, 124~125, 208, 215, 263, 293n
「논리실증주의: 유럽철학의 새 경향 Logical Positivism: A New Movement in European Philosophy」(블룸베르그와 파이글 Blumberg and Feigl) 93
「논리주의의 주요 아이디어 The Main Ideas of Logicism」(카르납 Carnap) 164
「논리적 관점에서 From A Logical Point of View」(콰인 Quine) 234
「논리철학논고 Tractatus Logico-Philosophicus」(비트겐슈타인 Wittgenstein) 105n, 106~107, 109, 111, 113~115, 117, 119~120, 131, 209~210
뉴먼, 제임스 Newman, James R. 173
〈뉴욕타임스 New York Times〉 264~265, 278n
뉴턴, 아이작 Newton, Isaac 64, 278n

니체, 프리드리히 Nietzsche, Friedrich 43
니콜라스 부르바키 Nicolas Bourbaki 265n

ㄷ

다윈, 찰스 Darwin, Charles 218
대각선논법 diagonal argument 154
대수 algebra 147n, 263
데카르트, 르네 Descartes, René 30n, 152, 284
도슨, 존 Dawson, John 60, 64, 66, 243, 248, 253n
두카스, 헬렌 Dukas, Helen 22n, 256

ㄹ

라벨, 모리스 Ravel, Maurice 99n
라이데마이스터, 쿠르트 Reidemeister, Kurt 107
라이프니츠, 고트프리트 빌헬름 Leibniz, Gottfried Wilhelm 30n, 36, 53, 68, 152, 229, 258, 270~271
라이헨바흐, 한스 Reichenbach, Hans 90, 163, 175, 234, 239
러셀, 버트런드 Russell, Bertrand 86, 91, 102, 122, 216
  -과 괴델 Gödel and 122, 128~129, 236~237, 247
  -과 비트겐슈타인 Wittgenstein and

100, 103~104, 106~107, 110~111, 119, 124~125, 129, 131, 292n~293n
-이 만든 역설 paradox formulated by 100~101, 103, 110~111, 113, 151, 158, 160
「러셀의 수리논리학 Russell's Mathematical Logic」(괴델 Gödel) 236~237
레들리히, 프리드리히 Redlich, Friedrich 59
레온카발로, 루기에로 Leoncavallo, Ruggero 194
로바체프스키, 니콜라이 이바노비치 Lobachevsky, Nicolai Ivanovich 145n
로빈슨, 에이브러햄 Robinson, Abraham 130n, 263
로스, 아돌프 Loos, Adolph 78, 80
로티, 리처드 Rorty, Richard 228~229
루빈 Rubin, H. 245n
루빈 Rubin, J. 245n
루이스, 클래런스 Lewis, Clarence I. 91
루카스, 존 Lucas, John 219~220, 232
리샤르, 쥘 Richard, Jules 182n~183n
리샤르의 역설 Richard's paradox 182n~183n, 197n

ㅁ
마르체트 Marchet, A. 249
마르크스, 그루초 Marx, Groucho 31
마우트너, 프리츠 Mauthner, Fritz 113
마음(지성), '인식' 참조
「마음의 그림자 Shadows of the Mind」(펜로즈 Penrose) 28, 220
마이스너, 찰스 Misner, Charles 282
마흐, 에른스트 Mach, Ernst 89, 93, 124
매듭곡선 knotted curves 261~262
멘델, 그레고르 Mendel, Gregor 59n
멩거, 카를 Menger, Karl 92, 121, 129~130, 165, 175, 241, 246~248, 269~271, 274, 290n
모델론 model theory 205n, 213, 275~276
모렐, 오톨라인 Morrell, Ottoline 103, 125
모르겐슈테른, 오스카 Morgenstern, Oskar 36, 53, 231~232, 245, 251, 253~255, 269~275
몽고메리, 딘 Montgomery, Deane 260~262
몽크, 레이 Monk, Ray 106n, 164
무질, 로버트 Musil, Robert 63n
무어 Moore, G. E. 106, 292n
무한대 infinity 144n, 154, 159~160, 164, 171n, 204, 216, 245n~246n
물리학 physics, '상대성이론'도 참조 32~33, 37~39, 41, 64, 72, 233n,

277~285
미국 헌법 Constitution, U.S. 253~255
「미국의 빈서클 The Wiener Kreis in America」(파이글 Feigl) 234~235
밀너, 존 Milnor, John 260~261

ㅂ

바그너-폰야우레크, 율리우스 Wagner-von Jauregg, Julius 241
「바바라 또는 신앙심 Barbara or Piety」(베르펠 Werfel) 80
바이닝거, 오토 Weininger, Otto 105
바이스만, 프리드리히 Waismann, Frederich 92, 115~116, 121, 164, 177
바콜, 존 Bahcall, John 35
배럿, 윌리엄 Barrett, William 43
배중률(排中律) law of the excluded middle 159n
「배중률에 대해 Tertium non datur」(힐베르트 Hilbert) 239
「백설공주 Snow White」 276n
뱀버거, 루이스 Bamberger, Louis 17~18, 259
번디, 맥조지 Bundy, McGeorge 265
베너세러프, 폴 Benacerraf, Paul 22n, 123, 236~237, 252
베르나이즈, 파울 Bernays, Paul 206, 232~233
베르크, 알반 Berg, Alban 78, 80

베르크만, 구스타프 Bergmann, Gustav 248
베르펠, 프란츠 Werfel, Franz 80
베블렌, 오스월드 Veblen, Oswald 21, 240, 247, 250
베소, 미켈레 Besso, Michele 279
베유, 시몬 Weil, Simone 266
베유, 앙드레 Weil, André 265, 265n, 275
베토벤, 루트비히 Beethoven, Ludwig 105, 124~125
벨라, 로버트 Bellah, Robert 265~268
보렐, 아르망 Borel, Armand 34, 37, 258, 262
보르수크, 카롤 Borsuk, Karol 261
보른, 막스 Born, Max 48
보어, 닐스 Bohr, Niels 41~43, 46, 48, 56, 235
보여이, 야노스 Bolyai, János 145n
보편집합 universal set 102n
볼츠만, 루트비히 Boltzmann, Ludwig 89
볼테르 Voltaire 271
부르바키, 니콜라스 Bourbaki, Nicolas 265n
「부적격자 The Man Without Qualities」(무질 Musil) 63n
분리파 Secession 78~79
「분석론전서(分析論前書) Analytica Priora」(아리스토텔레스 Aristoteles 61n~62n

분석적 명제 analytic propositions 48n

분자이론 molecular theory 89n

불완전성정리 incompleteness theorems 171~206

  개념적 모델로서의 - as conceptual models 29

  객관성과 - objectivity and 41~42, 56

  기수법 digit juxtaposition in 190

  대각도움정리 diagonal lemma in 197

  -를 위한 예비적 정의 preliminary definitions for 182

  시시한 논리적 책략 또는 추론 기법으로서의 - as "logische Kunststücke" 129~130, 208, 295n

  -에 대한 비트겐슈타인의 반응 Wittgenstein's reaction to 98~99, 109~110, 130~131, 175, 207~209, 239, 295n

  -에 대한 지은이의 설명 author's explication of 182~207

  -에 대한 튜링의 해석 Turing's interpretation of 208, 214

  -에 대한 폰 노이만의 반응 von Neumann's reaction to 178~179, 206

  -에 대한 흔한 오해 popular misinterpretation of 25~29, 41, 68, 82, 84, 175, 239, 290n

  -에서의 괴델기수법 Gödel numbering in 74, 173, 179, 182n, 184, 187, 197

  -에서의 구문론적 관계 syntactic relationships in 189, 193~194, 199, 200, 206

  -에서의 기계적 절차 mechanical procedures in 186~187, 201

  -에서의 수의 성질 number properties in 196, 202, 205

  -에서의 완전성 대 무모순성 completeness vs. consistency in 26, 73~74, 156, 170, 175, 177, 179, 185~187, 193~194, 199, 211~212, 215n~217n, 217, 242

  역설과 - paradoxes and 54~55, 72, 74, 109, 181, 182n~183n, 197n, 202~203

  -와 모순되는 논리실증주의 logical positivism contradicted by 82~83, 109, 114n, 124, 177, 179, 207, 209~211, 290n

  -와 상대성이론의 비교 relativity theory compared with 42

  -의 공표 public disclosure of 73, 83, 163, 166, 171, 215n, 220, 240

  -의 과학적 영향 scientific impact of 24~27, 179, 206, 214, 252~253

  -의 빈 문화적 맥락 Viennese cultural context of 73~113

  -의 서술 statement of 26~27, 82,

172
-의 수학적 함의 mathematical implications of 27~29, 31, 55, 83, 150, 175, 206~209, 242~243, 252~253, 275~276
-의 음악적 비유 musical analogy for 173, 182, 194
-의 증명 proof of 72, 74, 83, 124, 127, 129~130, 151, 170, 175, 179~180, 184~185, 188, 193, 203, 206~207, 210, 215n~217n
-의 철학적 함의 philosophical implications of 29~31, 73, 150, 209~211, 216~218, 232
-의 초수학적 함의 metamathematical implications of 27, 29, 30~31, 44, 54, 109, 114n, 131, 150, 181, 186~187, 205~207, 216~217, 243
-의 출판(1931) publication of (1931) 26, 182n~183n, 215n~217n
-의 형성 development of 25~26, 39, 52, 66, 71~74, 82, 171~178, 284~285
정형식(定型式) well-formed formulas in (wffs) 186, 196, 198
제1불완전성정리 first theorem of 26, 39, 43, 55, 72~73, 102, 124, 147n, 149~150, 175, 180, 182, 217n, 221, 232, 263, 297n

제2불완전성정리 second theorem of 26, 39n, 175, 180, 202~206, 233
형식주의와 - formalism and 149, 160, 165, 178, 184~187, 193, 196, 201~207, 217, 220, 223, 239
불확정성원리 uncertainty principle 24, 41, 43
브로우베르, 루이첸 Brouwer, Luitzen 158
블랙웰, 케네스 Blackwell, Kenneth 128
비르팅거 교수 Wirtinger, Professor 243
비유클리드기하학 non-Euclidean geometry 144, 145n, 246n
비유한추론(증명) non-finitary reasoning(proofs) 171n, 233
『비이성적 인간: 실존주의 철학의 한 연구 Irrational Man: A Study in Existentialist Philosophy』(배럿 Barrett) 43
비크, 아우구스테 Bick, Auguste 224n
비트겐슈타인, 루트비히 Wittgenstein, Ludwig
  -의 배경 background of 99, 112~113
  -과 괴델의 비교 Gödel compared with 99, 109, 120, 126, 131~132, 207~209, 239
  논리실증주의와 - logical positivism

and 48, 111, 113, 126, 131, 207, 209~212
러셀과 - Russell and 100, 103~104, 106~107, 110~112, 119, 125, 131, 292n~293n
빈서클과 - Vienna Circle and 48, 98, 107~108, 114~116, 118~121, 129, 131, 292n~293n
-의 성격 personality of 105, 107, 114, 125~126, 293n
-의 언어분석 linguistic analysis by 79, 110, 116~117, 131, 293n
-의 영향 influence of 48, 114, 122~123, 125, 131
-의 전기와 후기 철학 early vs. late philosophy of 111~112, 207
-의 평판 reputation of 164, 234~235, 239, 242n
-이 본 괴델의 정리 Gödel's theorems as viewed by 98~99, 109~110, 129~131, 175, 207~209, 239, 295n
케임브리지 대학교에서의 at Cambridge University 105~106, 115, 126, 214~215, 292n~293n
비트겐슈타인, 카를 Wittgenstein, Karl 78n
비트겐슈타인, 파울 Wittgenstein, Paul 99n
『비트겐슈타인의 포커 Wittgenstein's Poker』 (에드몬즈와 에이디나우 Edmonds and Eidinow) 82
비표준해석 nonstandard analysis 263
빈서클(빈학파) Vienna Circle 48, 81~92, 97~121, 123~124, 128~129, 131, 150~151, 163, 175, 177, 212, 234~236, 248, 257~258, 290n, 292n
빛의 성질 light, properties of 39, 49

ㅅ

사고실험 Gedanken-experiment(thought-experiment) 72~73
사회학 sociology 265
산술 arithmetic
  -의 무모순성에 대한 괴델의 증명 (1958) Gödel's consistency proof for 232
  '수 numbers' 도 참조
  -의 완전성 대 무모순성 completeness vs. consistency of 73, 149, 170, 175, 177, 179, 184~187, 199, 232, 242
『산술의 원리 Grundgesetze der Arithmetic』 (프레게 Frege) 101
상대성이론 Theory of relativity 21, 24, 37n, 41, 46, 94
『서양철학사 History of Western Philosophy』 (러셀 Russell) 112n
선(禪) Zen(불교 Buddhism) 114

선택공리 axiom of choice 246
『선택공리와 상등명제 Equivalents of the Axiom of Choice』 (H. Rubin and J. Rubin) 224n
성 안셀무스 St. Anselmus 230n
소크라테스 Socrates 70, 280
소피스트(궤변론자) Sophists 44, 49, 68, 93, 124, 210~212, 267
솔로베이, 로버트 Solovay, Robert 275
쇤베르크, 아널드 Schönberg, Arnold 78
수 numbers
　소수 prime 51, 96, 172n, 190, 193, 238
　수론 theory of 26, 65, 68, 71, 91, 94, 101, 130, 146, 149, 172n
　수집합 sets of 69, 101, 123n, 145~146, 149, 154, 158, 160, 233, 237, 246, 275
　실수 real 123n, 154
　-의 성질 properties of 190~191, 196, 202
　자연수 natural 49, 123n, 141, 154, 180, 183n, 190~191, 196, 205
　짝수 even 172n, 183n
『수리철학 Philosophy of Mathematics』 (베너세러프와 퍼트넘 편집 Benacerraf and Putnam, eds.) 123, 236~237
『수리철학의 기초 Introduction to Mathematical Philosophy』 (러셀 Russell) 129
수학 mathematics
　-과 물리학의 비교 physics compared with 32~33, 39, 41
　순수과학으로서의 - as pure science 18~19, 28~29, 94~95, 109~110
　-에 대한 괴델의 영향 Gödel's influence on 23~26, 41, 43~44, 65, 71, 179, 227, 239, 250~253
　-에서의 객관적 실체 objective reality in 28~29, 52, 123
　-에서의 증명 proof in 95, 135, 152~154, 156, 159n, 160, 164, 171, 265n~266n, 275, 285
　-의 공리 axioms of 83, 123n, 140~142, 156, 160, 180, 203~204, 206, 219, 237~238, 246, 252
　-의 구문론적 본질 syntactic nature of 95~96, 110, 123, 148, 206, 217~218, 293n
　-의 규칙 rules of 136, 141~142, 151~152, 171n, 188, 216, 219, 222
　-의 기호 symbols of 95, 110, 138, 146, 149, 151, 171n, 185, 216, 293n
　-의 도형과 스케치 diagrams and sketches for 138~141
　-의 서술적 내용 descriptive

content in 95~97, 123, 151, 156, 206
-의 선험적 본질 a priori nature of 20~21, 52, 55n, 83, 94, 118, 135, 148~149, 151~152, 285
-의 실체 reality of 49, 52, 71, 135~136, 149, 155
-의 정리 theorems in 130, 141~142, 146, 150, 155, 219
-의 진리 truth of 95, 102, 108, 118, 135, 149, 152, 164, 175, 221~224
'산술, 기하(학), 논리(학)' 도 참조
-의 형식주의 formalism in 28, 50n, 95~96, 108, 143, 148~149, 151~152, 155, 164~165, 178
철학과 - philosophy and 29~30, 65, 68, 71, 110~112, 213
초- meta- 31, 52, 55, 69, 71, 74, 95, 99, 109, 114n, 148, 150, 171n, 173, 181, 186~187, 205~206, 216, 224, 243

『수학에서 철학으로 From Mathematics to Philosophy』(왕 Wang) 123

『수학의 기초에 관하여 Remarks on the Foundations of Mathematics』(비트겐슈타인 Wittgenstein) 129, 209, 295n

「수학의 본질: 비트겐슈타인의 관점 The Nature of Mathematics: Wittgenstein's Standpoint」 (바이스만 Waismann) 164

『수학의 원리 Principia Mathematica』 (러셀과 화이트헤드 Russell and Whitehead) 91, 102~103, 106, 160, 177

「『수학의 원리』 및 관련 체계들의 형식적 결정불능명제들에 대하여 I Über formal unentscheidbare Sätze der Principia Mathematica und verwandter Systeme I」 (괴델 Gödel) 26 '불완전성정리' 도 참조

순수이성 Reine Vernünft (pure reason) 18, 74, 138, 153, 239~240, 260, 282

「수학의 직관주의적 기초 The Intuitionist Foundations of Mathematics」 (하이팅 Heyting) 164

'수학적 문제들 Mathematical Problems' (힐베르트 Hilbert) 153

술어논리학 calculus, predicate 39n, 166, 171n, 242~243

쉬마노비치, 베르너 Schimanovich, Werner 243

슐리크, 모리츠 Schlick, Moritz 81, 88~90, 92~93, 97~98, 106~107, 115~116, 121, 129, 164, 234, 241

쉴프 Schilpp, P. A. 46, 119, 281n, 289n

스노 Snow, C. P. 52n

스탈린, 요제프 Stalin, Joseph 35,

248, 264
슈트라우스, 에른스트 가보르 Straus, Ernst Gabor 23, 33~34, 38
스펜서, 허버트 Spencer, Herbert 93~94
스피노자, 베네딕투스 Spinoza, Benedictus 30n, 106, 140, 218
시간의 본질 time, nature of 37n, 46, 46n, 49, 277~285
신비주의 mysticism 92, 114n, 116~117, 152, 211
신의 존재 existence of God 86~87, 229~230
『신학정치론 Tractatus Theologico-Politicus』(스피노자 Spinoza) 106
실존주의 existentialism 150, 207
실체(성) reality
  -의 지각 perception of 51, 94, 122~123, 136, 149, 237
  -과 인식 contingency and 23~24, 33~34, 36n, 44~45
  객관적 - objective 39, 52, 56, 69, 71, 94, 145, 156, 206, 221~224, 235, 277~278
  경험적 - empirical 36, 55n, 82~88, 93~99, 118, 123, 152, 236, 282~283, 292n
  미혹과 - delusion vs. 221~224
  수학적 - mathematical 49, 52, 71, 135~136, 149, 155
  알 수 없는 것으로서의 - as unknowable 117
  의미와 - meaning and 49, 85, 94~95, 108, 110, 122~123, 145, 155, 209~211
  주관적 - subjective 27~28, 31, 41, 69, 93~99, 221~224
  초월적 - transcendental 98, 209~211, 279~281, 284~285
  추상적 - abstract 49, 56, 69, 71, 235
심리학 psychology 79, 88, 223~224
쏜, 킵 Thorne, Kip 282~283

ㅇ
아들러, 막스 Adler, Max 81
아르틴, 에밀 Artin, Emil 269
아리스토텔레스 Aristoteles 34, 53, 61, 167, 224, 230
아이어, 알프레드 쥴스 Ayer, Alfred Jules 98, 119, 234
아이젠하워, 드와이트 Eisenhower, Dwight D. 34
아인슈타인, 알베르트 Einstein, Albert
  '자서전적 노트 autobiographical notes' 46
  고등과학원에서의 - at Institute for Advanced Study 21~24, 53, 256~260
  -과 괴델의 관계 Gödel's relationship with 23~25, 32~38,

40, 52~53, 56, 140, 234, 240, 253~258, 261, 269, 277~282
  -과 괴델의 비교 Gödel compared with 34, 39, 42~43, 52, 54, 124, 213, 271~272, 276
  물리적 실재론자로서의 - as physical realist 46~47, 49, 94, 278~280
  물리학자로서의 - as physicist 32~33, 37
  '상대성이론' 도 참조
  미국 시민으로서의 - as U.S. citizen 254
  -에 대한 전설 legends about 34, 45
  -의 사진 photographs of 25, 277
  -의 수학에 대한 관심 mathematics as interest of 33, 39, 71
  -의 유태적 배경 Jewish background of 21
  -의 죽음 death of 53, 67, 256~258, 269, 279~280
  -의 지적 고립 intellectual isolation of 39~40, 45, 53
  -의 평판 reputation of 16, 21~22, 39, 41, 242n
  정치적 추방객으로서의 - as political exile 16, 40, 140
알고리듬 algorithms 147, 189, 216n~217n, 218
알렐루예바, 스베틀라나 Alleluyeva, Svetlana 264
알콰리즈미, 아부 자파르 모하메드 이븐 무사 al-Khowârizm, Abu ja'far Mohammad ibn Mûsâ 147n
알텐베르크, 페테르 Alténberg, Peter 80
알트, 루돌프 폰 Alt, Rudolf von 78n
〈애틀랜틱먼슬리 Atlantic Monthly〉 264
양자역학 quantum mechanics 41, 45, 48
『어느 수학자의 변명 A Mathematician's Apology』 (하디 Hardy) 50~52
『언어 Die Sprache』 (크라우스 Kraus) 79
언어 language
  -의 게임 games of 44, 111
  -의 구문론 syntax of 95, 111, 113, 118, 123, 207~211
  -의 역설 paradoxes in 55~56, 109, 208
  의미와 - meaning and 85, 95, 121~122, 166, 175, 285
  진리와 - truth and 108~109, 114, 207~208
  추상화와 - abstraction and 79, 85, 175
『언어비판 Sprachkritik』 (마우트너 Mauthner) 113
『언어와 진리와 논리 Language,

Truth, and Logic』(아이어 Ayer) 98, 234
에드몬즈, 데이비드 Edmonds, David 82
에이들라티, 프랭크 Aydelotte, Frank 250~251, 259
에이디나우, 존 Eidinow, John 82
에피메니데스 Epimenides 183
열역학 thermodynamics 89n
『오르가논 Organon』(아리스토텔레스 Aristoteles) 61n~62n
오비디우스 Ovidius 229
오펜하이머, 로버트 Oppenheimer, J. Robert 259~261, 264, 268
와일즈, 앤드루 Wiles, Andrew 172n
왕, 하오 Wang, Hao 38, 60, 62, 64, 92, 122~123, 171n, 176, 221, 234, 244, 273~275, 284
〈왼손을 위한 콘체르토 Concerto for the Left Hand〉(라벨 Ravel) 99n
『원론(原論) The Elements』(유클리드 Euclid) 145n
원자폭탄 atomic bomb 25, 259
유전적 변이 mutation, genetic 36
유클리드 Euclid 142~143, 144n, 152, 204, 245n
유태인 Jews 21, 78, 88n, 107, 128, 140, 240~241, 247~251
유한증명 finitary proof 130, 160, 164, 171n, 180, 203~204, 203n, 233
은하의 회전 rotation of galaxies 282

의사명제 pseudo-proposition 86
'이것 아니면 저것' 형식의 선언명제(選言命題) "either-or" sort of a disjunctive proposition 221~224
이등변삼각형 isosceles triangles 138
인공지능 artificial intelligence 220
인식 cognition 28~31, 34~36, 41~45, 217~224
인식론 epistemology 28, 30n, 31, 33, 93, 136~137, 140, 152, 171n

ㅈ

자기언급명제 self-referential statements 74, 100, 182n~183n, 214
『자서전 Autobiography』(러셀) 128
'자서전적 노트 Autobiographical Notes' (아인슈타인 Einstein) 46
재귀론 recursion theory 54, 147, 213, 275
전례화(全例化) universal instantiation 141n
정형식(定型式) well-formed formulas (wffs) 95, 146, 156~157, 159n, 186~193, 196, 198
제1차 세계대전 World War I 75, 77, 99n, 106
조합론 combinatorics 130, 181, 221
존재론 ontology 83, 229~230
종교 religion 30n, 47, 86~87, 107, 211, 229~230, 265

증명론 proof theory 159, 275
직관 intuition 19n, 44, 73, 136~138, 140, 142~149, 159, 164, 206, 217, 221~223, 237~238, 275, 278n
직관주의 intuitionism 159, 164, 275
진리 truth
   객관적 - objective 25~27, 85, 94~95, 128~129, 237~238, 267
   논리학에서의 - in logic 49, 53, 55, 108, 110, 129, 168, 215n, 295n
   도덕성과 - morality and 68, 79, 95~96, 117, 140, 292n
   수학적 - mathematical 95, 110, 118, 148, 152, 164, 171, 221
   아름다움과 - beauty and 31, 69~71
   언어적 - linguistic 108~109, 114, 207~208
   절대적 - absolute 125, 141
   진리성상속법칙 inheritance laws of 141n
진화 evolution 35, 218

ㅊ

채틴 Chaitin, G. J. 183n
철학 philosophy 29~31, 38, 65, 68, 70~71, 73, 109, 113, 209~211, 213, 216~217, 224, 232
『철학사전 Encyclopedia of Philosophy』 26, 29

초한집합론 transfinite set theory 237
촘스키, 노암 Chomsky, Noam 36

ㅋ

카르납, 루돌프 Carnap, Rudolf 88~90, 114, 116, 119, 164, 175, 177~178, 233n, 248, 279, 289n
카프카, 프란츠 Kafka, Franz 187, 276
칸토어, 게오르크 Cantor, Georg 102n, 154
칸토어의 역설 Cantor's paradox 103n, 158
「칸토어의 연속체 문제는 무엇인가 What is Cantor's Continuum Problem?」 (괴델 Gödel) 123, 236~237
칸토어의 연속체가설 Cantor's continuum hypothesis 123, 154, 236~237, 246
칸트, 이마누엘 Kant, Immanuel 81, 204, 233n, 292n
컴퓨터 computers 22, 28, 147~148, 218~219, 222
케스텐, 헤르만 Kesten, Herman 75
케이슨, 칼 Kaysen, Karl 231, 264~266
코첸, 사이먼 Kochen, Simon 27n, 187, 205n, 252, 263, 275~276
〈코펜하겐 Copenhagen〉 (프라인 Frayn) 41

코헨, 폴 Cohen, Paul 154, 237, 246n
콕토, 장 Cocteau, Jean 84n
콩트, 오귀스트 Comte, Auguste 93~94
콰인, 윌러드 반 오먼 Quine, Willard van Orman 97, 234
쿤, 토마스 Kuhn, Thomas 178, 214
크라우스, 카를 Kraus, Karl 75, 78~79
크라이젤, 게오르크 Kreisel, Georg 131
클레니, 스티븐 Kleene, Stephen 215n, 275
클레페타르, 하리 Klepetař, Harry 64

ㅌ

타고르, 라빈드라나트 Tagore, Rabindranath 114n
타르스키, 알프레드 Tarski, Alfred 98
타우스키-토드, 올가 Taussky-Todd, Olga 119, 224n, 239
〈타임 Time〉 242n
튜링, 앨런 Turing, Alan 183n, 208, 214~215, 240, 242n

ㅍ

파스칼, 파니아 Pascal, Fania 126
파이글, 헤르베르트 Feigl Herbert 92~94, 116, 120~121, 151, 177, 234~235, 248

〈팔리아치 I Pagliacci〉 (레온카발로 Leoncavallo) 194
퍼트넘, 힐러리 Putnam, Hilary 123, 236~237
펄드 부인, 펠릭스 Fuld, Mrs. Felix 17, 259
페르마, 피에르 드 Fermat, Pierre de 172
페르마의 마지막 정리 Fermat's last theorem 172n
페아노, 주세페 Peano, Giuseppe 106, 141, 143
페퍼맨, 솔로몬 Feferman, Solomon 289n
펜로즈, 로저 Penrose, Roger 28, 220
평행선공리 parallels postulate 144n~145n, 151, 204, 246n
포먼, 필립 Forman, Philip 254~255
포스트모더니즘(포스트모던주의) postmodernism 27~29, 41, 54, 76, 111, 150, 207
포퍼, 칼 Popper, Karl 82, 290n
폰 노이만, 존 von Neumann, John 22, 36n, 97, 164, 178~179, 206, 214, 233, 240, 244, 246n
폴가, 알프레드 Polgar, Alfred 80
푸르트뱅글러, 필리프 Furtwängler, Phillip 64, 68, 127n, 243n
프라인, 마이클 Frayn, Michael 41
프란츠 요제프 (오스트리아의 황제) Franz Joseph 77

프레게, 고틀로프 Frege, Gottlob 62n, 89, 91, 101, 106n, 122, 131, 143, 160, 239

프로이트, 지그문트 Freud, Sigmund 78~79

프로타고라스 Protagoras 42, 49, 68, 95

프린스턴대학교 Princeton University 16, 21, 22n, 27n, 34~35, 38, 56, 66, 75, 140, 245, 248, 250~253, 260~261, 269, 283

플라톤 Platon 43, 49, 51, 68~71, 124, 135, 152, 217~218, 280, 284~285

플라톤주의 Platonism 49~52, 55, 65~66, 69~71, 73, 81, 83, 95~96, 114n, 122, 128~129, 132, 149, 159, 164, 171, 181, 203, 211, 214, 234~240, 267, 280~281, 284~285

플랑크, 막스 Planck, Max 89

플렉스너, 에이브러햄 Flexner, Abraham 17~23, 36n, 250, 259, 268

피블스, 짐 Peebles, Jim 283

피타고라스학파 Pythagoreans 43

필즈상 Fields Medal 52n

핑커, 스티븐 Pinker, Steven 36n

ㅎ

하디, Hardy, G. H. 50~51

하이데거, 마르틴 Heidegger, Martin 43

하이젠베르크, 베르너 Heisenberg, Werner 24, 41~43, 46, 48, 56, 235

하이팅, 아렌트 Heyting, Arend 164

한, 한스 Hahn, Hans 91~92, 107, 121, 174, 176, 242, 249

한-바나흐확장정리 Hahn-Banach extension theorem 91

합스부르크왕국 Hapsburg Empire 59, 60, 75~76, 78

헤르츨, 테오도르 Herzl, Theodore 78

헴펠, 카를 Hempel, Carl 98, 234

형식주의 formalism 28, 50n, 95~96, 110, 143, 147~149, 151~152, 155, 164~165, 178

형이상학 metaphysics 84, 94, 114n, 122, 124, 237

호기심 thaulamazein (존재론적 의문 ontological wonder) 60~61

호프스태터, 더글러스 Hofstadter, Douglas 30

화이트, 모턴 White, Morton 230, 235~236

화이트헤드, 알프레드 노스 Whitehead, Alfred North 102, 106, 122, 160, 216

『황제의 새 마음 The Emperor's New Mind』 (펜로즈 Penrose) 28, 220

〈횃불 Die Fackel〉 78~79

회르만, 테오도르 Hörmann, Theodor 78n

휘트니, 해슬러 Whitney, Hassler 262, 274~275
휠러, 존 아치볼드 Wheeler, John Archibald 282~283
흄, 데이비드 Hume, David 85, 292n
히르쉬펠트, 레온 Hirshfeld, Leon 247
히틀러, 아돌프 Hitler, Adolf 16, 246, 248
힌티카, 야코 Hintikka, Jaakko 72~73, 109, 163, 293n
힐베르트, 다비드 Hilbert, David 50n, 54, 132, 138, 151~155, 164, 170, 178, 180~181, 203, 203n, 205~207, 216, 216n~217n, 232, 239

도·서·출·판·승·산·에·서·만·든·책·들

19세기 산업은 전기 기술 시대, 20세기는 전자 기술(반도체) 시대, 21세기는 양자 기술 시대입니다. 미래의 주역인 청소년들을 위해 21세기 **양자 기술**(양자 암호, 양자 컴퓨터, 양자 통신 같은 양자정보과학 분야, 양자 철학 등) 시대를 대비한 수학 및 양자 물리학 양서를 계속 출간하고 있습니다.

GREAT DISCOVERIES SERIES

아인슈타인의 우주 : 알베르트 아인슈타인의 시각은 시간과 공간에 대한 우리의 이해를 어떻게 바꾸었나

미치오 카쿠 지음 | 고중숙 옮김 | 328쪽 | 15,000원

밀도 높은 과학적 개념을 일상의 언어로 풀어내는 카쿠는 이 책에서 인간 아인슈타인과 그의 유산을 수식 한 줄 없이 체계적으로 설명한다. 가장 최근의 끈이론에도 살아남아 있는 그의 사상을 통해 최첨단 물리학을 이해할 수 있는 친절한 안내서이다.

불완전성 : 쿠르트 괴델의 증명과 역설

레베카 골드스타인 지음 | 고중숙 옮김 | 352쪽 | 15,000원

괴델의 불완전성 정리는 20세기의 가장 아름다운 정리라 불린다. 이는 인간의 마음으로는 완전히 헤아릴 수 없는, 인간과 독립적으로 존재하는 영원불멸한 객관적 진리의 증거이다. 괴델의 정리와 그 현란한 귀결들을 이해하기 쉽도록 펼쳐 보임은 물론 괴팍하고 처절한 천재의 삶을 생생히 그렸다. (함께 읽는 책 : 『괴델의 증명』)

간행물윤리위원회 선정 '청소년 권장 도서', 2008 과학기술부 인증 '우수과학도서' 선정

너무 많이 알았던 사람 : 앨런 튜링과 컴퓨터의 발명

데이비드 리비트 지음 | 고중숙 옮김 | 408쪽 | 18,000원

튜링은 제2차 세계대전 중에 독일군의 암호를 해독하기 위해 '튜링기계'를 성공적으로 설계, 제작하여 연합군에게 승리를 안겨 주었고 컴퓨터 시대의 문을 열었다. 또한 반동성애법을 위반했다는 혐의로 체포되기도 했다. 저자는 소설가의 감성으로 튜링의 세계와 특출한 이야기 속으로 들어가 인간적인 면에 대한 시각을 잃지 않으면서 그의 업적과 귀결을 우아하게 파헤친다.

신중한 다윈 씨 : 찰스 다윈의 진면목과 진화론의 형성 과정

데이비드 쾀멘 지음 | 이한음 옮김 | 352쪽 | 17,000원

찰스 다윈과 그의 경이로운 생각에 관한 이야기. 데이비드 쾀멘은 다윈이 비글호 항해 직후부터 쓰기 시작한 비밀 '변형' 공책들과 사적인 편지들을 토대로 인간적인 다윈의 초상을 그려 내는 한편, 그의 연구를 상세히 설명한다. 역사상 가장 유명한 야외 생물학자였던 다윈의 삶을 읽고 나면 '다윈주의'라는 용어가 두렵지 않을 것이다.

한국간행물윤리위원회 선정 '2008년 12월 이달의 읽을 만한 책'
〈KBS TV 책을 말하다〉 2009년 1월 테마북 선정

열정적인 천재, 마리 퀴리 : 마리 퀴리의 내면세계와 업적

바바라 골드스미스 지음 | 김희원 옮김 | 296쪽 | 15,000원

저자는 수십 년 동안 공개되지 않았던 일기와 편지, 연구 기록, 그리고 가족과의 인터뷰 등을 통해 신화에 가려졌던 마리 퀴리를 드러낸다. 눈부신 연구 업적과 돌봐야 할 가족, 사회에 대한 편견, 그녀 자신의 열정적인 본성 사이에서 끊임없이 갈등을 느끼고 균형을 잡으려 애썼던 너무나 인간적인 여성의 모습이 그것이다. 이 책은 퀴리의 뛰어난 과학적 성과, 그리고 명성을 위해 치러야 했던 대가까지 눈부시게 그려 낸다.

파인만

파인만의 과학이란 무엇인가

리처드 파인만 강연 | 정무광, 정재승 옮김 | 192쪽 | 10,000원

'과학이란 무엇인가?', '과학적인 사유는 세상의 다른 많은 분야에 어떻게 영향을 미치는가?'에 대한 기지 넘치는 강연이 생생하게 수록되어 있다. 아인슈타인 이후 최고의 물리학자로 누구나 인정하는 리처드 파인만의 1963년 워싱턴대학교에서의 강연을 책으로 엮었다.

파인만의 물리학 강의 I

리처드 파인만 강의 | 로버트 레이턴, 매슈 샌즈 엮음 | 박병철 옮김 | 736쪽 |
양장 38,000원 | 반양장 18,000원, 16,000원(I – I , I – II로 분권)

40년 동안 한 번도 절판되지 않았던, 전 세계 이공계생들의 필독서. 파인만의 빨간 책.
2006년 중3, 고1 대상 권장 도서 선정(서울시 교육청)

파인만의 물리학 강의 II

리처드 파인만 강의 | 로버트 레이턴, 매슈 샌즈 엮음 | 김인보, 박병철 외 6명 옮김 | 800쪽 | 40,000원

파인만의 물리학 강의 I 에 이어 국내 처음으로 소개하는 파인만 물리학 강의의 완역본. 전자기학과 물성에 관한 내용을 담고 있다.

파인만의 물리학 강의 III

리처드 파인만 강의 | 로버트 레이턴, 매슈 샌즈 엮음 | 김충구, 정무광, 정재승 옮김 | 511쪽 | 30,000원

파인만의 물리학 강의 3권 완역본. 양자역학의 중요한 기본 개념들을 파인만 특유의 참신한 방법으로 설명한다.

파인만의 물리학 길라잡이 : 강의록에 딸린 문제 풀이

리처드 파인만, 마이클 고틀리브, 랠프 레이턴 지음 | 박병철 옮김 | 304쪽 | 15,000원

파인만의 강의에 매료되었던 마이클 고틀리브와 랠프 레이턴이 강의록에 누락된 네 차례의 강의와 음성 녹음 그리고 사진 등을 찾아 복원하는 데 성공하여 탄생한 책으로 기존의 전설적인 강의록을 보충하기에 부족함이 없는 참고서이다.

파인만의 여섯 가지 물리 이야기

리처드 파인만 강의 | 박병철 옮김 | 246쪽 | 양장 13,000원, 반양장 9,800원

파인만의 강의록 중 일반인도 이해할 만한 '쉬운' 여섯 개 장을 선별하여 묶은 책. 미국 랜덤하우스 선정 20세기 100대 비소설 가운데 물리학 책으로 유일하게 선정된 현대과학의 고전.
간행물윤리위원회 선정 '청소년 권장 도서'

파인만의 또 다른 물리 이야기

리처드 파인만 강의 | 박병철 옮김 | 238쪽 | 양장 13,000원, 반양장 9,800원

파인만의 강의록 중 상대성이론에 관한 '쉽지만은 않은' 여섯 개 장을 선별하여 묶은 책. 블랙홀과 웜홀, 원자 에너지, 휘어진 공간 등 현대물리학의 분수령인 상대성이론을 군더더기 없는 접근 방식으로 흥미롭게 다룬다.

일반인을 위한 파인만의 QED 강의

리처드 파인만 강의 | 박병철 옮김 | 224쪽 | 9,800원

가장 복잡한 물리학 이론인 양자전기역학을 가장 평범한 일상의 언어로 풀어낸 나흘간의 여행. 최고의 물리학자 리처드 파인만이 복잡한 수식 하나 없이 설명해 간다.

천재 : 리처드 파인만의 삶과 과학

제임스 글릭 지음 | 황혁기 옮김 | 792쪽 | 28,000원

'카오스'의 저자 제임스 글릭이 쓴 천재 과학자 리처드 파인만의 전기. 과학자라면, 특히 과학을 공부하는 학생이라면 꼭 읽어야 하는 책.
2006년 과학기술부인증 '우수과학도서', 아·태 이론물리센터 선정 '2006년 올해의 과학도서 10권'

발견하는 즐거움

리처드 파인만 지음 | 승영조, 김희봉 옮김 | 320쪽 | 9,800원

인간이 만든 이론 가운데 가장 정확한 이론이라는 '양자전기역학(QED)'의 완성자로 평가받는 파인만. 그에게서 듣는 앎에 대한 열정.
문화관광부 선정 '우수학술도서', 간행물윤리위원회 선정 '청소년을 위한 좋은 책'

대칭 시리즈

심화된 수학을 공부할 때, 현대 과학을 논할 때 빼놓을 수 없는 핵심 개념인 대칭symmetry을 다양한 분야에서 입체적으로 다룬 승산의 책을 만나보세요.

초끈이론의 진실 : 이론 입자물리학의 역사와 현주소

피터 보이트 지음 | 박병철 옮김 | 465쪽 | 20,000원

초끈이론이 탄생한 지 20년이 지난 지금까지도 아무런 실험적 증거를 내놓지 못하고 있다. 그 이유는 무엇일까? 입자물리학이 지배하고 있는 초끈이론을 논박하면서 그 반대진영에 있는 고리 양자중력, 트위스터 이론 등을 소개한다.
2009년 대한민국학술원 기초학문육성 '우수학술도서' 선정

무한 공간의 왕

시오반 로버츠 지음 | 안재권 옮김 | 668쪽 | 25,000원

쇠퇴해가는 고전 기하학을 부활시켰으며, 수학과 과학에서 대칭의 연구를 심화시킨 20세기 최고의 기하학자 '도널드 콕세터'의 전기.

미지수, 상상의 역사

존 더비셔 지음 | 고중숙 옮김 | 536쪽 | 20,000원

인류의 수학적 사고의 발전 과정을 보여주는 4000년에 걸친 대수학algebra의 역사를 명강사의 설명으로 읽는다. 대칭 개념의 발전 과정을 대수학의 관점으로 볼 수 있다.

아름다움은 왜 진리인가

이언 스튜어트 지음 | 안재권, 안기연 옮김 | 432쪽 | 20,000원

현대 수학·과학의 위대한 성취를 이끌어낸 힘. '대칭symmetry의 아름다움'에 관한 책. 대칭이 현대 과학의 핵심 개념으로 부상하는 과정을 천재들의 기묘한 일화와 함께 다루었다.

대칭 : 자연의 패턴 속으로 떠나는 여행

마커스 드 사토이 지음 | 안기연 옮김 | 492쪽 | 20,000원

수학자의 주기율표이자 대칭의 지도책 『유한군의 아틀라스』가 완성되는 과정을 담았다. 자연의 패턴에 숨겨진 대칭을 전부 목록화하겠다는 수학자들의 야심찬 모험을 그렸다.

대칭과 아름다운 우주

리언 레더먼, 크리스토퍼 힐 지음 | 안기연 옮김 | 464쪽 | 20,000원

힐과 레더먼이 쓴 매혹적이면서도 쉽게 읽히는 이 책은 대칭과 같은 단순하고 우아한 개념이 어떻게 우주의 구성에 중요한 의미를 갖는지 궁금해 하는 독자의 호기심을 채워 준다. 대칭이 물리학 속에서 어떤 의미를 갖는지를 환론의 대모 에미 뇌터의 삶과 함께 조명했다.

對稱性とはなにか : 自然・宇宙のしくみを對稱性の破れによって理解する
(대칭성이란 무엇인가 : 자연・우주의 구조를 대칭성 깨짐을 통해 이해한다)

히로세 다치시게 지음 | 근간

13歳の娘に語るガロアの數學 (열세 살 딸에게 들려주는 갈루아 수학)

김중명 지음 | 근간

영재수학

경시대회 문제, 어떻게 풀까

테렌스 타오 지음 | 안기연 옮김 | 178쪽 | 12,000원

세계에서 아이큐가 가장 높다고 알려진 수학자 테렌스 타오가 전하는 경시대회 문제 풀이 전략! 정수론, 대수, 해석학, 유클리드 기하, 해석 기하 등 다양한 분야의 문제들을 다룬다. 문제를 어떻게 해석할 것인가를 두고 고민하는 수학자의 관점을 엿볼 수 있는 새로운 책이다.

평면기하의 탐구문제들 제1권, 제2권

프라소로프 지음 | 한인기 옮김 | 328쪽 | 각권 20,000원

기초 수학이 강한 러시아의 저명한 기하학자 프라소로프의 역작. 이 책에 수록된 정리들과 문제들은 문제 해결자의 자기주도적인 탐구활동에 적합하도록 체계화한 것이다.

문제해결의 이론과 실제

한인기, 꼴랴긴 Yu. M. 공저 | 208쪽 | 15,000원

입시 위주의 수학교육에 지친 수학 교사들에게는 '수학 문제해결의 가치'를 다시금 일깨워 주고, 수학 논술을 준비하는 중등 학생들에게는 진정한 문제 해결력을 길러주는 수학 탐구서.

유추를 통한 수학탐구

P.M. 에르든예프, 한인기 공저 | 272쪽 | 18,000원

유추는 개념과 개념을, 생각과 생각을 연결하는 징검다리와 같다. 이 책을 통해 자신의 힘으로 수학하는 기쁨을 얻는다.

영재들을 위한 365일 수학여행

시오니 파파스 지음 | 김흥규 옮김 | 280쪽 | 15,000원

재미있는 수학 문제와 수수께끼를 일기 쓰듯이 하루 한 문제씩 풀어 가면서 논리적인 사고력과 문제해결능력을 키우고 수학언어에 친근해지도록 하는 책으로 수학사 속의 유익한 에피소드도 읽을 수 있다.

수학 명저

괴델의 증명

어니스트 네이글, 제임스 뉴먼 지음 | 더글러스 호프스태터 서문 | 곽강제, 고중숙 옮김 | 176쪽 | 15,000원

『타임』지가 선정한 '20세기 가장 영향력 있는 인물 100명'에 든 단 2명의 수학자 중 한 명인 괴델의 불완전성 정리를 군더더기 없이 간결하게 조명한 책. 괴델은 '무모순성'과 '완전성'을 동시에 갖춘 수학 체계를 만들 수 없다는, 즉 '애초부터 증명 불가능한 진술이 있다'는 것을 증명하였다. (함께 읽기 : 『불완전성』)

오일러 상수 감마

줄리언 해빌 지음 | 프리먼 다이슨 서문 | 고중숙 옮김 | 416쪽 | 20,000원

수학의 중요한 상수 중 하나인 감마는 여전히 깊은 신비에 싸여 있다. 줄리언 해빌은 여러 나라와 세기를 넘나들며 수학에서 감마가 차지하는 위치를 설명하고, 독자들을 로그와 조화급수, 리만 가설과 소수정리의 세계로 안내한다.

2009 대한민국학술원 기초학문육성 '우수학술도서' 선정

리만 가설 : 베른하르트 리만과 소수의 비밀

존 더비셔 지음 | 박병철 옮김 | 560쪽 | 20,000원

수학의 역사와 구체적인 수학적 기술을 적절하게 배합시켜 '리만 가설'을 향한 인류의 도전사를 흥미진진하게 보여 준다. 일반 독자들도 명실공히 최고 수준이라 할 수 있는 난제를 해결하는 지적 성취감을 느낄 수 있다. (함께 읽기 : 『오일러 상수 감마』, 『소수의 음악』)

2007 대한민국학술원 기초학문육성 '우수학술도서' 선정

뷰티풀 마인드

실비아 네이사 지음 | 신현용, 승영조, 이종인 옮김 | 757쪽 | 18,000원

MIT에 재학 중이던 21세 때 완성한 게임 이론으로 46년 뒤 노벨경제학상을 수상한 존 내쉬의 영화 같았던 삶. 그의 삶 속에서 진정한 승리는 정신분열증을 극복하고 노벨상을 수상한 것이 아니라, 아내 앨리사와의 사랑으로 끝까지 살아남아 성장했다는 점이다.

간행물윤리위원회 선정 '우수도서', 영화 「뷰티풀 마인드」 오스카상 4개 부문 수상

우리 수학자 모두는 약간 미친 겁니다

폴 호프만 지음 | 신현용 옮김 | 376쪽 | 12,000원

83년간 살면서 하루 19시간씩 수학문제만 풀었고, 485명의 수학자들과 함께 1,475편의 수학 논문을 써낸 20세기 최고의 전설적인 수학자 폴 에어디쉬의 전기.

한국출판인회의 선정 '이달의 책', 론폴랑 과학도서 저술상 수상

무한의 신비

애머 악첼 지음 | 신현용, 승영조 옮김 | 304쪽 | 12,000원

고대부터 현대에 이르기까지 수학자들이 이루어 낸 무한에 대한 도전과 좌절. 무한의 개념을 연구하다 정신병원에서 쓸쓸히 생을 마쳐야 했던 칸토어와 피타고라스에서 괴델에 이르는 '무한'의 역사.

수학 재즈

에드워드 B. 버거, 마이클 스타버드 지음 | 승영조 옮김 | 352쪽 | 17,000원

왜 일기예보는 항상 틀리는지, 왜 증권투자로 돈 벌기가 쉽지 않은지, 왜 링컨과 존 F. 케네디는 같은 운명을 타고 났는지, 이 모든 것을 수식 없는 수학으로 설명한 책. 저자는 우연의 일치와 카오스, 프랙탈, 4차원 등 묵직한 수학 주제를 가볍게 우리 일상의 삶의 이야기로 풀어서 들려준다.

브라이언 그린

엘러건트 유니버스

브라이언 그린 지음 | 박병철 옮김 | 592쪽 | 20,000원

초끈이론과 숨겨진 차원, 그리고 궁극의 이론을 향한 탐구 여행. 초끈이론의 권위자 브라이언 그린은 핵심을 비껴가지 않고도 가장 명쾌한 방법을 택한다.

「KBS TV 책을 말하다」와 「동아일보」「조선일보」「한겨레」 선정 '2002년 올해의 책'

우주의 구조

브라이언 그린 지음 | 박병철 옮김 | 747쪽 | 28,000원

『엘러건트 유니버스』에 이어 최첨단의 물리를 맛보고 싶은 독자들을 위한 브라이언 그린의 역작! 새로운 각도에서 우주의 본질을 이해할 수 있을 것이다.

「KBS TV 책을 말하다」 테마북 선정, 제46회 한국출판문화상(번역부문, 한국일보사)
아·태 이론물리센터 선정 '2005년 올해의 과학도서 10권'

블랙홀을 향해 날아간 이카로스

브라이언 그린 지음 | 박병철 옮김 | 40쪽 | 12,000원

세계적인 물리학자이자 베스트셀러 『엘러건트 유니버스』의 저자, 브라이언 그린이 쓴 첫 번째 어린이 과학책. 저자가 평소 아들에게 들려주던 이야기를 토대로 쓴 우주여행 이야기로, 흥미진진한 모험담과 우주 화보집이라고 불러도 손색없는 화려한 천체 사진들이 아이들을 우주의 세계로 안내한다.

로저 펜로즈

실체에 이르는 길 제1권, 제2권 : 우주의 법칙으로 인도하는 완벽한 안내서

로저 펜로즈 지음 | 박병철 옮김 | 각권 856쪽 | 각권 35,000원

우주를 수학적으로 가장 완전하게 서술한 교양서. 수학과 물리적 세계 사이에 존재하는 우아한 연관관계를 복잡한 수학을 피하지 않으면서 정공법으로 설명한다. 우주의 실체를 이해하려는 독자들에게 놀라운 지적 보상을 제공한다. 학부 이상의 수리물리학을 이해하려는 학생에게도 가장 좋은 안내서가 된다.

2011년 아·태 이론물리센터 선정 '올해의 과학도서 10권'

Shadows of the Mind : A Search for the Missing Science of Consciousness
로저 펜로즈 지음 | 근간

Cycles of Time : An Extraordinary New View of the Universe
로저 펜로즈 지음 | 근간

마커스 드 사토이

소수의 음악 : 수학 최고의 신비를 찾아
마커스 드 사토이 지음 | 고중숙 옮김 | 560쪽 | 20,000원
소수. 수가 연주하는 가장 아름다운 음악! 이 책은 세계 최고의 수학자들이 혼돈 속에서 질서를 찾고 소수의 음악을 듣기 위해 기울인 힘겨운 노력에 대한 매혹적인 서술로, 19세기 이후부터 현대 정수론의 모든 것을 다룬다. '리만 가설'을 소개하는, 일반인을 위한 최고의 안내서이다.

대칭 : 자연의 패턴 속으로 떠나는 여행
마커스 드 사토이 지음 | 안기연 옮김 | 492쪽 | 20,000원
수학자의 주기율표이자 대칭의 지도책 『유한군의 아틀라스』가 완성되는 과정을 담았다. 자연의 패턴에 숨겨진 대칭을 전부 목록화하겠다는 수학자들의 야심찬 모험을 그렸다.

The Number Mysteries : A Mathematical Odyssey through Everyday Life
마커스 드 사토이 지음 | 안기연 옮김 | 근간

근간

The Number Mysteries : A Mathematical Odyssey through Everyday Life
마커스 드 사토이 지음 | 안기연 옮김 | 근간

Quantum Physics for Poets
리언 레더먼, 크리스토퍼 힐 지음 | 전대호 옮김 | 근간

The Quantum Universe
브라이언 콕스, 제프 퍼쇼 지음 | 박병철 옮김 | 근간

Cycles of Time : An Extraordinary New View of the Universe
로저 펜로즈 지음 | 근간

Shadows of the Mind : A Search for the Missing Science of Consciousness
로저 펜로즈 지음 | 근간

對稱性とはなにか：自然・宇宙のしくみを對稱性の破れによって理解する
(대칭성이란 무엇인가 : 자연・우주의 구조를 대칭성 깨짐을 통해 이해한다)
히로세 다치시게 지음 | 근간

13歲の娘に語るガロアの數學 (열세 살 딸에게 들려주는 갈루아 수학)
김중명 지음 | 근간

불완전성

1판 1쇄 펴냄 2007년 12월 18일
1판 3쇄 펴냄 2012년 6월 15일

지은이 | 레베카 골드스타인
옮긴이 | 고중숙
펴낸이 | 황승기
편　집 | 곽지은, 김슬기
마케팅 | 송선경
디자인 | 소울커뮤니케이션
펴낸곳 | 도서출판 승산
등록날짜 | 1998년 4월 2일
주　소 | 서울시 강남구 역삼동 723번지 혜성빌딩 402호
전화번호 | 02-568-6111
팩시밀리 | 02-568-6118
이메일 | books@seungsan.com
웹사이트 | www.seungsan.com

ISBN 978-89-6139-008-8　03410
　　　978-89-6139-005-7　(세트)

■ 승산 북카페는 온라인 독서토론을 위한 공간입니다. '이 책의 포럼 incompleteness.seungsan.com'으로 오시면 이 책에 대해 자유롭게 이야기 나눌 수 있습니다.
■ 도서출판 승산은 좋은 책을 만들기 위해 언제나 독자의 소리에 귀를 기울이고 있습니다.